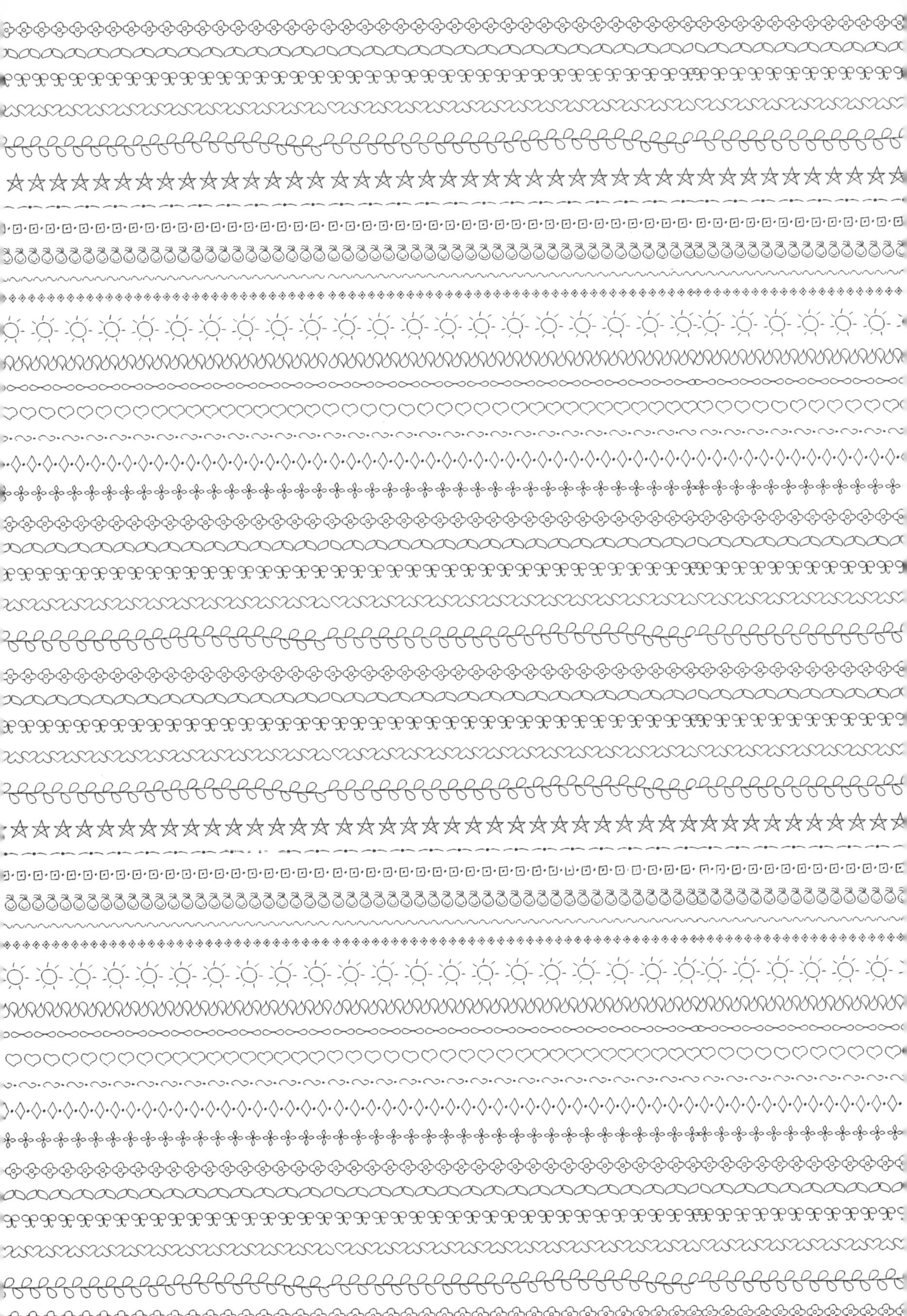

땡스! 베이킹

Thanks! Baking

땡스! 베이킹

건강해서

맛있어서

Thanks!

간단해서

박윤영 지음

다독
다독

CONTENTS

Part 2 특별한 날을 위한 베이킹 캘린더

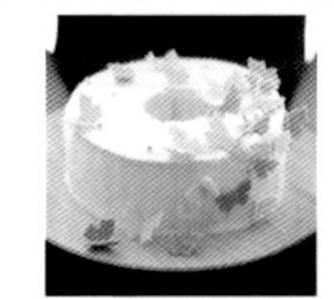

Part 3 환상의 마리아주

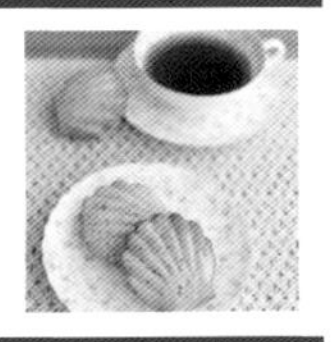

Part 4 유명 베이커리 인기메뉴 & 시판 쿠키를 집에서!

고등학교에 다닐 무렵, 난생처음 엄마의 생신 케이크를 구운 게 저의 첫 베이킹이었어요. 서툴고 어딘가 2% 부족한 솜씨였지만 정성을 다해 만든 케이크를 부모님께서는 부스러기 하나 남기지 않고 다 드셨죠. 제대로 된 도구도 없어서 스패튤러 대신 주걱으로 크림을 바르고, 비뚤비뚤 과일을 얹어 만든, 지금 생각해보면 한없이 부끄러운 케이크지만 그 때만큼 뿌듯하고 설레던 적은 없었던 것 같아요. 아마도 그 때의 그 느낌은 평생 잊을 수 없겠지요.

여느 소녀들과 마찬가지로, 저 역시 달콤한 케이크를 참 좋아했어요. 여고와 여대를 다니면서 수업이 끝나면 친구들과 손잡고 케이크 가게에 들러, 케이크 몇 조각을 놓고, 한 시간이고 두 시간이고 수다를 떨었어요. 오랫동안 패션지 기자로 회사생활을 할 때 역시 점심을 컵라면으로 대충 때우더라도, 디저트만큼은 근사하고 맛있는 케이크를 고집하곤 했어요. 이해하지 못하는 사람들도 있었지만, 저에게만큼은 달콤한 쿠키 한 입과 케이크 한 조각은 행복 그 이상이었답니다. 이렇게 먹는 데에만 푹 빠져있던 저는 결혼과 함께 주부가 되어서야 본격적으로 홈베이킹의 세계에 발을 들이게 됐어요. 입안에서 사르르 녹는 달콤한 쿠키, 화려하고 근사한 케이크를 먹기만 할 것이 아니라, 몸에서 편하게 받아들이고 건강에도 도움이 되는 베이킹을 하고 싶었답니다.

동물성 재료인 버터를 넣지 않고 설탕을 과감히 줄여 단맛과 칼로리는 낮추되, 제철 과일이나 채소, 정제하지 않은 설탕이나 곡물 등 천연 재료를 이용해서 맛있고 건강한 베이킹을 한다는 것. 그건 너무도 신나는 일이었어요. 홈베이킹의 가장 큰 매력을 꼽자면, 좋아하는 재료와 도구에 따라 조금씩 맛과 모양에 변화를 줄 수 있다는 것 아닐까요? 신선한 재료를 아낌없이 사용할 수 있다는 점도 빼놓을 수 없고요. 다이어트 하는 친구에게는 버터와 설탕을 넣지 않고 구운 담백한 쿠키를, 아토피나 알레르기가 있는 조카에게는 밀가루나 유제품을 넣지 않고 만든 건강 빵을, 당뇨가 염려되는 부모님께는 설탕 대신 제철 과일을 활용한 케이크를 선물하는 것! 그건 저에게 또 하나의 기쁨이고 행복입니다. 믿을 수 있는 신선한 재료를 직접 구입하고, 나만의 레시피로 반죽해 오븐을 돌리고 있노라면, 비록 전문 파티시에는 아니지만, 그 시간만큼은 제 어깨가 으쓱해지고 입가에 미소가 번져요.

〈땡스! 베이킹〉은 건강해서, 맛있어서, 간단해서 고마운 베이킹 레시피들을 담았어요. 과자를 처음 만들어보더라도, 빵을 반죽하고 성형하는 기술이 부족하거나 케이크에 크림을 바르고 예쁘게 꾸미는 일이 능숙하지 않더라도 이 책과 함께 베이킹에 도전해보세요. 내 몸을 위해, 내 아이를 위해, 내 가족과 지인들을 위해 지금부터라도 건강한 베이킹을 시작해보면 어떨까요?

마지막으로, 책을 준비하는 내내 밥보다는 빵과 케이크를 더 많이 내주었음에도, 언제나 엄지손가락 척 올려주었던 든든한 남편, 말없이 옆에서 큰 힘이 되어준 가족들, 자주 만나지 못해도 늘 따뜻한 응원을 보내주는 소중한 친구들, 모두 감사하고 사랑합니다.

2014년 12월
동글이 박윤영

홈베이킹 도구

오븐

오븐은 윗불과 아랫불로 나뉘어 있는 전기 오븐이 좋은데, 가스레인지에 부착되어 있는 가스오븐을 사용해도 괜찮아요. 오븐을 고를 때는 한 번에 만드는 양이나 자주 만드는 메뉴를 고려해야 합니다. 쿠키나 머핀, 타르트를 자주 만든다면 20L 정도의 오븐이 무난하고, 케이크나 빵 등을 만들 때는 30L 이상의 큰 제품이 편리해요.

거품기

간단하게 재료를 섞을 때, 달걀이나 생크림 거품을 올릴 때 사용해요. 손잡이가 손에 잘 맞고 편하면 OK.

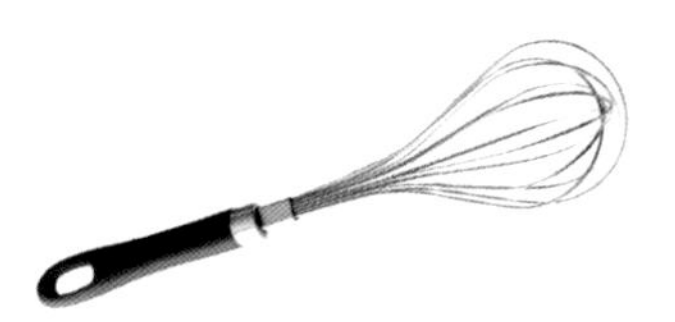

믹서

거품기와 마찬가지로 재료를 섞을 때, 달걀이나 생크림 거품을 올릴 때 사용해요. 손 거품기를 이용하는 것보다 힘과 시간이 절약되고 편리하지요. 스탠드 믹서는 힘이 좋아서 대량 반죽을 할 때 유용해요.

저울

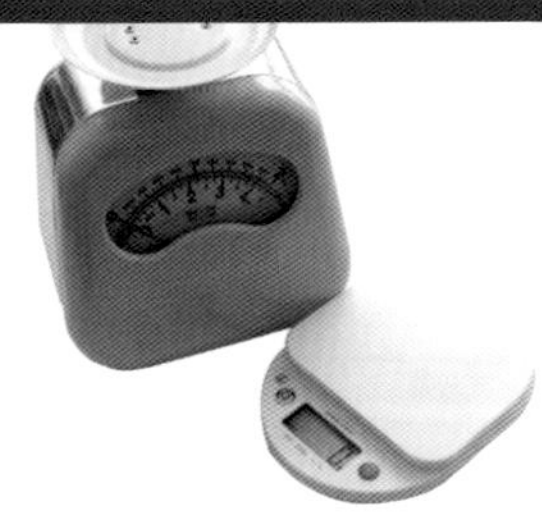

베이킹에서 가장 중요한 것은 정확한 계량이에요. 저울은 아날로그 방식과 디지털 방식 두 가지가 있는데요. 이왕이면 1g 단위까지 정확하게 잴 수 있는 디지털 저울이 좀 더 편리하지요.

계량도구

저울로 계량하기 힘든 재료나 적은 양의 재료를 계량할 때 유용해요. 계량컵은 주로 우유나 물, 생크림 같은 액상 재료를 계량할 때 사용하고, 계량스푼은 소금, 설탕, 슈거파우더 등 가루류를 계량할 때 사용해요.

제빵기

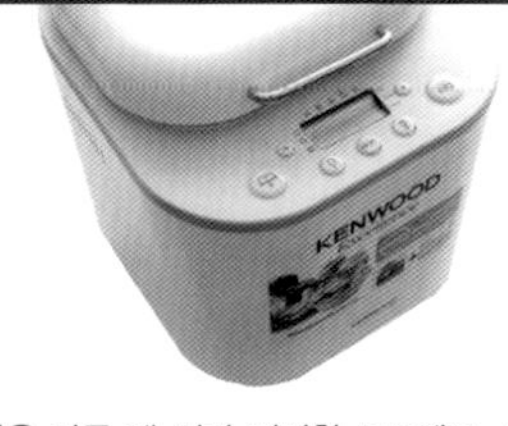

빵을 만들 때 정말 편리한 도구예요. 손보다 훨씬 더 안정적으로 반죽을 해주기 때문에 실패할 염려가 없고, 좋은 맛과 식감을 낼 수 있지요. 매뉴얼대로 재료를 넣고 버튼을 누르면 빵이 구워져 나오는 제빵기는 보통 반죽, 발효, 굽는 기능까지 모두 갖추고 있어요. 하지만 빵 반죽과 1차 발효 과정까지를 주로 사용하지요.

베이킹에 필요한 도구는 참 다양해요. 도구만 제대로 갖추어도 홈베이킹의 완성도가 달라지죠. 종류마다 쓰임새가 달라 어떻게 사용해야 할지 헷갈린다면, 한번 살펴보세요. 베이킹이 편리해지는 기본적인 도구들을 소개합니다.

 믹싱볼

반죽 재료를 담아 섞거나 거품을 낼 때 요긴해요. 전자레인지에 사용 가능한 내열 유리 제품, 가볍고 튼튼한 스테인리스 제품 등 크기와 재질별로 갖고 있으면 편리하죠.

 체

밀가루나 쌀가루, 슈거파우더 등 가루 재료를 곱게 내리거나 이물질을 걸러내는 데 필요해요. 체의 망이 촘촘한 것과 성긴 것 둘 다 있으면 좋아요. 가루류는 체에 쳐야 공기가 들어가 식감이 좋아지는데, 체에 걸러진 알갱이를 억지로 문질러 넣지 말고 버리는게(빼내는게) 좋아요.

밀대

쿠키나 타르트 반죽을 일정한 두께로 밀거나, 빵 반죽의 가스를 뺄 때 사용해요. 나무와 플라스틱으로 된 것이 있고, 일반 원통형과 핸들이 달린 제품이 있는데, 쓰기 편한 것으로 선택하면 됩니다.

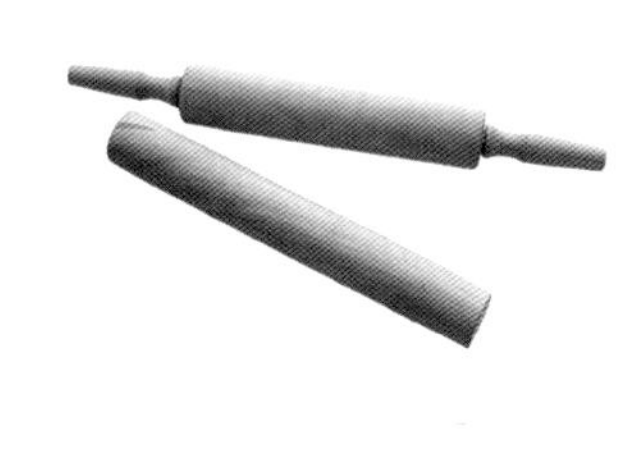

 무스링

바닥이 없는 모양틀로 무스케이크처럼 굽지 않고 냉동실에서 굳히는 케이크를 만들 때 사용해요. 케이크 시트에 모양을 찍을 때도 유용해요.

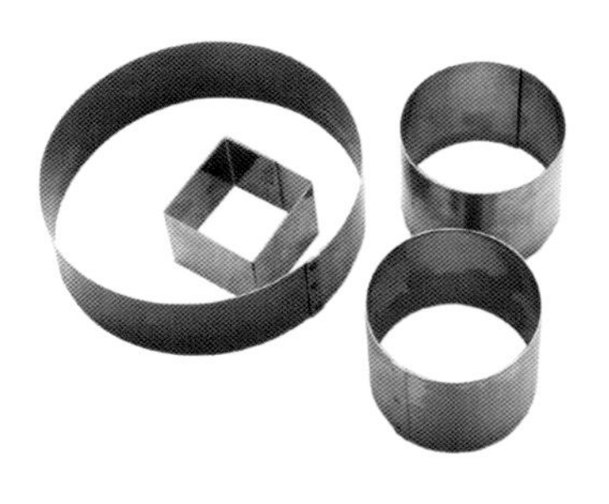

 브러시

반죽이나 케이크 표면에 달걀물을 바르거나 시럽을 바를 때 주로 사용해요. 실리콘 붓과 털 붓이 있는데, 사용한 후에는 깨끗하게 씻어서 말려야 해요.

쿠키커터

스콘이나 쿠키 반죽을 찍어내는 도구로 다양한 모양을 낼 때 필요해요. 사용 후에는 세제 없이 부드러운 솔로 씻어야 하고, 쉽게 녹슬기 때문에 반드시 물기를 제거하고 보관해야 해요.

홈베이킹 도구

스패튤러

케이크에 생크림을 바르거나 컵케이크에 프로스팅을 바를 때, 또는 케이크를 옮길 때 사용하는 도구로 긴 것과 짧은 것 두 가지를 갖고 있으면 편해요. 스패튤러 대신 식빵 칼이나 버터 나이프를 사용해도 괜찮아요.

스크래퍼

완성된 반죽을 자르거나 쿠키나 파이, 타르트의 반죽을 섞을 때 사용해요.

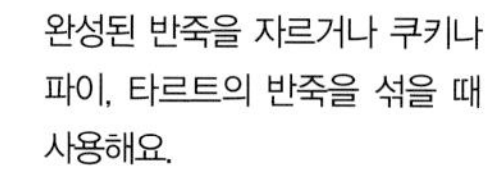

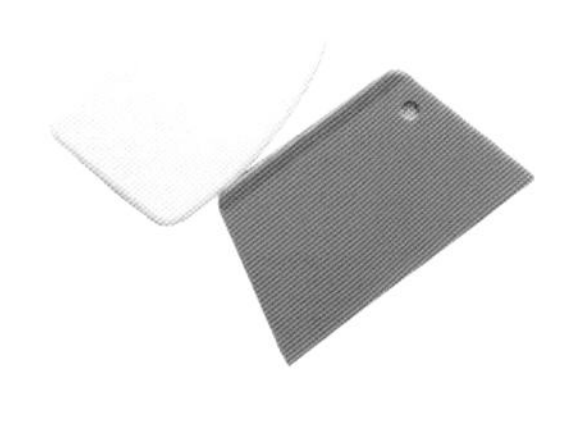

스텐실

케이크나 쿠키에 글씨나 그림을 새길 때 사용하는 모양 판으로 주로 플라스틱 소재가 많아요. 스텐실 대신 원하는 그림을 종이에 프린트한 뒤, 오려서 사용해도 무방해요.

주걱

재료를 섞을 때나 볼에 묻은 반죽을 긁을 때 사용하는 도구예요. 고무나 실리콘 소재로 유연하게 굽어지고 내열성이 강한 제품이 좋아요.

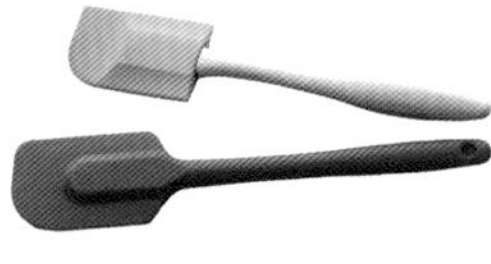

시트, 종이포일, 짤주머니

종이포일이나 테프론 시트는 케이크나 빵, 쿠키를 구울 때 오븐팬에 깔거나 틀에 맞게 잘라서 깔아야 구워진 케이크나 쿠키가 깔끔하게 분리돼요. 종이포일은 일회용이지만 시트는 반영구적으로 사용할 수 있어요. 짤주머니는 반죽을 틀에 담을 때나 케이크를 장식할 때 이용해요. 주로 짤주머니에 여러 가지 모양 깍지를 끼워 사용하지요.

식힘망

갓 구워낸 쿠키나 빵, 케이크를 올려 식히는 도구예요. 높이가 적당히 있어야 공기가 잘 통해 고르게 식힐 수 있고, 식는 동안 축축해지는 것을 막을 수 있어요.

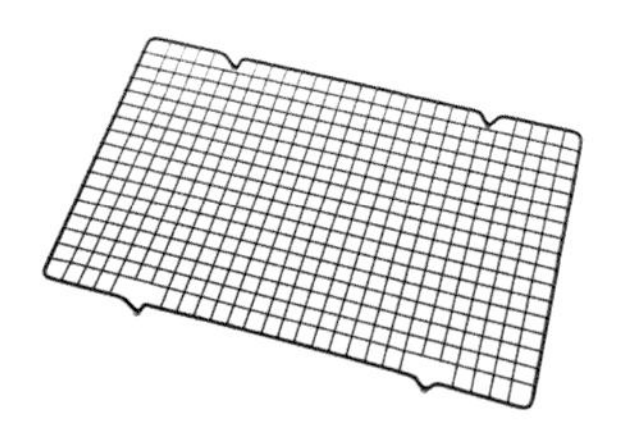

돌림판

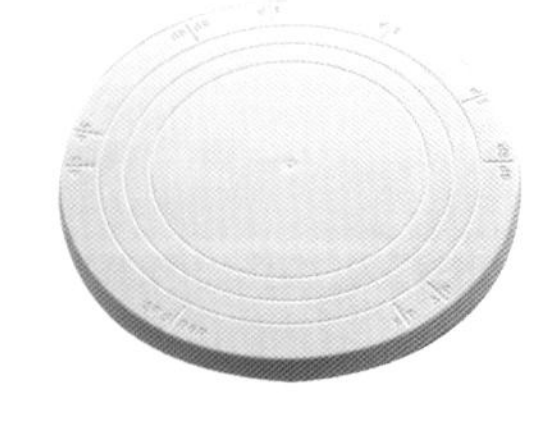

케이크에 생크림을 바르거나 아이싱을 할 때 회전시키며 사용하는 도구예요. 플라스틱 재질로 되어 있고 날카로운 부분이 없어 안전하게 사용할 수 있어요.

 기본 원형, 사각틀

베이킹의 기본이 되는 틀로 원형틀은 제누와즈를 구울 때 사용해요. 크기별로 한두 개 갖춰 놓으면 편리해요. 사각틀은 브라우니나 빵을 구울 때 활용해요. 유산지나 종이포일을 깔고 사용하면 다 굽고 난 뒤 분리가 잘 되지요.

쉬폰틀

쉬폰케이크를 구울 때 사용해요. 가운데 뚫린 통로로 열이 전달되지요. 단 코팅이 안 돼 있어 반죽이 틀에 그대로 들러붙기 때문에 굽자마자 틀을 거꾸로 해서 식혀야 부풀어오른 모양 그대로 분리할 수 있어요.

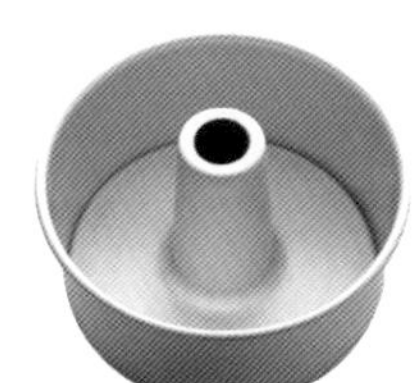

 식빵틀

식빵을 굽는 데 사용하는 식빵 전용 틀이에요. 크기가 다양하고 직육면체의 틀과 정육면체의 틀이 있어 선택의 폭이 넓어요.

 파운드틀

직사각형 모양의 파운드케이크를 구울 때 사용하는 틀로, 다양한 크기와 모양이 있어요. 코팅된 틀이 사용하기 편하지만, 코팅이 안 돼 있는 경우, 종이포일을 깔거나, 반죽을 붓기 전 틀에 오일을 꼼꼼히 발라 사용해요.

 타르트틀

타르트를 구울 때 사용하는 틀로, 골이 지고 밑판이 분리되는 것을 사용해야 가장자리 모양을 망가트리지 않고 빼낼 수 있어요.

 카스텔라틀, 도요틀

카스텔라를 만들 때 사용하는 틀로, 편백이나 소나무로 된 것이 많아요. 물로 씻은 후, 서늘한 곳이나 그늘진 곳에서 물기를 완전히 말려서 보관해야 해요. 도요틀은 파운드케이크, 무스케이크, 젤리, 푸딩을 만들 때 사용하는 반달 모양틀로 쓰임이 다양해요. 씻을 때는 부드러운 소재로 닦은 뒤, 물기를 완전히 제거해서 건조한 곳에 보관해야 해요.

일회용 틀

자주 만들지 않는 메뉴의 경우, 일회용 틀을 사용하기도 해요. 일회용 틀은 주로 선물할 때 사용하면 좋은데요. 계절별 혹은 특별한 날에 어울리는 예쁜 틀이 많으니 종류별로 조금씩 갖춰놓는 것도 좋아요.

 기타 모양틀

여러 가지 모양틀은 빵이나 케이크의 모양을 결정할 뿐 아니라 빵이나 케이크의 이름이 되기도 해요. 종류와 모양이 무척 다양해서 여러 개 갖춰 놓으면 여러 용도로 쓸 수 있어요. 같은 이름의 틀이라도 크기에 따라 반죽의 양과 굽는 온도, 시간 등이 달라지므로 유의해야 해요.

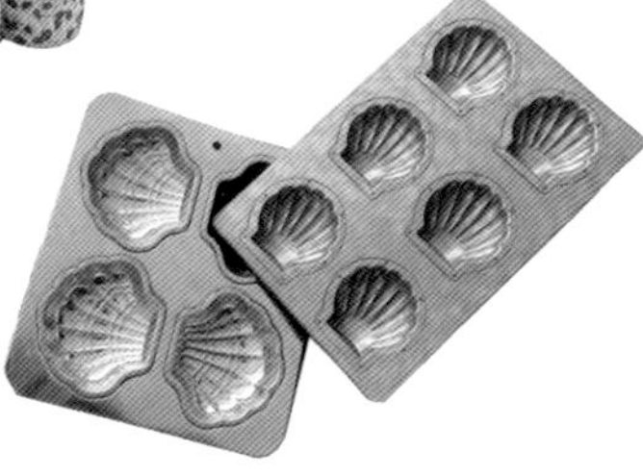

홈베이킹 재료

밀가루

가장 기본적인 베이킹 재료예요. 글루텐 함량에 따라 강력분, 중력분, 박력분으로 나눠져요. 끈기가 필요한 빵에는 글루텐 함량이 높은 강력분을, 바삭한 과자나 케이크를 만들 때는 박력분을 사용해요. 이왕이면 방부제를 넣지 않은 우리밀가루나 표백을 하지 않은 유기농 밀가루를 고르는 게 좋아요.

젤라틴 & 한천가루

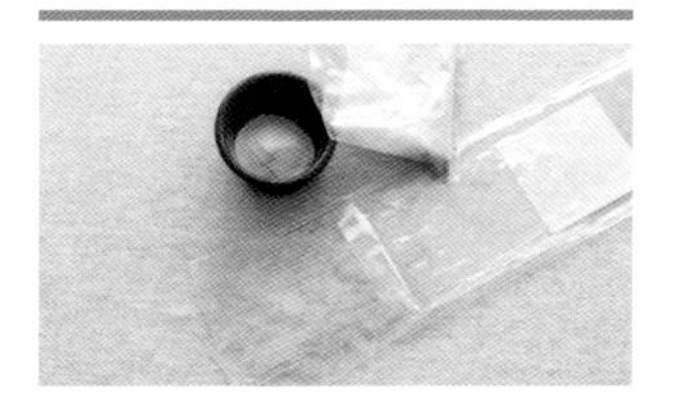

젤리나 푸딩을 만들 때 사용하는 젤라틴은, 물에 불리면 팽창하면서 점점 굳는 성질이 있어요. 한천 역시 젤라틴과 같은 응고제인데, 양갱을 만들 때 사용하지요. 젤라틴이 동물성 콜라겐에서 추출한 단백질이라면 한천은 해조류가 주원료예요. 보통 차가운 물에 5분 정도 불렸다가 물기를 짜고 사용해요.

통밀가루 & 호밀가루

통밀가루는 밀의 겉껍질을 벗겨내지 않아 식이섬유와 각종 영양소가 풍부해요. 일반 밀가루보다 색이 더 누렇고 거친 느낌이 있지만, 씹을수록 고소하고 맛있어요. 호밀가루는 호밀을 빻아서 만든 것으로, 글루텐 함량이 적어 잘 부풀지 않기 때문에 반죽에 30~40% 정도를 섞어 사용하는 것이 좋아요. 역시 구수한 맛과 풍미가 특징이지요.

아몬드가루

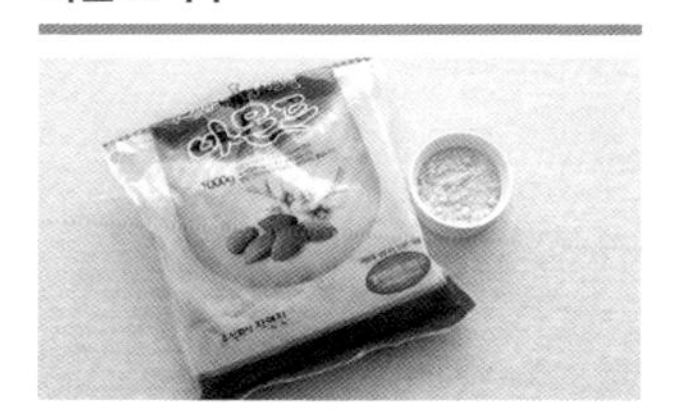

버터를 사용하지 않는 레시피에서는 아몬드가루가 필수예요. 껍질을 제거한 아몬드를 분말 형태로 만든 것으로 맛을 풍부하게 해줍니다.

생크림

우유에서 유지방만을 모아 만든 것으로 부드럽고 고소한 맛이 일품이죠. 부드럽고 고소한 맛을 내기 위해 머핀, 케이크 반죽에 넣거나, 케이크를 장식할 때 사용해요. 생크림은 신선도가 중요하니 제조 일자와 유통기한을 꼭 확인하세요. 생크림과 비슷한 느낌으로 가공한 식물성 휘핑크림도 있지만, 맛이나 식감 면에서 비교할 수 없어요.

쌀가루

밀가루 대신 사용할 수 있는 베이킹용 쌀가루예요. 강력 쌀가루는 글루텐이 첨가되어 있어 일반 밀가루처럼 쫄깃한 식감이 나서 빵을 만들 때 사용하고, 박력 쌀가루는 케이크나 쿠키를 만들 때 사용해요.

견과류 & 건과일

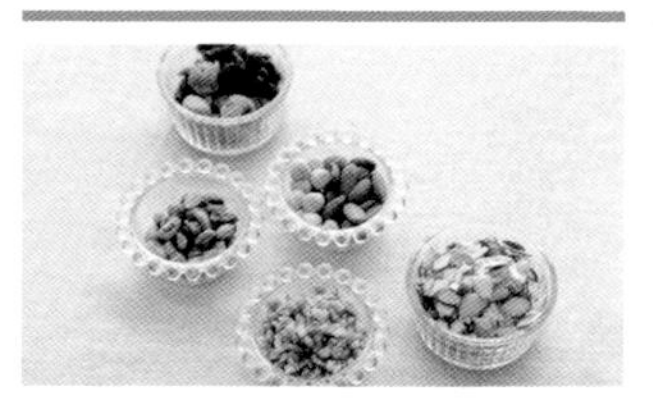

빵이나 쿠키를 구울 때 견과류나 건과일을 넣으면 바삭하고 고소할 뿐 아니라 풍미가 좋아져요. 대표적인 견과류로는 아몬드를 들 수 있으며, 호두와 피칸, 피스타치오도 자주 사용해요. 레시피 속의 견과류는 기호에 맞게 사용하면 되는데, 잘게 다져 넣거나 통째로 넣기도 해요. 건과일은 과일을 말려 당도와 풍미를 응축한 것으로, 건크랜베리, 건포도가 대표적이에요. 그 외에도 블루베리, 망고, 오렌지 필 등도 있답니다.

슈거파우더

순도가 높은 설탕에 전분을 첨가해서 곱게 갈아 만든 제품이에요. 수분 함량이 낮아 바삭한 맛을 살려주기 때문에 쿠키에 자주 쓰이죠. 또 케이크 위에 뿌려 글씨를 쓰거나 장식할 때 사용하기도 합니다.

좋은 재료를 잘 고르기만 해도 홈베이킹의 절반은 성공한 셈! 어떤 재료를 골라 어떻게 사용하는지에 따라 맛과 완성도가 확 달라지니, 베이킹을 시작하기 전에 알아두면 유용해요.

오일

버터 대신 식물성 오일을 넣는 경우가 많아요. 주로 특유의 냄새가 없는 포도씨유나 카놀라유를 사용하지만, 빵을 만들 때는 올리브유를 사용하거나, 레시피에 따라 향과 풍미가 좋은 코코넛 오일을 사용하기도 해요.

팽창제

쿠키나 빵을 만들 때 부풀리는 역할을 해요. 쿠키나 케이크에는 베이킹파우더를, 빵에는 이스트가 필요해요. 빵을 발효시키는 이스트에는 생이스트와 드라이이스트가 있는데, 보관 기간이 길고 사용이 간편해, 드라이이스트를 많이 사용합니다.

달걀

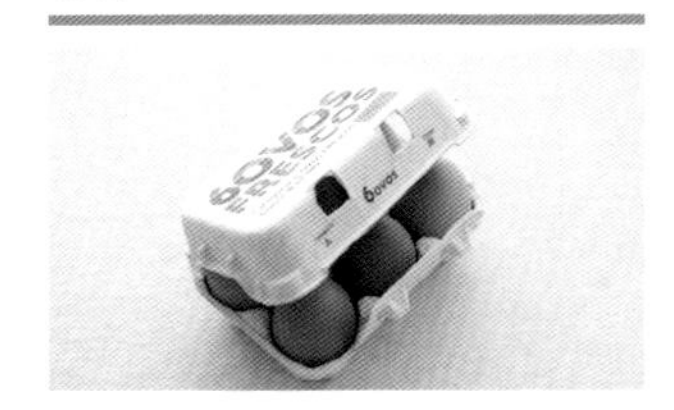

빵이나 케이크에 부드러운 맛과 볼륨감을 살려주는 재료로, 닭을 사육할 때 항생제, 합성착색제, 산란촉진제를 사용하지 않은 제품을 골라야 해요. 사용하기 30분 전에 실온에 꺼내두었다가 쓰는 것이 좋아요.

바닐라 향료

바닐라는 특유의 달콤하고 독특한 향이 있어 베이킹에 자주 사용하는 재료예요. 특히 밀가루 특유의 냄새나 달걀의 비린내를 없애주지요. 바닐라빈을 직접 긁어 사용하거나 바닐라 향을 넣은 오일이나 에센스를 쓰기도 해요.

비정제 설탕

설탕은 쿠키나 케이크, 빵 등에 단맛을 내고 이스트의 발효를 도와요. 레시피에 따라 백설탕, 황설탕, 흑설탕을 구분해서 쓰는데, 건강을 위해 정제도가 낮은 황설탕을 가장 많이 사용해요.

시럽

단맛이나 촉촉한 느낌을 위해 꿀이나 시럽을 사용하면 설탕량을 줄일 수 있어요. 단풍나무 수액을 농축시킨 메이플 시럽이나 선인장에서 추출한 아가베 시럽은 단맛과 함께 풍미를 좋게 해준답니다.

기타 천연가루

인공 색소 대신 코코아가루나 녹차가루, 말차가루, 단호박가루, 백련초가루, 홍국쌀가루 등을 넣으면 쿠키나 케이크의 맛과 색감, 향에 변화를 줄 수 있어요. 코코아가루는 초코 쿠키나 케이크를 만들 때 주로 사용하는데, 단맛이 없는 무가당을 사용하는 게 좋아요.

초콜릿

베이킹을 할 때 없으면 안 되는 재료 중의 하나인 초콜릿. 초콜릿의 맛과 향을 내기 위해 반죽에 넣거나 장식으로 쓰기도 하지요. 다크 초콜릿은 당분과 버터 함량이 낮아 쌉싸름한 맛이 강하고, 화이트 초콜릿은 카카오버터와 우유, 당분이 많아 달콤한 맛이 강해요. 또 과일의 맛과 향, 색을 첨가한 딸기 초콜릿이나 망고 초콜릿 등도 있는데, 이들은 주로 장식용으로 사용해요.

크림치즈

약간 새콤한 맛이 특징인 크림치즈는 쿠키와 케이크, 머핀 등 베이킹에 다양하게 사용해요. 컵케이크의 프로스팅으로도 활용하지요. 일단 개봉하면 쉽게 변질되고 곰팡이가 생기기 쉽기 때문에 쓸 만큼만 그때그때 사는 것이 좋아요.

홈베이킹 기본 반죽

빵 반죽

BREAD

믹싱볼, 주걱, 스크래퍼, 작업대, 랩 1시간 30분

1 큰 볼에 미리 체 쳐둔 강력분을 담고, 인스턴트 드라이이스트와 설탕, 소금을 서로 닿지 않게 넣은 다음, 밀가루로 덮어 가볍게 섞은 후, 다시 전체적으로 섞어요.

2 반죽 가운데에 홈을 파서 물이나 오일, 우유 등의 수분 재료를 넣어요.

3 주걱이나 스패튤러를 이용해 격자로 고슬고슬 섞어요.

4 재료가 서로 엉키면 작업대로 반죽을 꺼내 손으로 치대요.

5 반죽을 납작하게 누른 뒤 밀었다 당기기를 반복하며 반죽해요.

6 반죽을 스크래퍼로 자른 다음, 다시 반죽 표면이 매끈해지고 탄력이 생기도록 밀었다 당겼다, 내리치고 접는 동작을 여러 번 반복해요.

7 반죽이 손에 달라붙지 않을 때까지 15분~20분간 계속 치대요.

8 반죽 일부를 떼어 늘였을 때 끊어지지 않고 얇은 막처럼 보이면 완성된 거예요. 이 반죽을 동그랗게 뭉쳐 큰 볼에 담은 뒤, 반죽이 마르지 않도록 랩을 씌우고 숨구멍을 서너 개 뚫어요.

9 여름이라면 상온에, 겨울이라면 물 한잔(유리컵)을 전자레인지에 넣고 30초~1분간 돌려 내부를 따뜻하게 만든 뒤, 그 안에 반죽을 넣고 1시간 가량 발효를 해요.

10 반죽이 2배 정도 부풀면 손가락에 밀가루를 묻혀 가운데를 꾹 눌러 보세요. 구멍이 그대로 유지되면 반죽이 완성된 거예요.

빵 반죽과 쿠키 반죽은 워낙 종류가 다양하고 들어가는 재료도 달라서 재료 소개는 생략했어요.

쿠키 반죽

COOKIE

믹싱볼, 거품기, 지퍼팩, 밀대, 테프론 시트, 주걱, 쿠키커터, 오븐팬 170℃ 8~10분 50분

1 가루류를 미리 두세 번 체에 쳐서 준비해요.

2 믹싱볼에 포도씨유와 설탕을 넣고 골고루 저어요.

3 달걀을 넣고 휘핑해요. 이때 바닐라 익스트랙도 함께 넣어요.

4 미리 체 쳐둔 가루류를 넣고 주걱을 이용해 격자로 섞어요.

5 너무 오래 치대거나 섞으면 딱딱해지므로 주의해서 고슬고슬 섞어요.

6 반죽을 한 덩이로 뭉쳐서 비닐이나 지퍼팩에 넣고 납작하게 밀어 냉장실에 30분간 휴지시켜요.

7 휴지한 반죽을 밀대로 0.5cm 두께로 밀어요.

8 쿠키커터로 모양을 찍어요.

9 시트를 깐 오븐팬에 반죽을 올리고, 예열한 170도 오븐에서 8~10분간 구워요.

10 가장가리에 연한 갈색이 돌면 완성된 거예요.

홈베이킹 기본 반죽

케이크 반죽 (제누와즈)

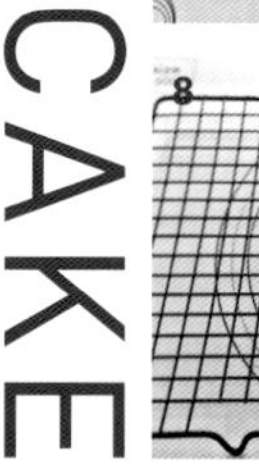

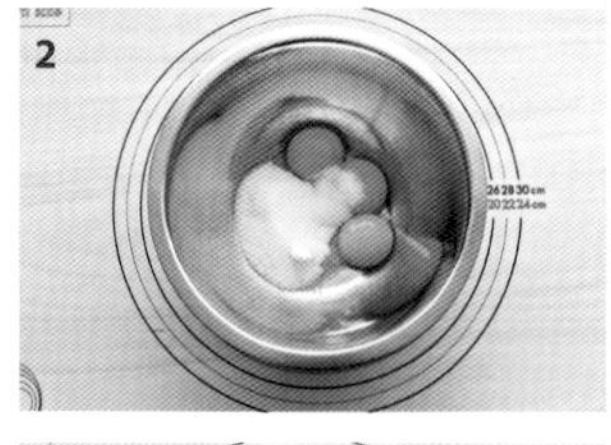

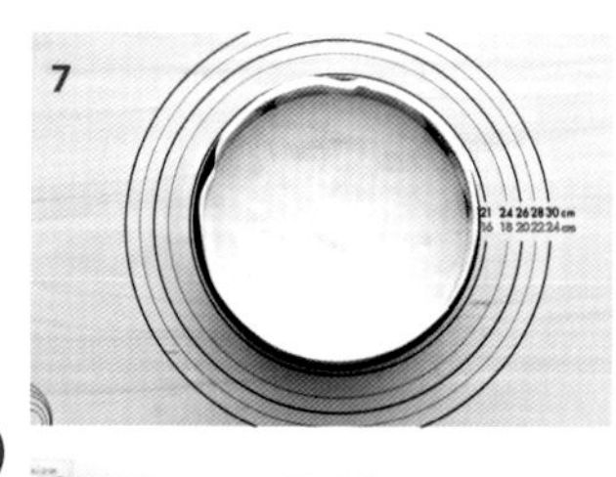

원형 2호 1개

믹싱볼, 핸드믹서, 스패튤러, 종이포일, 원형팬, 식힘망, 칼

180℃ 25~30분 1시간

달걀흰자 3개 + 설탕 40g, 달걀노른자 3개 + 설탕 40g, 소금 한꼬집, 바닐라 익스트랙 1/2작은술, 박력분 90g, 포도씨유 20g

1 달걀흰자에 거품이 생기면 설탕을 세 번에 걸쳐 넣어가며 뿔이 부드럽게 서는 90% 머랭을 만들어요.

2 다른 볼에 달걀노른자와 설탕을 넣고 잘 섞어요.

3 바닐라 익스트랙과 소금을 넣고 미색이 될 때까지 충분히 휘핑해요.

*머랭뿐 아니라 달걀노른자도 충분히 휘핑해야 제누와즈가 볼륨감있게 잘 부풀어요.

4 휘핑한 노른자에 미리 체 쳐둔 가루류를 넣고 거품이 꺼지지 않게 살살 섞어요.

5 만들어둔 머랭을 세 번에 나누어 넣고 잘 섞어요.

6 머랭과 반죽이 잘 섞이면, 포도씨유를 스패튤러에 받쳐 흘려 넣고, 거품이 꺼지지 않도록 재빨리 섞어요.

7 미리 종이포일을 깐 원형팬에 반죽을 넣고, 바닥에 탕탕 두세 번 내리쳐서 기포를 빼요.

8 180도로 예열한 오븐에서 25~30분간 구워요.

*이쑤시개나 꼬치로 찔러서 반죽이 묻어나지 않으면 OK.

9 구워진 제누와즈를 식힘망 위에 놓고, 틀을 뒤집어 분리한 후, 충분히 식으면 1cm 두께로 슬라이스해요.

타르트 반죽

TART

원형 2호 1개

믹싱볼, 체, 스크래퍼, 지퍼팩, 밀대, 타르트틀, 누름돌, 종이포일, 식힘망

180℃ 25~10분 1시간

기본 타르트 박력분 100g, 아몬드가루 20g, 소금 2g, 포도씨유 20g, 차가운 물 20g

1 가루류를 미리 두세 번 체 쳐서 준비해요.

2 믹싱볼에 가루류를 담고, 차가운 물과 포도씨유를 넣어요.

3 스크래퍼나 주걱으로 고슬고슬 섞어요.

4 반죽을 한 덩이로 뭉쳐서 비닐이나 지퍼팩에 넣고 납작하게 밀어 냉장실에서 30분간 휴지시켜요.

5 휴지한 반죽을 밀대로 0.5cm 두께로 밀어요.

6 얇게 민 반죽을 타르트틀에 얹고, 틀의 홈이 있는 곳까지 반죽이 잘 채워지도록 손가락으로 매만져요. 그런 다음, 밀대를 틀 위에 올린 채로 굴려 남은 반죽을 정리해요.

7 반죽 바닥을 포크로 찍어 숨구멍을 만들어요.

8 종이포일을 타르트 반죽 위에 깔고 누름돌을 올려요.
*누름돌이 없다면 콩이나 팥을 이용해도 좋아요.

9 예열한 180도 오븐에서 15분간 구우면 완성.

스위트 타르트 박력분 150g, 아몬드가루 30g, 슈거파우더 30g, 소금 2g, 포도씨유 25g, 차가운 물 30g
*스위트 타르트 반죽은 기본 타르트 반죽보다 달콤해요. 보통 달콤한 필링을 사용하는 디저트용 타르트에 사용합니다. 스위트 타르트 반죽은 기본 타르트 반죽보다 잘 부서지기 때문에 한 번에 채워지지 않는 부분은 반죽을 떼어내서 손으로 매워가며 만들어요.

건강해서, 맛있어서, 간단해서 고마운 〈땡스! 베이킹〉을 위한 안내

◎ 〈땡스! 베이킹〉에서는 신선한 제철 재료, 될 수 있는 한 유기농 재료를 사용합니다.

◎ 처음 베이킹을 시작하는 분들도 쉽게 따라 할 수 있도록 분량, 온도, 시간, 난이도★★★까지 꼼꼼하게 실었어요.

◎ 만들 때 유의할 점은 과정 설명 옆에 따로 적었어요. 또 각 레시피마다 알아두면 좋을 팁도 함께 소개합니다.

◎ 각 레시피마다 NO! 버터, NO! 색소, NO! 백밀가루, NO! 설탕, NO! 오일을 표기했어요.

◎ 〈땡스! 베이킹〉에서 만든 모든 음식은 오래 보관하지 말고 그때그때 필요한만큼 만들어 바로 드세요.
신선한 재료를 이용해 갓 만들어낸 빵, 쿠키, 케이크, 파이는 영양도 맛도 더 좋답니다.

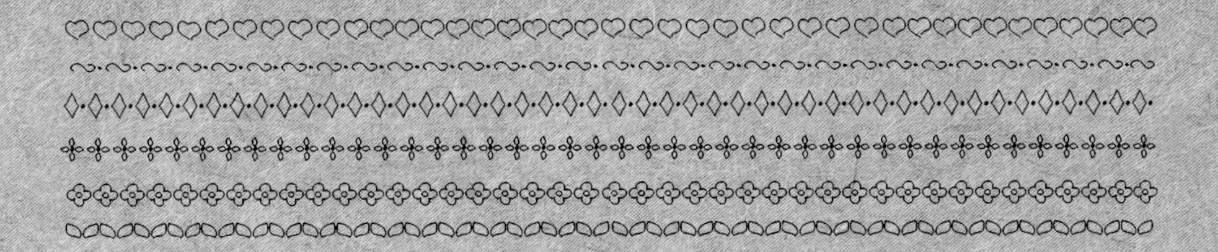

Part 1

베이킹의 첫걸음! 쉽고 간단한 기본 건강 베이킹

- 누구나 쉽고 맛있게! 노버터 쿠키
- 매일 먹어도 질리지 않는 건강 빵
- 눈과 입이 즐거워지는 머핀 & 케이크
- 건강한 재료가 듬뿍! 타르트 & 파이

green tea & strawberry marble cookies

green tea choco-chip cookies

dark rye choco cookies

yoghurt balls

mocha cookies

banana oatmeal cookies

black sesame sablé

pistachio cranberry biscotti

1

누구나 쉽고 맛있게! 노버터 쿠키

Cookie

베이킹의 가장 기본이라고 할 수 있는 쿠키.

빵이나 케이크보다 비교적 간단히 만들 수 있어요.

처음 베이킹을 시작하는 분이라면 쿠키부터 차근차근 도전해보세요.

동물성 재료를 쓰지 않아도 건강하고 맛있는 쿠키가 뚝딱 완성된답니다.

칼로리 높은 버터 대신 식물성 오일을 사용하고, 설탕의 양을 과감하게 줄여도

파삭파삭한 식감과 고소하고 달콤한 맛은 그대로예요.

고소한 피스타치오와 새콤달콤한 크랜베리가 듬뿍 들어간 **피스타치오 크랜베리 비스코티**,

기분을 더욱 상큼하게 해주는 **녹차 딸기 마블 쿠키**,

동글동글 소박한 모양과 가벼운 식감에 마음마저 느긋해지는 **요거트 볼**,

한입 깨물면 마음도 건강해질 것만 같은 **바나나 오트밀 쿠키**,

오후의 티타임을 더욱 행복하게 해줄 **모카 쿠키**,

첫사랑처럼 달콤하면서 쌉싸름한 **녹차 초코칩 쿠키**,

맛과 영양을 고루 갖춘 **검은깨 샤브레**,

달콤함과 구수함이 절묘한 **호밀 초코 쿠키**,

고구마 특유의 달콤함을 그대로 느낄 수 있는 **고구마 와플**을

지금부터 만나보세요.

NO!
버터

피스타치오 크랜베리 비스코티

★★☆

고소한 피스타치오와 새콤달콤한 크랜베리를 듬뿍 넣은 비스코티! 두 번 구워 오독오독 씹히는 재미있는 식감과 더불어 씹을수록 맛이 깊어지는 이탈리아 디저트예요. 비타민이 풍부한 피스타치오와 크랜베리 덕분에 맛도 up! 영양도 up!

10cm 12~14개

박력분 170g, 베이킹파우더 2g, 설탕 25g, 꿀 15g, 달걀 1개, 포도씨유 30g, 피스타치오 60g, 건크랜베리 30g

믹싱볼, 거품기, 체, 주걱, 테프론 시트, 오븐팬, 프라이팬, 식힘망, 칼

180℃ 20-25분 --〉170℃ 15분

1시간

건크랜베리는 따뜻한 물이나 럼에 담가 5분 이상 불린 뒤, 물기를 꼭 짜요.

1 기름을 두르지 않은 팬에 피스타치오를 미리 굽거나 오븐에 살짝 구워 적당한 크기로 잘라요.

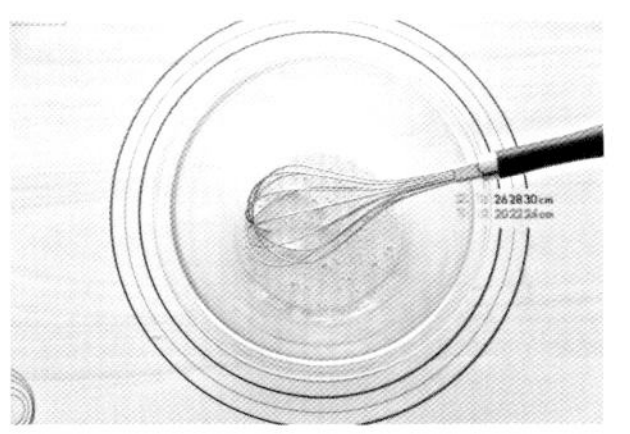

2 달걀을 거품기로 휘저어 뽀얗게 거품이 일면 설탕과 꿀을 넣고 휘핑해요.

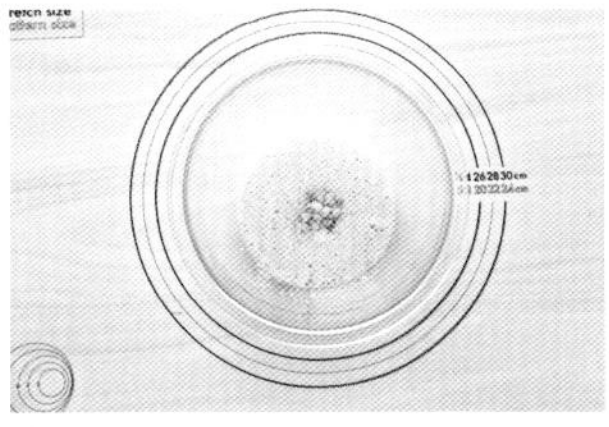

3 분량의 포도씨유를 넣고 잘 저어요.

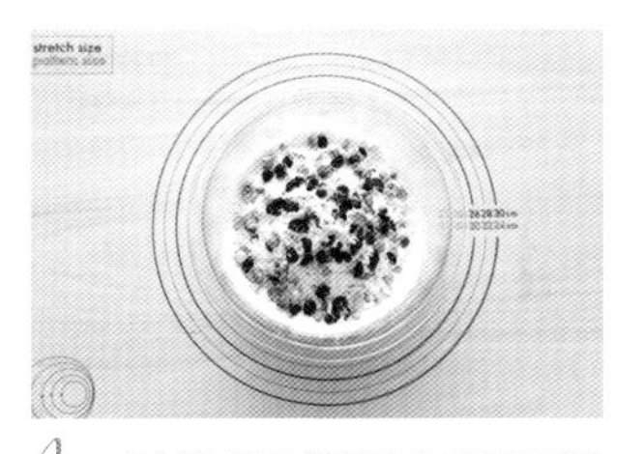

4 미리 체 쳐둔 박력분과 베이킹파우더, 피스타치오, 불린 크랜베리를 넣고 날가루가 보이지 않을 정도로만 대충 섞어요.

5 반죽 모양을 잡고, 180도로 예열한 오븐에서 20~25분간 구워요.

6 한 김 식힌 뒤, 1cm 두께로 잘라 다시 팬에 올린 뒤 170도로 예열한 오븐에서 15분간 구우면 완성.

이때 앞뒤가 골고루 구워지도록 중간에 한번 뒤집으면 좋아요!

동글이의 Tip

비스코티 반죽을 할 때, 달걀을 너무 과하게 휘핑하면 1차로 구울 때 윗부분이 심하게 터질 수 있어요. 설탕이 녹을 정도로만 휘핑하는 게 좋아요. 또 1cm 두께로 자를 때는 한 김 식혀야 부서지지 않고 고르게 잘 잘린답니다. 빵칼 보다는 커다란 식칼로 한 번에 잘라야 깔끔해요.

녹차 딸기 마블 쿠키

★☆☆

딸기 향과 녹차 향을 한 번에 느낄 수 있는 녹차 딸기 마블 쿠키! 반죽을 자를 때마다 단면에 마블 모양이 각각 다르게 나타나, 만드는 재미가 있고 마음을 설레게 하는 쿠키지요.

딸기 반죽 박력분 160g, 아몬드가루 30g, 슈거파우더 80g, 소금 2g, 달걀 1개, 포도씨유 40g, 딸기가루 12g
녹차 반죽 박력분 80g, 아몬드가루 15g, 슈거파우더 40g, 소금 1g, 달걀 ½개, 포도씨유 20g, 녹차가루 4g

믹싱볼, 거품기, 체, 주걱, 종이포일, 테프론 시트, 오븐팬, 칼

170℃ 12~15분

1시간 35분
(냉동실 1시간 휴지 포함)

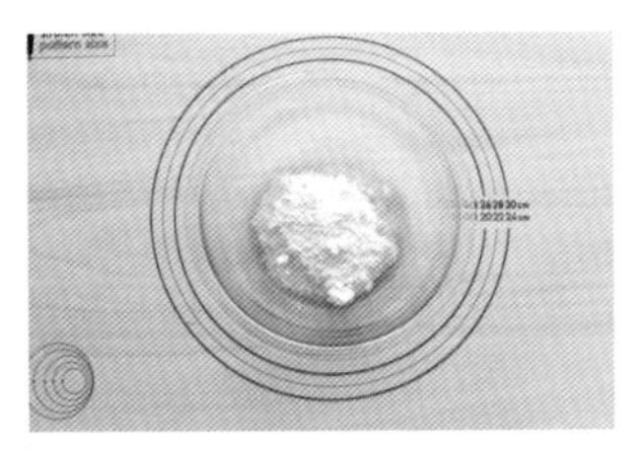

1 믹싱볼에 포도씨유와 슈거파우더, 소금을 넣고 잘 섞어요.

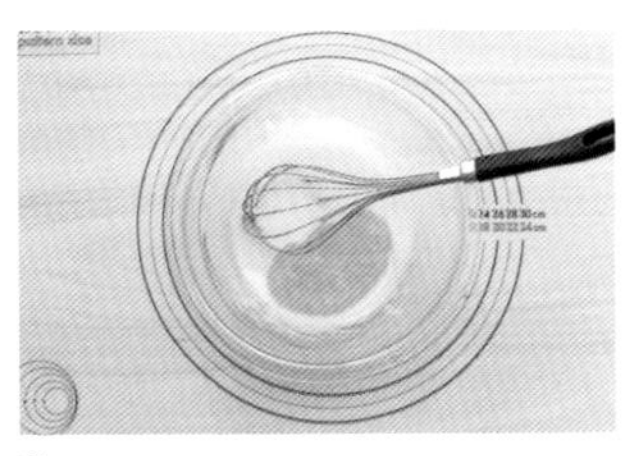

2 달걀을 두세 번에 나누어 넣고 섞어요.

3 미리 체 쳐둔 박력분과 아몬드가루를 넣고 날가루가 보이지 않을 정도로만 가볍게 섞은 뒤 반죽을 3등분으로 나눠, $\frac{2}{3}$에는 딸기가루를 넣고 잘 치대어 반죽해요.

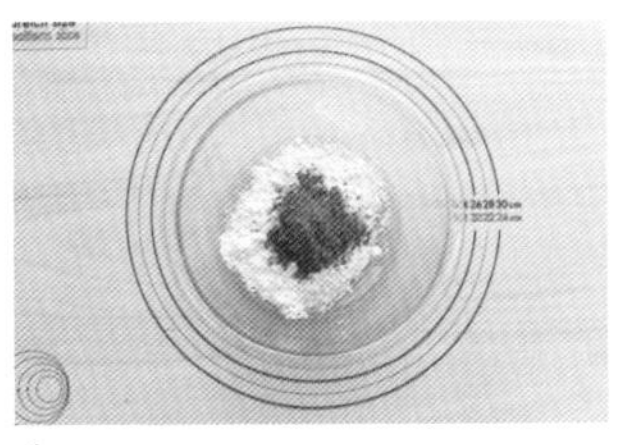

4 나머지 반죽에는 녹차가루를 넣어 반죽해요.

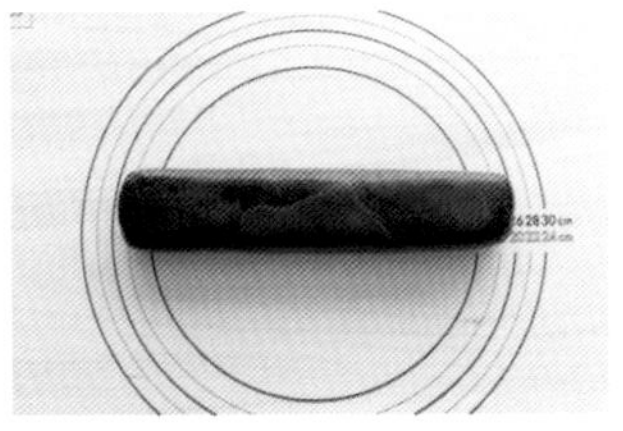

5 딸기 반죽에 녹차 반죽을 조금씩 떼어 섞은 뒤 원통 모양으로 만들어 종이포일이나 랩을 씌우고 냉동실에서 1시간 정도 굳혀요.

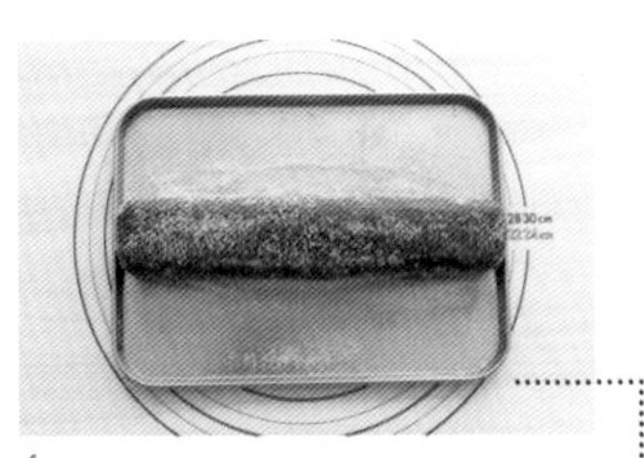

6 냉동실에서 반죽을 꺼내 설탕을 충분히 묻혀요.

담백한 맛을 좋아한다면 이 과정은 생략해도 괜찮아요.

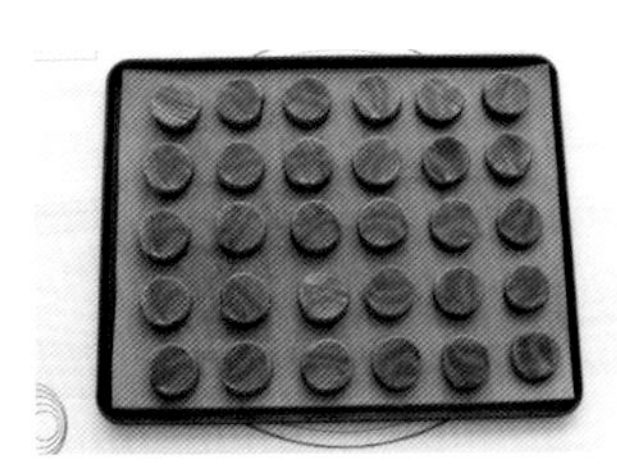

7 반죽을 0.5~0.7cm 두께로 잘라 시트를 깐 팬 위에 올린 뒤, 170도로 예열한 오븐에서 12~15분간 구우면 완성.

냉동 쿠키의 한 종류인 샤브레는 시간날 때 반죽을 미리 만들어 냉동실에 넣어 두면, 필요할 때마다 꺼내어 오븐에 굽기만 하면 되니, 손님상을 차릴 때나 급하게 쿠키를 만들어야 할 때 참 유용해요. 또, 구워진 쿠키는 밀폐 용기에 담아 상온에서 약 2주간 보관할 수 있어요.

NO!
버터

요거트 볼

★☆☆

입안에서 파사삭 가볍게 부서지는 요거트 볼. 몸에 좋은 호두와 플레인 요거트를 넣고 만들어 부담 없이 먹기 좋아요. 건강에 좋고 맛도 좋은 이런 쿠키는 예쁜 병에 가득 담아 고마운 분께 선물해도 좋겠죠?

박력분 120g, 옥수수전분 60g, 베이킹파우더 4g, 소금 한꼬집, 슈거파우더 60g, 포도씨유 30g, 다진 호두 40g, 아몬드 슬라이스 20g, 떠먹는 플레인 요거트 90g

믹싱볼, 거품기, 체, 주걱, 테프론 시트, 오븐팬

170℃ 20~25분

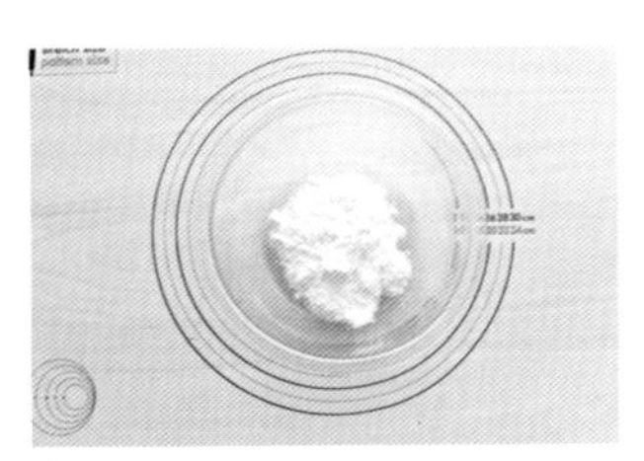

1 포도씨유에 슈거파우더를 넣고 잘 섞어요.

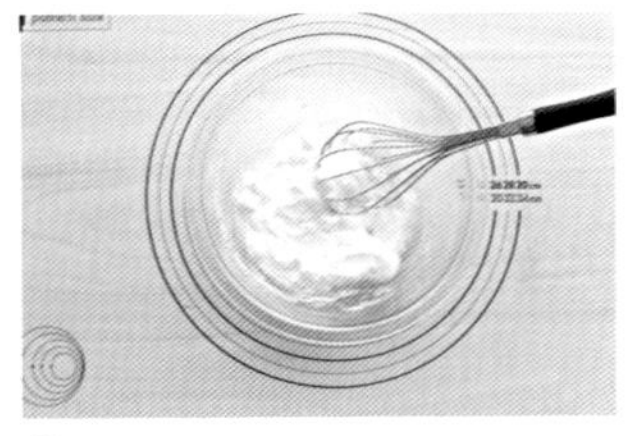

2 분량의 플레인 요거트를 넣고 섞어요.

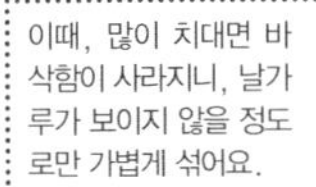

이때, 많이 치대면 바삭함이 사라지니, 날가루가 보이지 않을 정도로만 가볍게 섞어요.

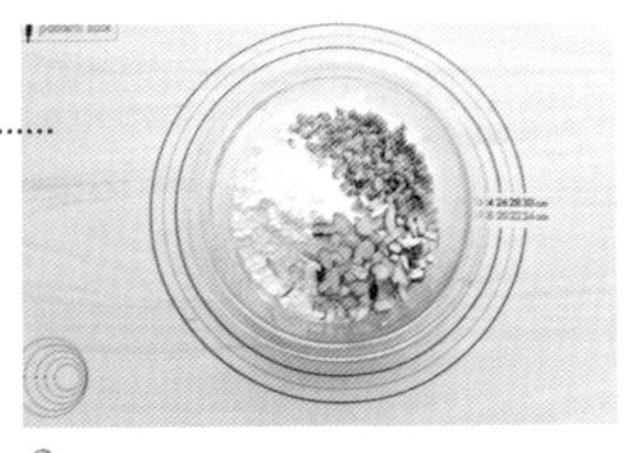

3 미리 체 쳐둔 가루류와 다진 호두, 아몬드 슬라이스를 넣고 주걱으로 가르듯이 가볍게 섞어요.

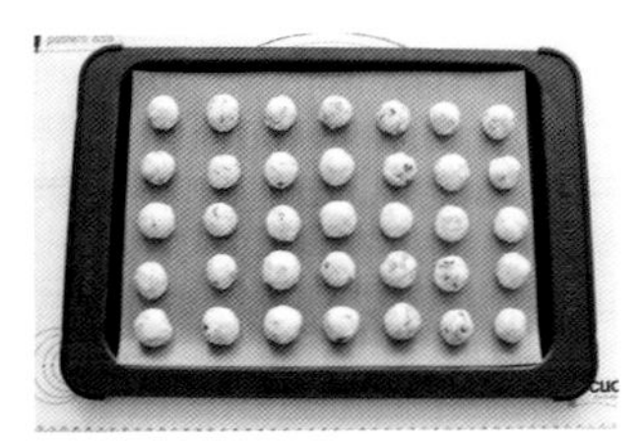

4 지름 1.5~2cm 크기로 동글동글하게 빚어 시트를 깐 팬에 가지런히 올리고, 170도로 예열한 오븐에서 20~25분간 구우면 완성.

쿠키는 굽기 전 팬 위에 올리는 반죽의 크기나 두께, 굽는 시간에 따라 식감이 조금씩 달라질 수 있어요. 바삭한 걸 좋아하시는 분들은 요거트 볼을 좀 더 작게 만들어도 좋답니다. 또, 다진 호두뿐 아니라 해바라기 씨나 다진 아몬드, 땅콩 등을 넣어도 맛있어요.

NO!
버터

바나나 오트밀 쿠키

★☆☆

식이섬유가 풍부한 오트밀과 바나나를 넣어 만든 건강 쿠키. 한입 깨물면 몸은 물론 마음까지 건강해질 것 같지 않으세요? 씹을수록 고소하고 달콤한 맛에 누구나 반할 거예요.

6cm 15개

바나나 1개 (100g), 포도씨유 30g, 유기농 설탕 40g, 꿀 40g, 오트밀 90g, 박력분 180g, 베이킹파우더 2g, 소금 한꼬집, 바닐라 익스트랙 1작은술, 계핏가루 4g

믹싱볼, 숟가락, 체, 주걱, 테프론 시트, 오븐팬

180℃ 18~20분

30분

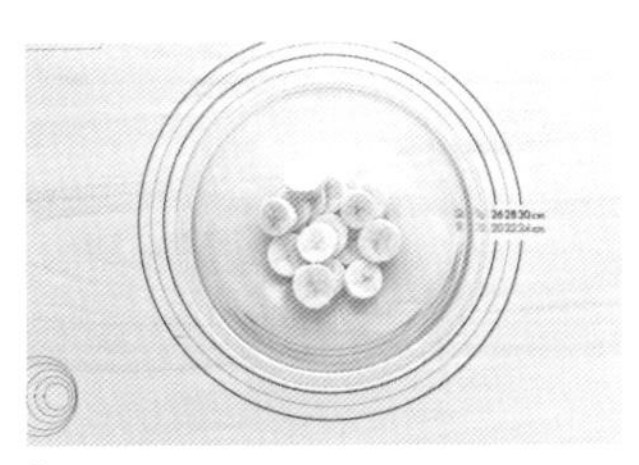

1 믹싱볼에 잘 익은 바나나를 잘게 잘라 담고, 숟가락이나 주걱으로 곱게 으깨요.

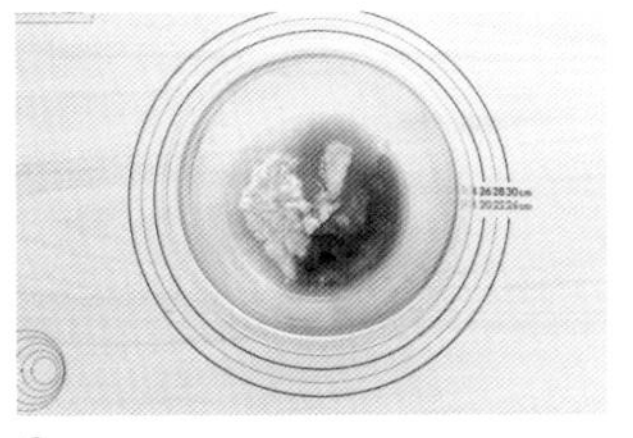

2 포도씨유와 설탕, 꿀, 바닐라 익스트랙을 넣고 잘 섞어요.

3 미리 체 쳐둔 박력분과 오트밀, 베이킹파우더, 소금, 계핏가루를 넣어요.

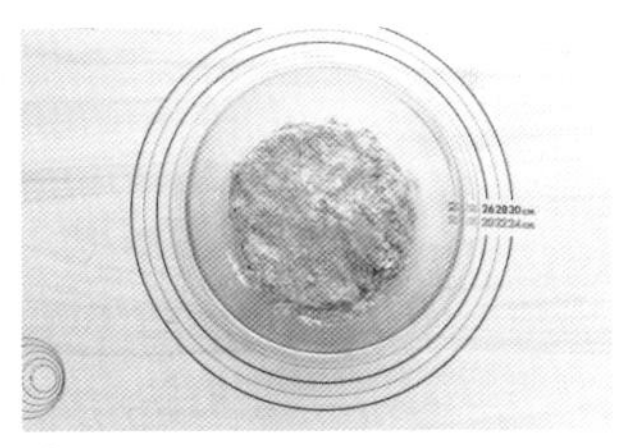

4 반죽이 조금 진 편이니 주걱이나 스패튤러로 가볍게 섞어요.

5 아이스크림 스쿱이나 숟가락으로 반죽을 덜어 시트를 깐 팬에 올리고 손으로 윗면을 살짝 눌러요. 180도로 예열한 오븐에서 18~20분간 구우면 완성.

동글이의 Tip

오트밀은 식이섬유가 풍부해서 다이어트와 피부 미용에 좋고 대장암을 예방해주는 효과도 있어요. 기름을 두르지 않은 프라이팬에 살짝 볶아 사용하면 텁텁한 맛이 사라져 더욱 고소하답니다. 또 반죽할 때 오래 치대지 말고 가볍게 섞어야 바삭바삭한 식감이 살아요.

모카 쿠키

★☆☆

입안 가득 퍼지는 은은한 모카 향에 기분까지 즐거워지는 쿠키예요. 나른하고 지루해지기 쉬운 오후 시간을 달콤하고 행복하게 해줄 티푸드로 인기 만점!

5cm
18~20개

따뜻한 우유 2큰술, 인스턴트 커피 1큰술, 달걀 1개, 포도씨유 40g, 흑설탕 70g, 바닐라 익스트랙 1작은술, 박력분 220g, 베이킹파우더 4g, 소금 2g, 초코칩 50g

믹싱볼, 작은 볼, 거품기, 체, 주걱, 종이포일, 테프론 시트, 오븐팬, 칼

190℃ 10~12분

1시간 35분
(냉동실 1시간 휴지 포함)

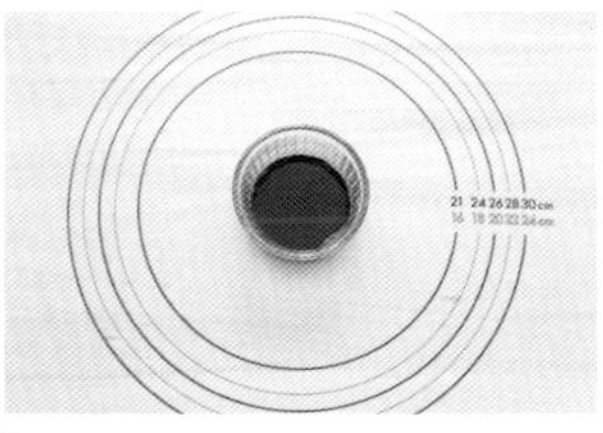

1 작은 볼에 따뜻한 우유 2큰술과 인스턴트 커피 1큰술을 넣고 잘 섞어가며 녹여요.

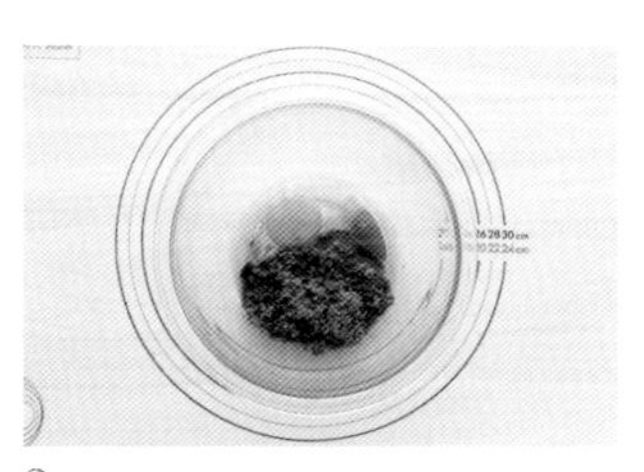

2 믹싱볼에 포도씨유와 달걀, 설탕, 바닐라 익스트랙을 넣어요.

3 커피를 탄 우유를 넣고 잘 섞어요.

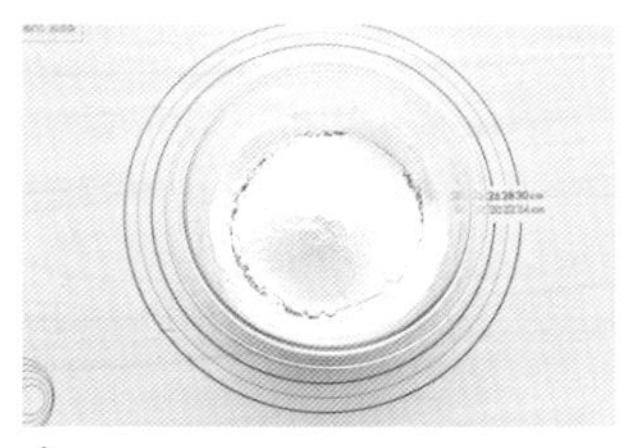

4 미리 체 쳐둔 박력분과 베이킹파우더, 소금을 넣고 잘 섞어요.

5 초코칩을 넣고 고루 섞어요.

6 반죽을 기다란 원통형 모양으로 빚어요.

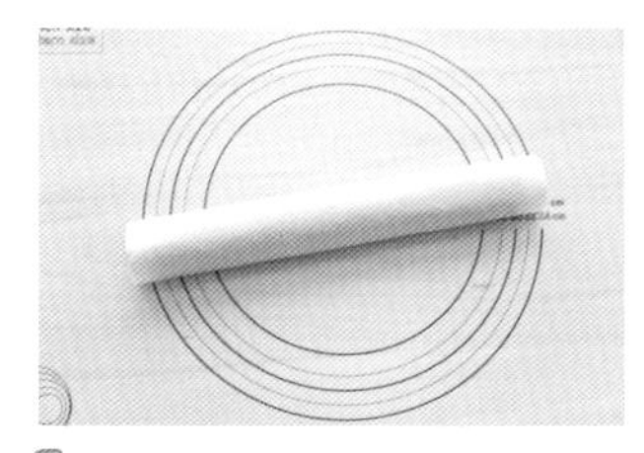

7 종이포일에 돌돌 말아 냉동실에서 1시간 휴지시켜요.

8 반죽을 0.5~0.7cm 두께로 자른 뒤, 시트를 깐 오븐팬 위에 적당한 간격을 두고 둥글게 모양을 잡아 올린 뒤, 190도로 예열한 오븐에서 10~12분간 구우면 완성.

커피는 에스프레소 1잔을 진하게 뽑아서 넣거나 인스턴트 커피를 녹여서 사용해도 좋아요.

NO!
버터
NO!
색소
CAFÉ CRITIQUE
Tous les APÉRITIFS
Absinthe Bitter Amer
Byrrh Madère Vermouth
MANIFESTATION
DES
IMPUISSANCES
PAIN COMPRIS
Kirsch
MAZAGRAN
Champoreau
LES PALAIS DES ATTACTIONS
Le Jeudi 22 Novembre 1984
QUATRE SAISONS
DINERS et
SOUPERS à la carte

녹차 초코칩 쿠키

★☆☆

사랑을 달콤하고도 쌉싸름한 맛에 비유하곤 하죠. 녹차의 쌉싸름함과 초콜릿의 달콤함이 부드럽게 어우러진 촉촉한 식감의 쿠키예요. 맛있는 쿠키 한 조각과 사랑에 빠져보세요.

6cm
10~12개

박력분 100g, 포도씨유 20g, 설탕 30g, 달걀 1개, 베이킹파우더 2g, 바닐라 익스트랙 1작은술, 녹차가루 혹은 말차가루 5g, 다진 호두 한줌, 초코칩 한줌

믹싱볼, 거품기, 체, 주걱, 테프론 시트, 오븐팬

175℃ 12~15분

25분

1 믹싱볼에 분량의 포도씨유와 설탕을 넣고 섞어요.

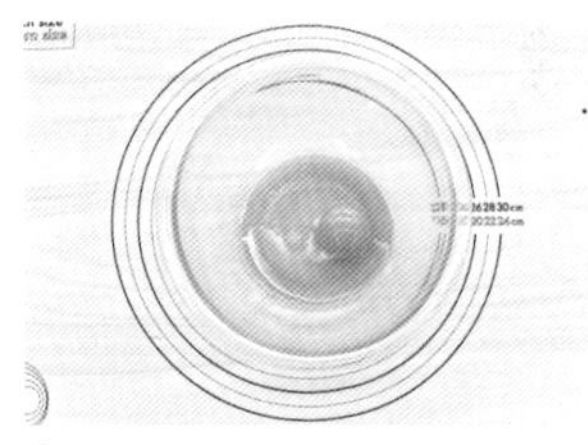

2 달걀과 바닐라 익스트랙을 넣고 잘 섞어요.

바닐라 익스트랙은 달걀의 비린 향을 제거하기 위해 넣지만, 없다면 생략해도 무방해요.

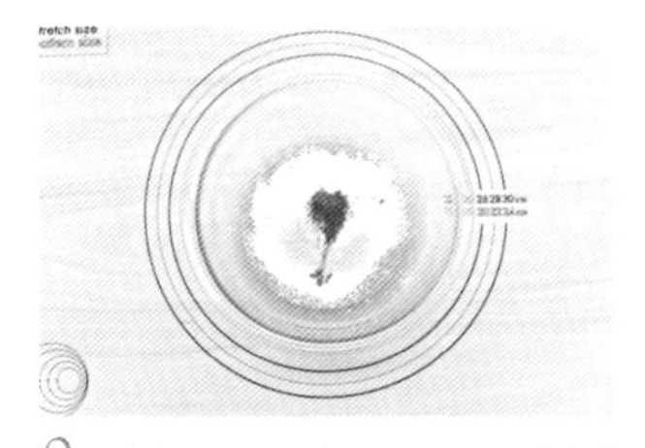

3 미리 체 쳐둔 가루류를 넣고 가볍게 섞어요.

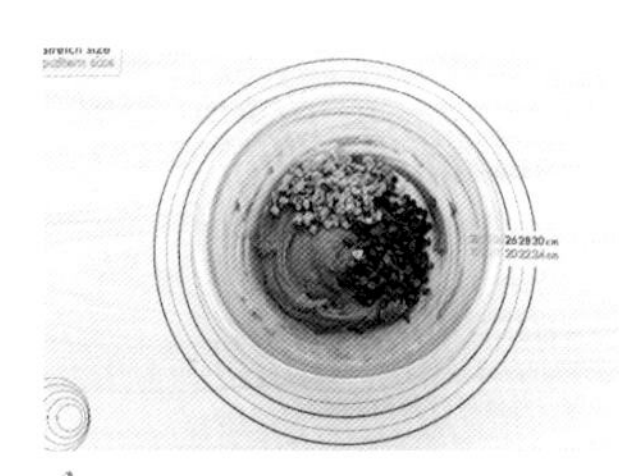

4 다진 호두와 초코칩을 넣어요.

5 반죽을 약 20g 정도씩 떼어 시트를 깐 오븐팬에 올린 뒤, 손으로 살짝 눌러 모양을 잡고, 175도로 예열한 오븐에서 12~15분간 구우면 완성.

동글이의 Tip

초코칩 쿠키는 만드는 사람과 재료에 따라, 식감이나 맛이 조금씩 차이나기 마련인데요.
제가 제일 좋아하는 건 바로 이 녹차 초코칩 쿠키예요. 달지 않고 입안에서 파사삭 부서지며 사르르 녹는 맛이 일품이죠.
초코칩이 없다면 시중에서 파는 판 초콜릿을 잘게 부숴 넣어도 괜찮아요.

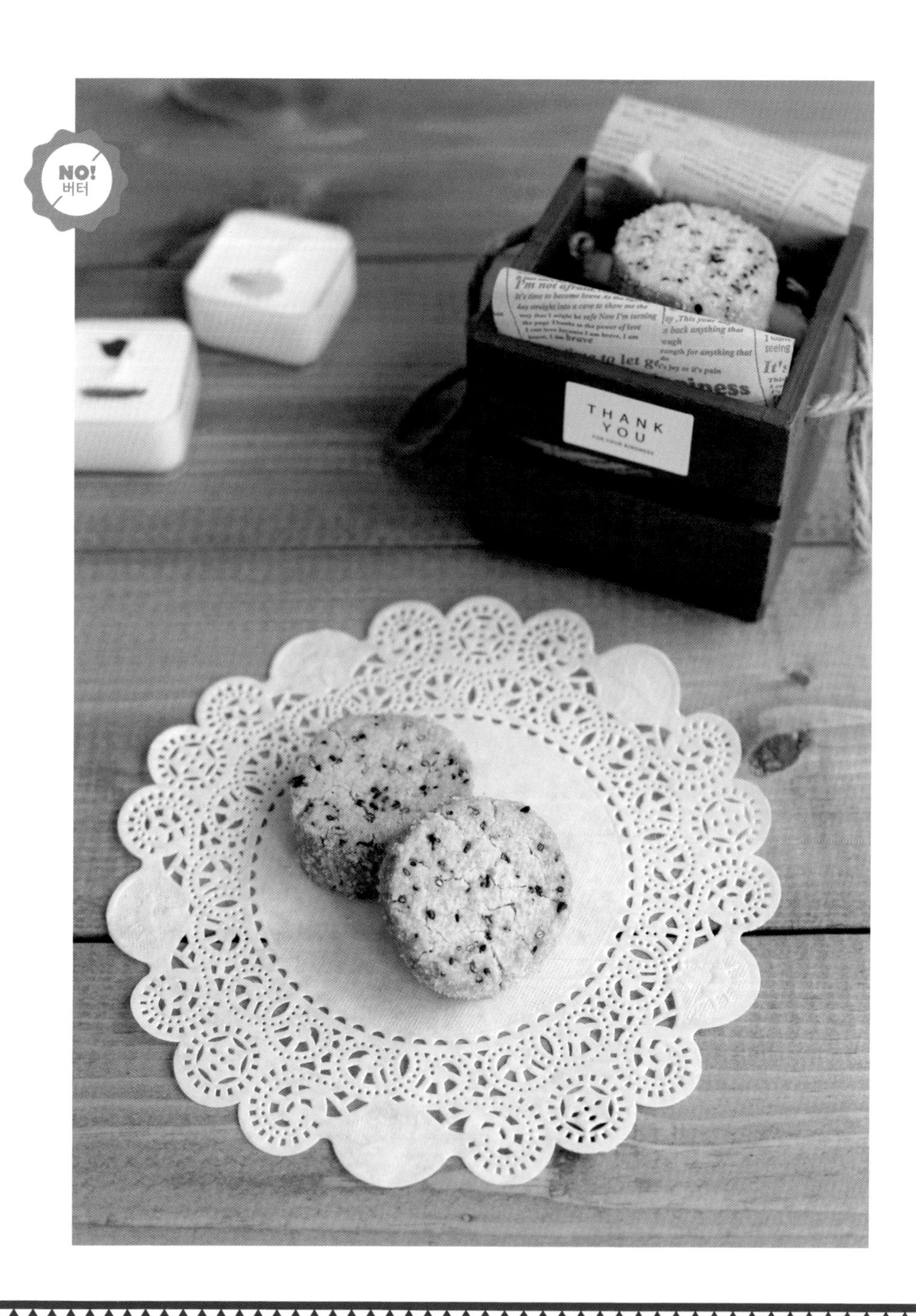

검은깨 샤브레

★☆☆

파삭파삭, 달콤 고소! 영양소가 풍부한 검은깨를 샤브레 속에 콕콕! 맛은 물론 영양까지 생각한 건강 쿠키랍니다. 어디서도 맛볼 수 없는 색다른 맛의 매력에 빠져보세요.

박력분 80g, 아몬드가루 40g, 설탕 30g, 소금 한꼬집, 포도씨유 30g, 검은깨 20g, 반죽 겉면에 바를 여분의 설탕 적당량

믹싱볼, 체, 주걱, 종이포일, 테프론 시트, 오븐팬, 칼

170℃ 15~20분

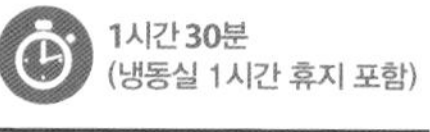

1시간 30분 (냉동실 1시간 휴지 포함)

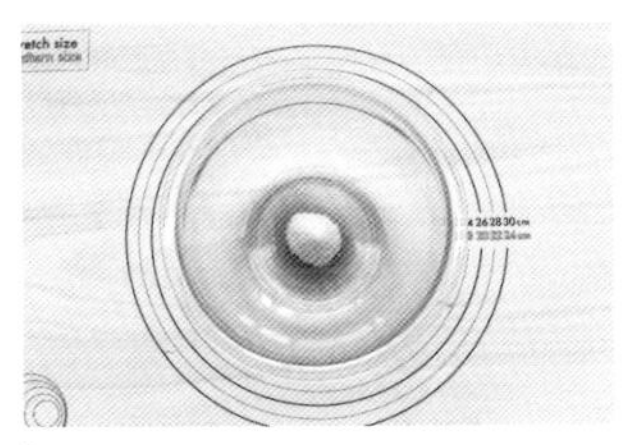

1 포도씨유에 설탕을 넣고 잘 섞어요.

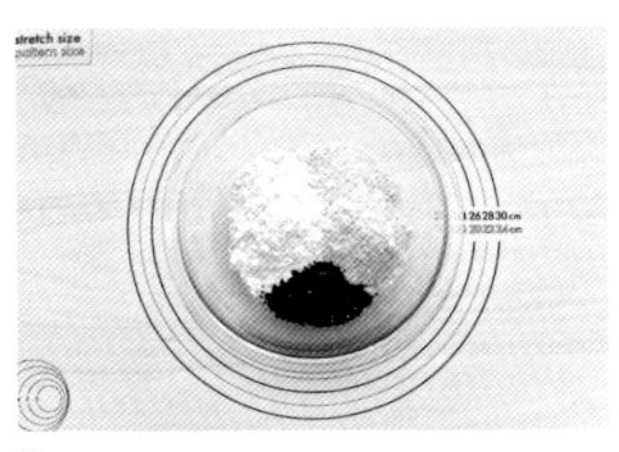

2 미리 체 쳐둔 박력분과 아몬드가루, 소금, 검은깨를 넣고 잘 섞어요.

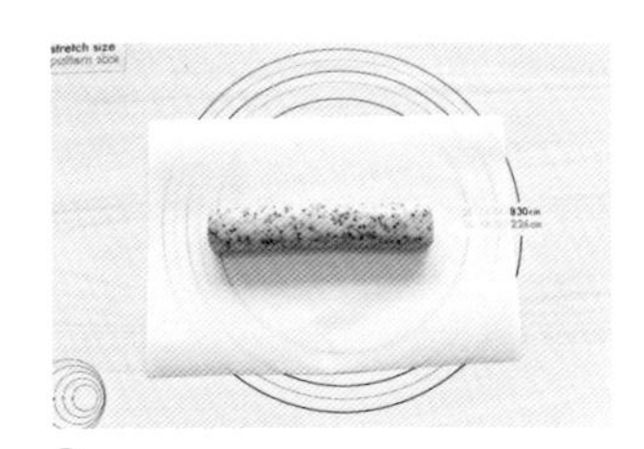

3 한데 잘 뭉친 뒤, 원통형으로 모양을 잡아요.

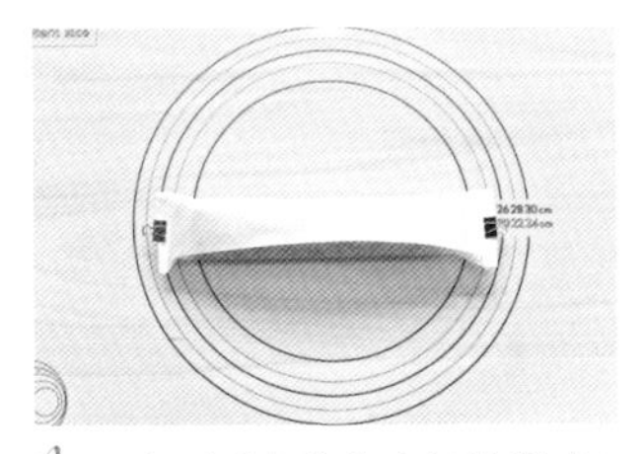

4 종이포일이나 랩에 싸서 냉동실에 1시간 동안 휴지시켜요.

5 냉동실에서 꺼낸 반죽 겉면에 설탕을 골고루 묻혀요.

6 0.5~0.7cm 두께로 일정하게 잘라요.

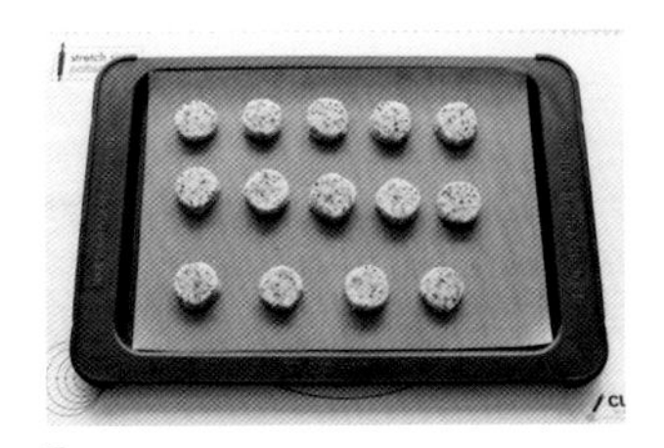

7 시트를 깐 오븐팬에 올리고, 170도로 예열한 오븐에서 15~20분간 구우면 완성.

샤브레는 입안에서 모래알처럼 흩어진다고 해서 붙여진 이름이에요. 샤브레의 모양을 동그랗게 잡기 위해서는 랩의 심을 이용하면 수월한데요. 랩이나 종이포일에 싼 반죽을 길쭉한 원통 모양으로 매만져 랩 심 안에 넣고, 랩 심을 위아래로 탕탕 쳐서 빈 곳 없이 압축하면 울퉁불퉁하지 않고 매끄러우면서 동그란 모양이 만들어져요.

NO!
버터

호밀 초코 쿠키

★☆☆

한입 깨물면 톡톡 부서지는 맛있는 소리가 들려요. 호밀가루가 들어가 살짝 거친 듯하면서도 바삭하게 씹히는 식감과 코코아 특유의 달콤하고 쌉싸름함을 제대로 느낄 수 있는 쿠키예요. 맛에 반하고 사랑스러운 모양에 한 번 더 반하게 된답니다.

5cm 25개

박력분 70g, 호밀가루 50g, 무가당 코코아가루 30g, 설탕 30g, 베이킹파우더 4g, 꿀 15g, 달걀 ½개, 카놀라유 30g, 화이트 초코펜

믹싱볼, 거품기, 체, 주걱, 밀대, 쿠키커터, 테프론 시트, 오븐팬, 식힘망

180℃ 8~10분

50분(냉장실 20분 휴지 포함)

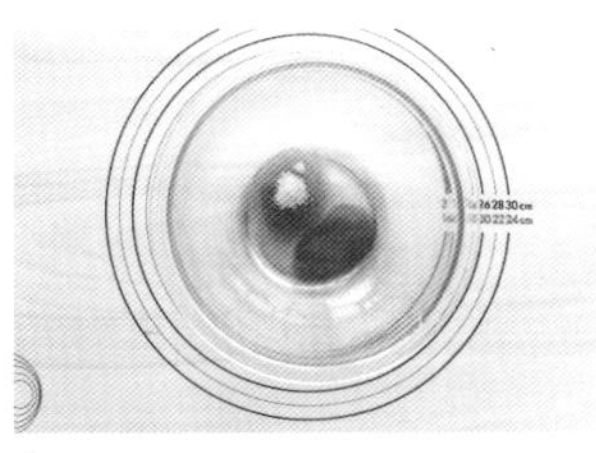

1 카놀라유에 분량의 설탕과 꿀을 넣고 섞은 뒤, 달걀 ½개를 넣고 저어요.

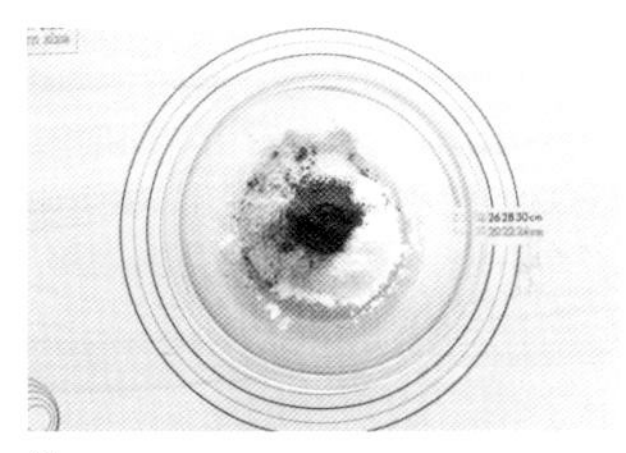

2 미리 체 쳐둔 가루류를 넣고 잘 섞은 뒤, 랩에 싸서 냉장실에서 20분간 휴지시켜요.

3 휴지가 끝난 반죽은 밀대로 0.2~0.3cm 두께로 평평하게 밀어요.

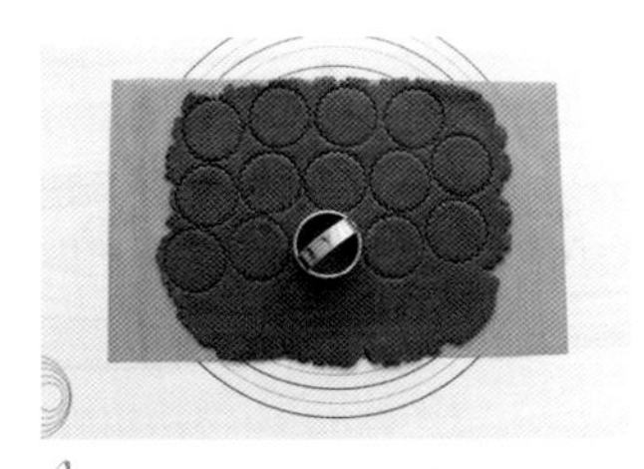

4 원형 쿠키커터로 모양을 찍어요.

5 시트를 깐 오븐팬 위에 올리고, 180도로 예열한 오븐에서 8~10분간 구워요.

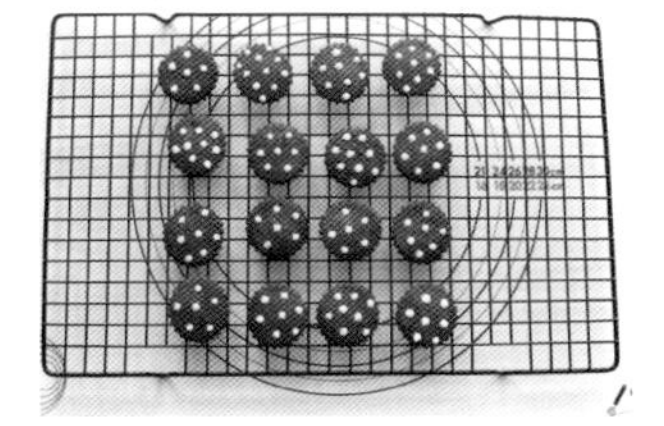

6 식힘망 위에 놓고 완전히 식힌 다음, 화이트 초코펜으로 도트 모양을 찍으면 완성.

초코펜이 없으면 시판되는 화이트 초콜릿이나 딸기 맛 초콜릿을 중탕으로 녹여 짤주머니에 담아 사용해도 좋아요.

NO!
버터
NO! 백밀가루

고구마 와플

★☆☆

따뜻한 가을 햇살을 담은 듯, 포근함이 물씬 풍기는 고구마 와플. 통밀의 구수함과 고구마 자체의 달콤함이 어우러진 건강 간식이에요. 휴일에는 차 한잔 준비해서 느긋하게 브런치로 즐기기에도 손색 없어요.

4~5개

찌거나 구워 껍질 깐 고구마 200g, 달걀 1개, 포도씨유 10g, 비정제 설탕 20g, 아가베 시럽 10g, 통밀가루 40g, 베이킹파우더 4g, 우유 1큰술

믹싱볼, 거품기, 체, 와플팬, 브러시

중약불 앞뒤로 각각 5분

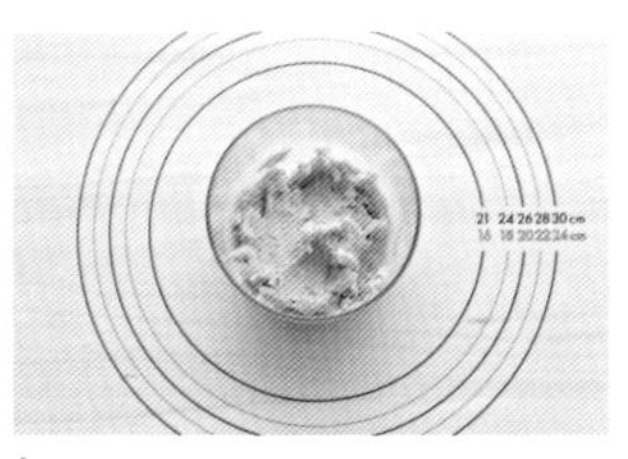

1 고구마를 미리 찌거나 구워서 껍질을 벗겨 으깨요.

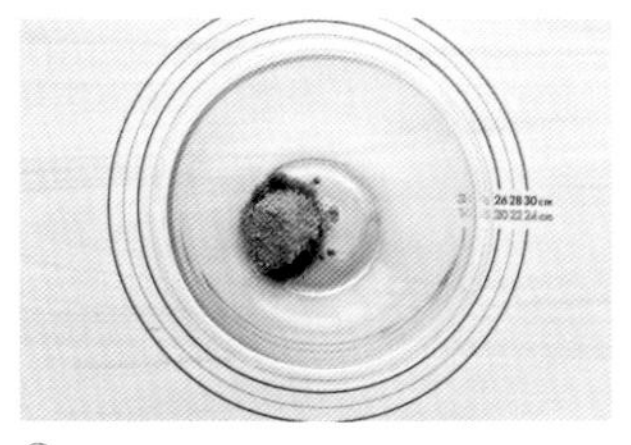

2 믹싱볼에 포도씨유와 설탕, 아가베 시럽을 넣고 잘 섞어요.

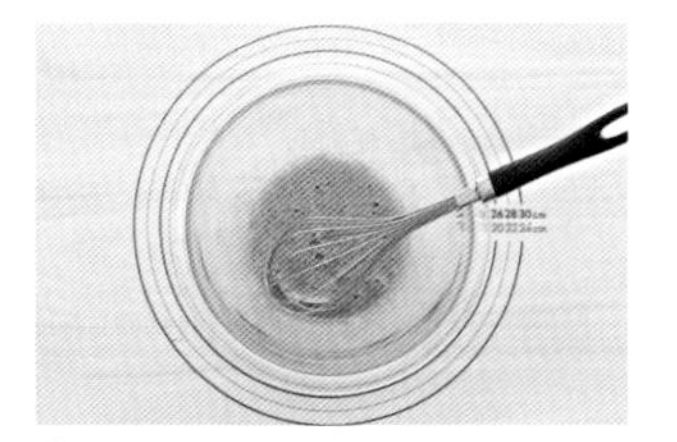

3 달걀을 넣고 섞어요.

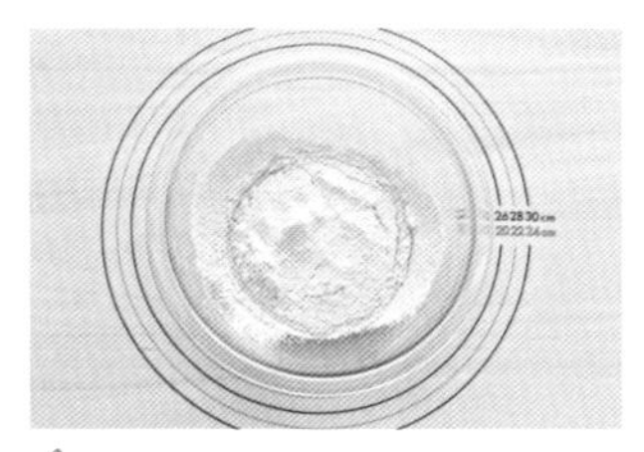

4 미리 체 쳐둔 가루류를 넣고 섞어요.

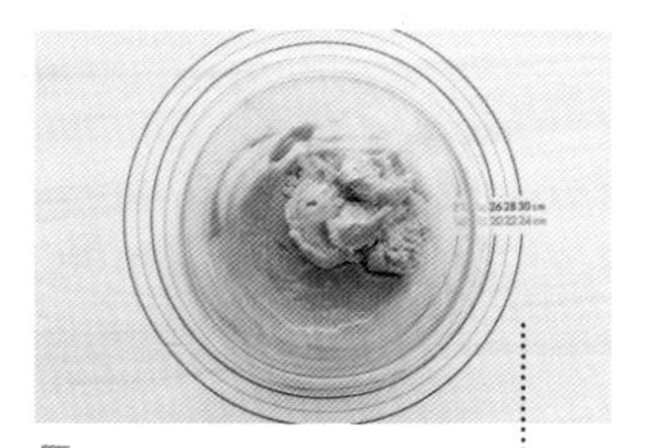

5 으깬 고구마를 넣고 섞어요.

반죽이 너무 되직하면 우유 1큰술을 넣어도 좋아요.

6 와플팬에 여분의 포도씨유를 살짝 발라요.

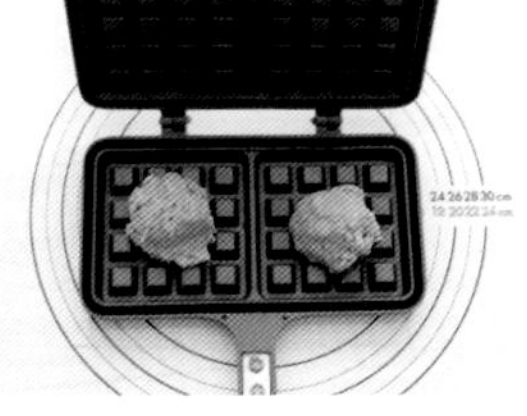

7 가스레인지에서 달군 와플팬에 반죽을 넣고, 앞뒤로 노릇하게 구우면 완성.

+ 와플팬이 없다면 프라이팬에 구워서 팬케이크처럼 먹어도 괜찮아요.
+ 고구마는 울퉁불퉁하지 않고 표면이 균일하면서 반들반들한 게 좋아요. 껍질이 유난히 빨갛거나 껍질 일부가 검게 변색한 건 피하는 게 좋아요.

paprika breads

roll cheese breads

sweet pumpkin pullman bread

choco roll bread

whole wheat blueberry bagels

black olives mini bread

onion breads

sesame pretzels

2

매일 먹어도 질리지 않는 건강 빵

나이가 들수록 취향도 입맛도 변해가죠.

어릴 때는 무조건 달콤한 것만 찾던 제가 이제는 건강을 먼저 챙기게 됩니다.

저의 눈과 손을 사로잡던 빵은 시럽과 설탕으로 범벅된 달콤한 것들이 대부분이었지만

어느새 몸에 좋은 재료들이 듬뿍 들어간 담백하고 깔끔한 맛을 선호하게 되었어요.

동물성 재료를 완전히 배제하기보다는 될 수 있는 한 덜 넣고,

제철에 나는 싱싱한 재료들을 활용해 베이킹한다면 매일 먹어도 부담스럽지 않아요.

노란빛이 햇살 좋은 어느 가을날을 닮은 **단호박 풀먼 식빵**,

자작자작 입자가 거칠게 씹혀 한층 더 구수한 **통밀 블루베리 베이글**,

보들보들해서 자꾸만 손이 가는 **초코 롤 식빵**,

활성 산소를 억제하고 암 예방 효과까지 있는 블랙 올리브를 듬뿍 넣은 **블랙 올리브 미니 식빵**,

입맛 없는 날에 한 조각 먹으면 기운이 번쩍 나는 **롤치즈 빵**,

자연이 준 천연색소의 고운 빛을 뽐내는 **파프리카 빵**,

씹을수록 고소한 맛이 입안 가득 퍼지는 **참깨 & 검은깨 프레첼**,

쌀가루로 만들어 아침 식사 대용으로도 좋은 **양파 빵**을 소개합니다.

NO! 버터

NO! 설탕

단호박 풀먼 식빵

★★☆

단호박의 고운 노란빛으로 물들어, 보는 것만으로 군침이 도는 식빵이에요. 바쁜 아침, 밥 대신 먹기에도 좋아요. 건강한 재료가 듬뿍 들어간 식빵으로 아침을 든든하게 시작해보세요.

풀먼 식빵틀 2개

강력분 300g, 소금 3g, 인스턴트 드라이이스트 6g, 삶아서 으깬 단호박 150g, 꿀 20g, 포도씨유 20g, 미지근한 물 100g

 제빵기, 풀먼 식빵틀, 체, 밀대, 랩

 180℃ 20~25분

 3시간 10분

제빵기가 없으면 15~20분간 반죽을 치댄 다음, 실온에서 40~60분간 1차 발효를 해요.

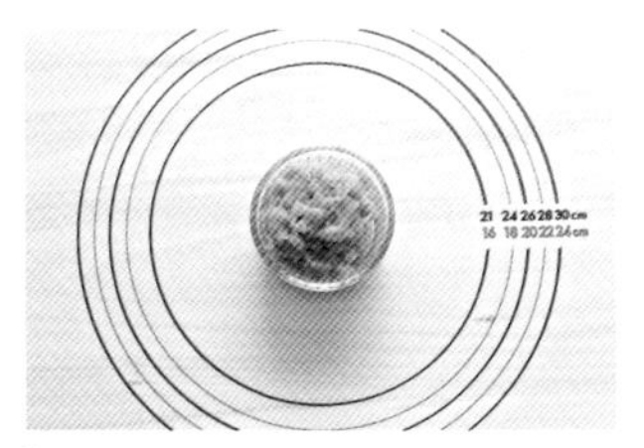

1 단호박을 미리 삶아 껍질을 제거하고 곱게 으깨요.

2 제빵기에 미지근한 물, 포도씨유, 미리 체 쳐둔 강력분과 소금, 꿀을 넣고 이스트를 밀가루 위에 올려요. 홈을 판 뒤, 으깬 단호박을 올려 반죽을 시작하고 1차 발효까지 끝내요.

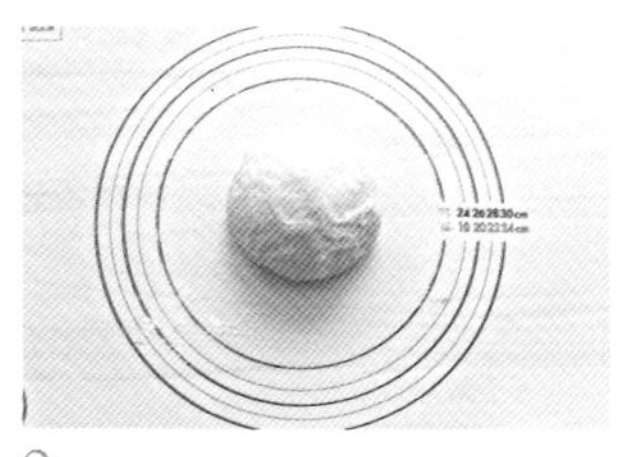

3 반죽을 둥글린 뒤 랩을 씌워 15분간 중간 발효를 해요.

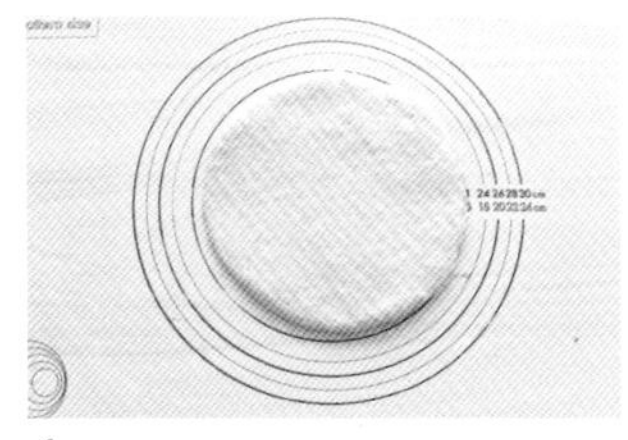

4 밀대로 밀어 가스를 빼요.

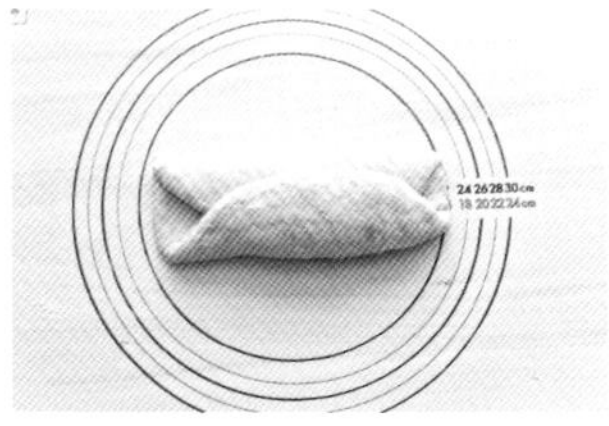

5 위쪽 반죽을 가운데로 접은 다음 아래쪽 반죽도 가운데로 접어 3절 접기를 해요.

6 반죽을 세로로 돌려 긴 부분 쪽으로 돌돌 말고, 끝 부분을 꼬집듯 꼼꼼히 매만져요.

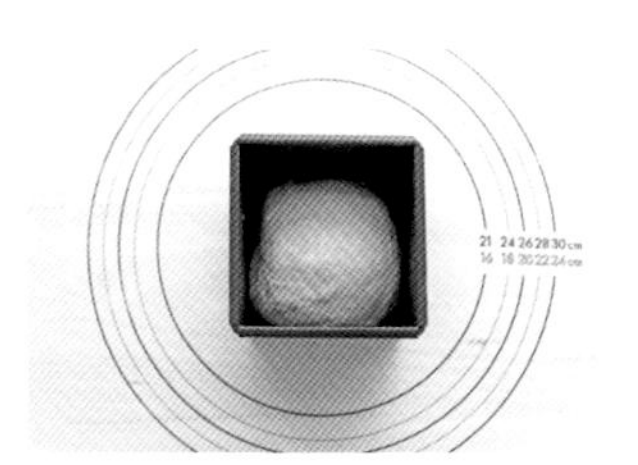

7 이음매 부분이 바닥으로 가도록 반죽을 풀먼 식빵틀에 넣고, 랩을 씌워요.

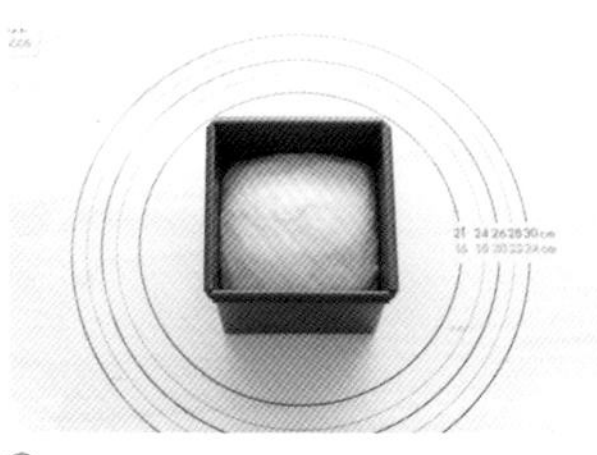

8 반죽의 맨 윗부분이 빵틀 밑으로 1cm 정도 부풀 때까지 약 40분간 2차 발효를 해요.

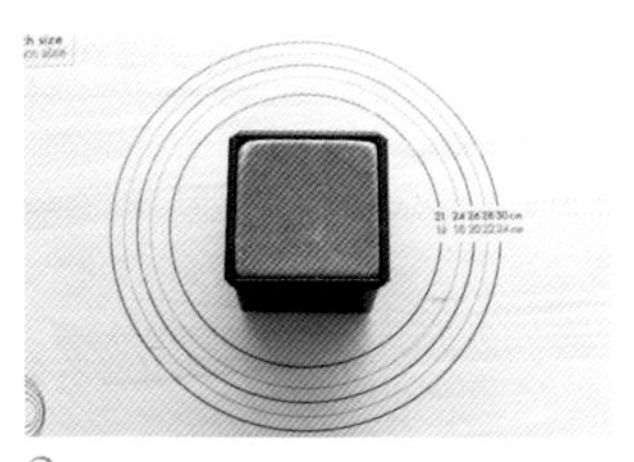

9 뚜껑을 덮고, 180도로 예열한 오븐에서 20~25분간 구우면 완성.

풀먼 식빵은 뚜껑이 있는 식빵틀로 구워낸 각지고 네모난 미국식 식빵이에요. 19세기 후반 미국의 발명가 조지 풀먼이 기차 객차 모습을 본떠서 만든 것으로, 기존 식빵틀 위에 뚜껑을 씌워 샌드위치 빵을 만들기에 적합한 모양이에요.

통밀 블루베리 베이글

★★☆

구수하고 쫄깃한 식감에 풍미도 좋은 베이글! 그 비결은 오븐에 굽기 전, 끓는 물에 살짝 데쳐주는 데 있어요. 잼이나 크림치즈를 발라 먹거나, 갓 구워 따뜻할 때 그냥 먹어도 참 맛있어요.

4개

강력분 200g, 통밀가루 100g, 설탕 10g, 소금 5g, 인스턴트 드라이이스트 4g, 미지근한 물 185g, 블루베리 한줌, 데칠 물 1.5L, 소다 3g, 덧가루용 밀가루 약간

제빵기, 랩 또는 면보, 밀대, 종이포일, 냄비, 부침뒤집개, 오븐팬

200℃ 15~18분

3시간 15분

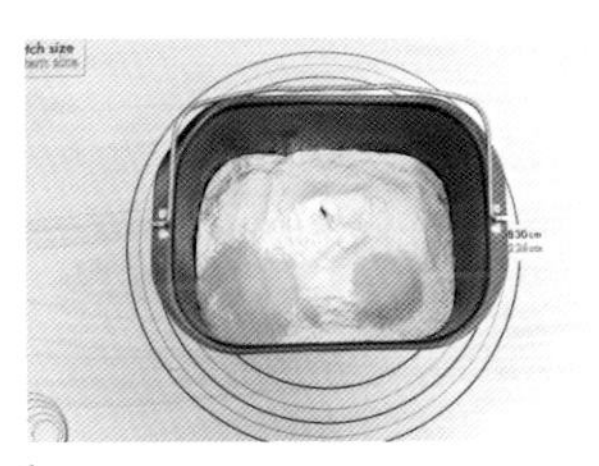

1 제빵기에 미지근한 물, 소금, 강력분, 통밀가루, 설탕, 이스트 순으로 넣고 반죽을 시작해요.

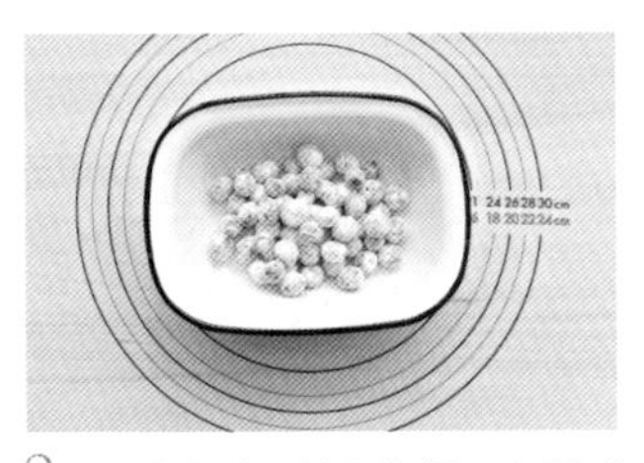

2 그 사이 냉동 블루베리를 밀가루에 굴려 물기를 없애요.

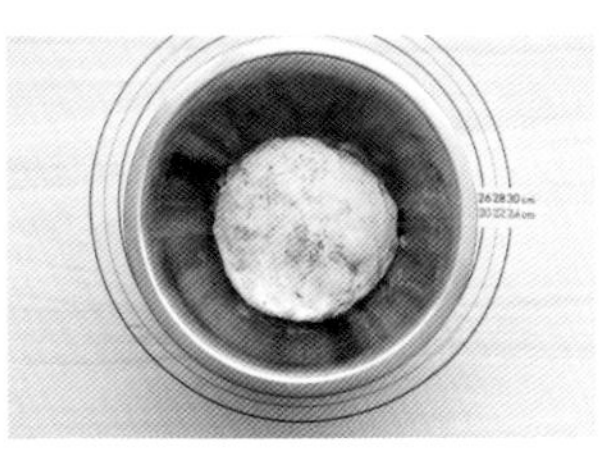

3 반죽이 끝나면 제빵기에서 꺼내 블루베리를 넣고 한 번 더 치대어 준 뒤, 랩을 씌우고 1시간가량 1차 발효를 해요.

4 1차 발효가 끝난 반죽을 4등분 해서 둥글린 후, 랩을 덮어 10분간 중간 발효를 해요.

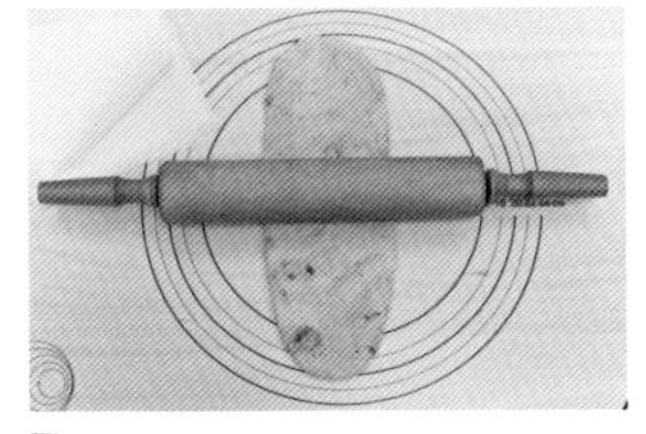

5 덧가루를 뿌려가며 밀대로 반죽을 길게 밀어요.

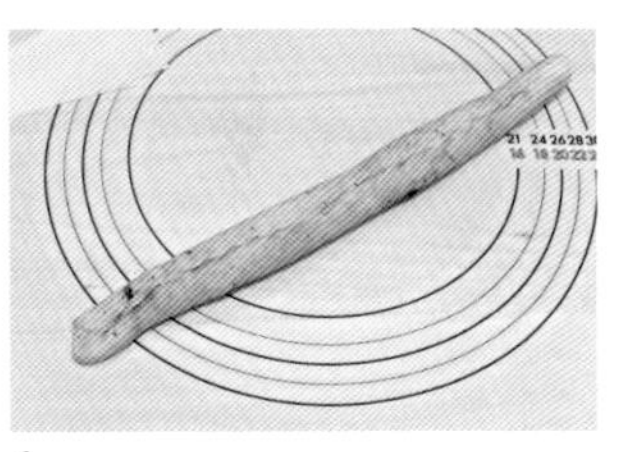

6 돌돌 만 뒤, 반죽끼리 맞닿은 부분을 꼬집듯 꾹꾹 눌러주고, 양 손바닥으로 반죽을 비벼가며 25cm 길이로 길게 늘여요.

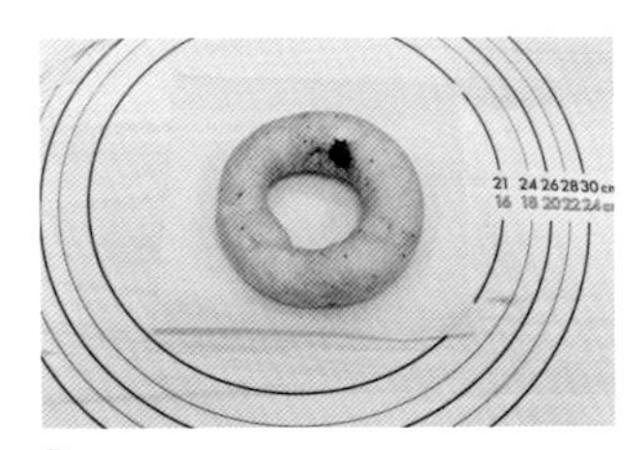

7 도넛 모양으로 둥글게 구부리고, 반죽의 한쪽 끝을 벌려 반대쪽에 끼우듯 넣어 이음매를 붙인 뒤, 하나씩 잘라놓은 종이포일 위에 놓고 랩을 덮어 40분간 2차 발효를 해요.

8 끓는 물에 소다를 넣고 반죽을 앞뒤로 30초씩 데쳐요.

9 재빨리 팬에 놓고, 200도로 예열한 오븐에서 15~18분간 구우면 완성.

예쁜 베이글을 만들려면 2차 발효가 끝난 반죽을 끓는 물에 살짝 데친 후, 재빨리 물기를 빼고 예열한 오븐에 넣어야 한답니다. 그래야 겉면이 매끈하고 통통한 베이글을 만들 수 있어요.

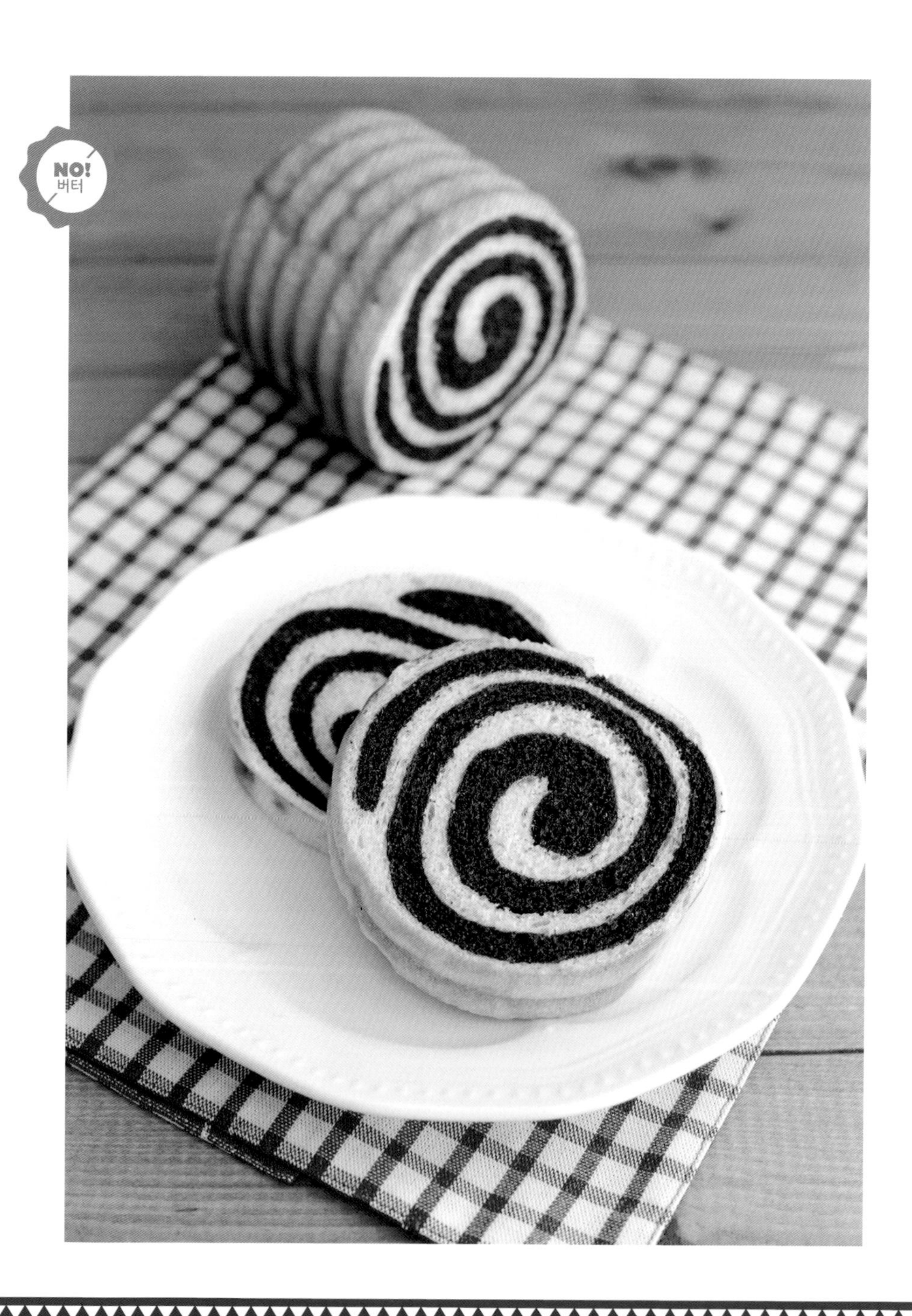

초코 롤 식빵

★★☆

두 가지 맛을 한 번에 즐길 수 있는 초코 롤 식빵이에요. 보들보들한 빵 결도 일품이지만, 단면이 독특해서 아이들도 좋아하고, 선물용으로도 늘 인기 만점이지요. 평범한 식빵이 지루하다면, 뱅글뱅글 초코 롤 식빵 어떠세요?

강력분 250g, 통밀가루 100g, 설탕 20g, 소금 3g,
인스턴트 드라이이스트 5g, 미지근한 물 200g,
무가당 코코아가루 20g, 포도씨유 10g

제빵기, 랩, 체, 밀대, 주걱, 마루 식빵틀

180℃ 25분

2시간 55분

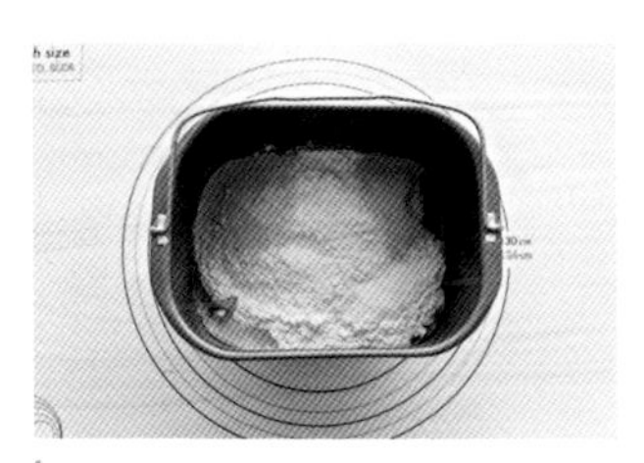

1 제빵기에 미지근한 물, 포도씨유, 소금, 강력분, 통밀가루, 설탕, 이스트 순서로 넣고 반죽을 해요.

손으로 늘여보았을 때 거미줄 같은 글루텐이 풍성히 생기면 OK.

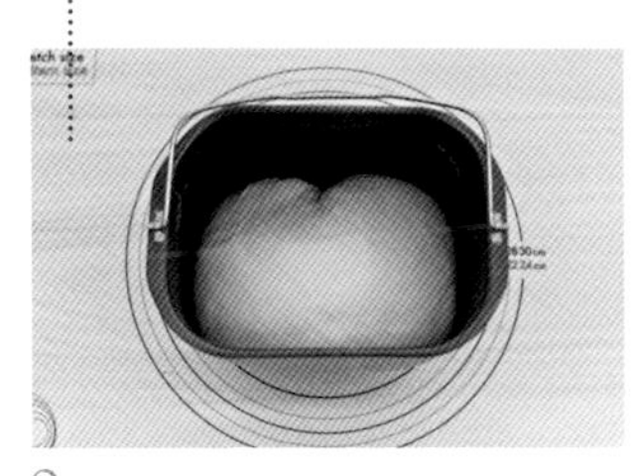

2 제빵기에서 1차 발효까지 끝내요.

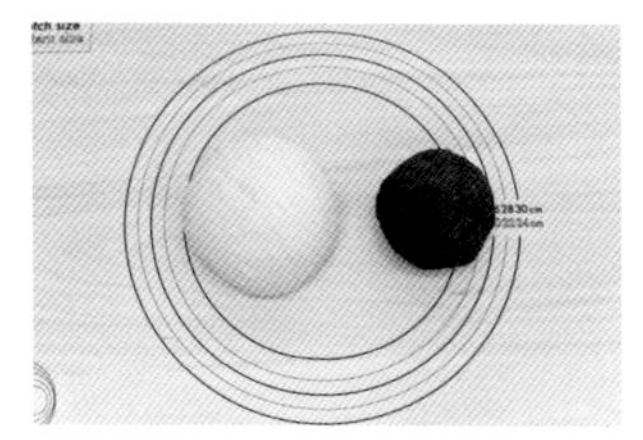

3 반죽을 눌러 가스를 뺀 다음, ⅔는 그대로 둥글리고, 나머지 ⅓은 코코아가루와 물 1큰술을 넣고 잘 치댄 후 둥글리고, 랩이나 젖은 면보를 덮어 10분간 중간 발효를 해요.

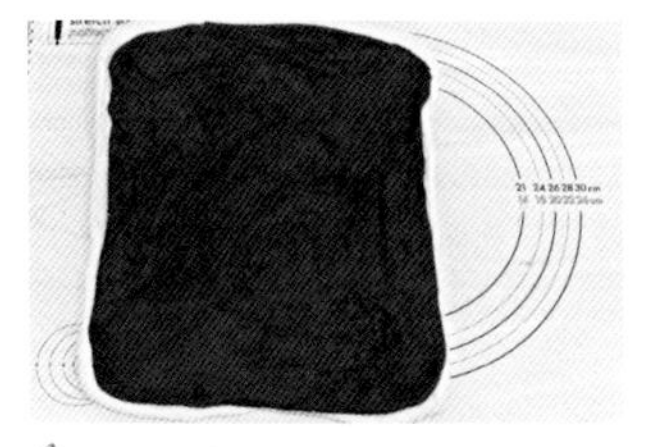

4 밀대로 각각의 반죽을 직사각형 모양으로 밀어, 흰 반죽 위에 초코 반죽을 올려요.

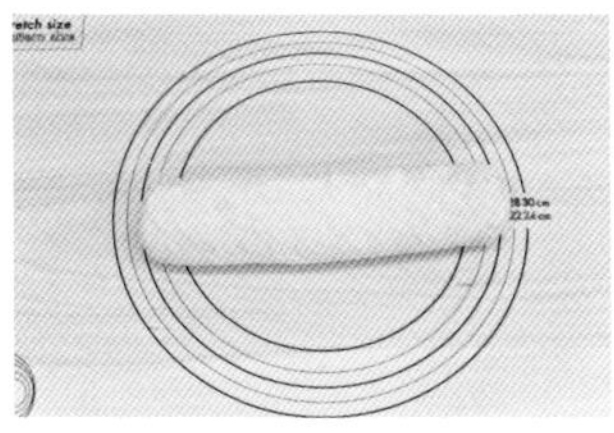

5 돌돌 말고, 반죽끼리 맞닿은 부분을 꼬집듯이 여며요.

6 마루 식빵틀에 반죽을 담고 랩을 씌워 틀의 80%까지 부풀도록 약 40분간 2차 발효를 해요.

7 2차 발효가 끝난 반죽은 뚜껑을 덮고, 180도로 예열한 오븐에서 25분간 구우면 완성.

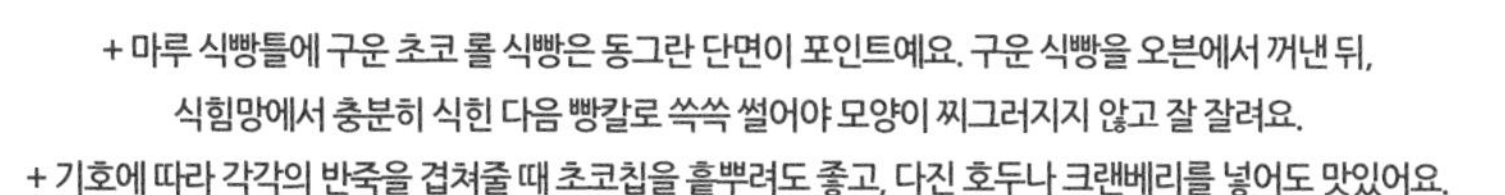

+ 마루 식빵틀에 구운 초코 롤 식빵은 동그란 단면이 포인트예요. 구운 식빵을 오븐에서 꺼낸 뒤, 식힘망에서 충분히 식힌 다음 빵칼로 쓱쓱 썰어야 모양이 찌그러지지 않고 잘 잘려요.
+ 기호에 따라 각각의 반죽을 겹쳐줄 때 초코칩을 흩뿌려도 좋고, 다진 호두나 크랜베리를 넣어도 맛있어요.

NO!
버터

블랙 올리브 미니 식빵

★★☆

식사 대용으로도 좋은 담백한 올리브 식빵. 쫄깃하면서도 부드럽고 촉촉해요. 매일 먹어도 질리지 않는 빵을 찾는다면, 기꺼이 블랙 올리브 미니 식빵을 추천합니다.

미니 파운드틀 2개

강력분 160g, 인스턴트 드라이이스트 3g, 설탕 20g, 소금 2g, 포도씨유 10g, 우유 100g, 블랙 올리브 50g, 덧가루용 밀가루 약간

제빵기, 미니 파운드틀, 체, 랩 또는 면보

180℃ 20~25분

3시간

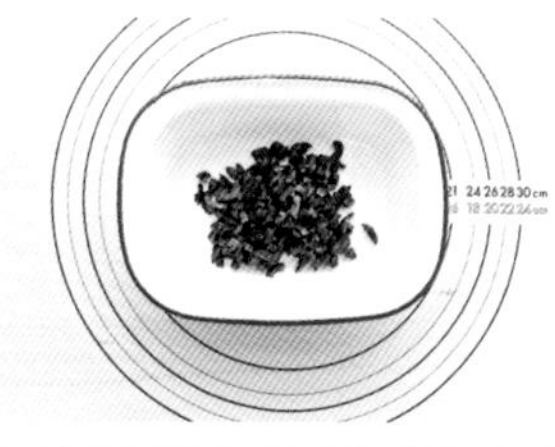

1 블랙 올리브는 물기를 제거하고, 잘게 다져요.

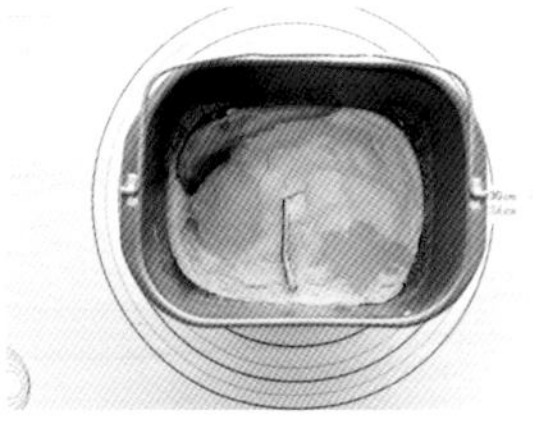

2 제빵기에 우유, 포도씨유, 소금, 강력분, 설탕, 이스트 순서로 넣고 반죽을 한 뒤 1차 발효까지 끝내요.

블랙 올리브는 수분이 많기 때문에 반죽이 금세 물러질 수 있으니, 처음부터 같이 넣지 말고 1차 발효 후에 넣어요.

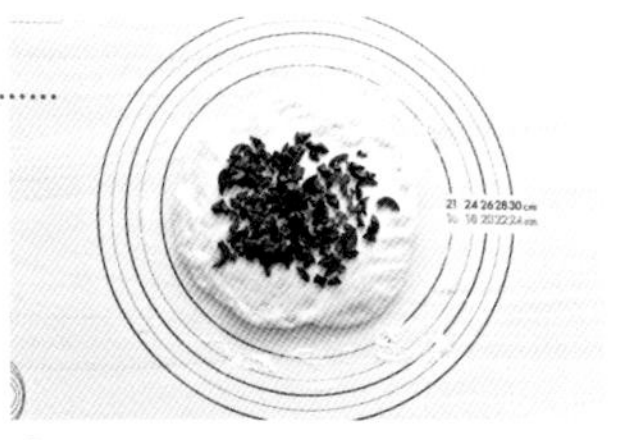

3 1차 발효가 끝난 반죽에 다진 올리브를 넣고 한데 뭉쳐요.

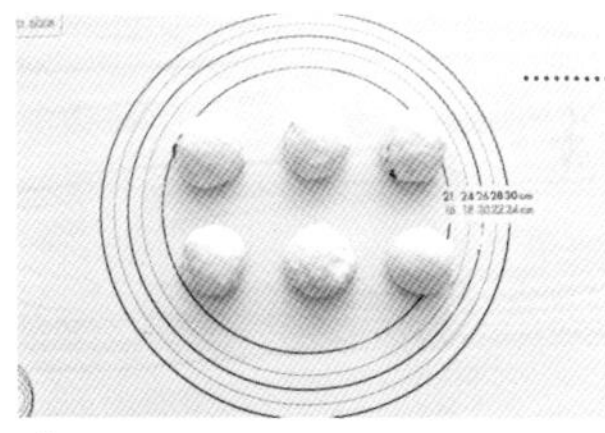

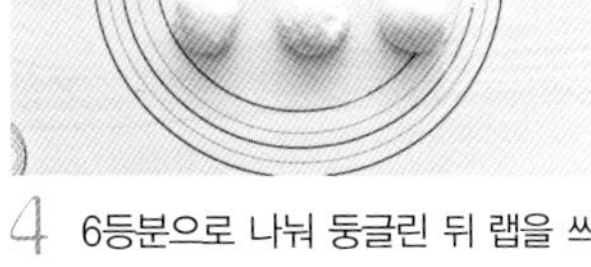

4 6등분으로 나눠 둥글린 뒤 랩을 씌워 15분간 중간 발효를 해요.

반죽이 질다면 덧가루를 살짝 뿌려가며 작업해도 좋아요.

5 손으로 지그시 눌러 가스를 빼고, 다시 둥글린 뒤 미니 파운드틀에 넣어요. 겉면이 마르지 않도록 랩이나 젖은 면보를 씌운 뒤 30~40분간 2차 발효를 해요.

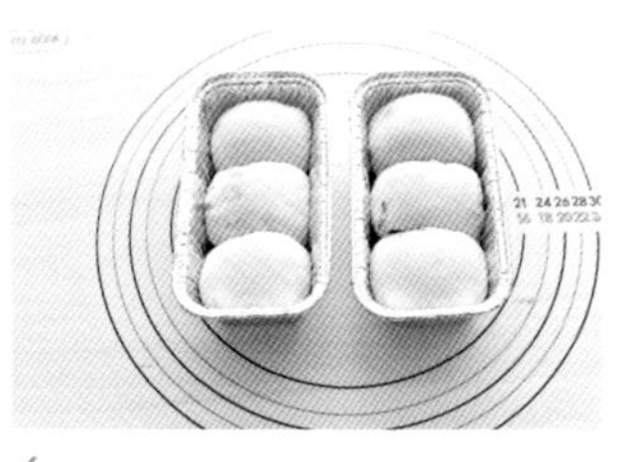

6 반죽이 빵틀의 윗면까지 부풀면, 180도로 예열한 오븐에서 20~25분간 구우면 완성.

동글이의 Tip

블랙 올리브는 암 예방 및 노화를 지연시켜주는 안토시아닌이 풍부하고, 콜레스테롤을 낮추는 지방산과 비타민이 다량 함유되어 있어요. 또한, 그린 올리브보다 성인병 예방 효과가 3배 이상 뛰어나다고 하니, 베이킹에 블랙 올리브를 다양하게 활용해보세요.

NO!
버터

롤치즈 빵

★★☆

언젠가 베이킹의 천국, 일본에 여행 갔다가 이 롤치즈 빵을 먹어본 후, 난생처음 발효빵에 도전하게 되었어요. 그 당시엔 서툰 솜씨, 어딘가 2% 부족한 맛이었는데도 가족들 모두 엄지손가락을 척 들어주었지요. 담백하면서도 고소하고 진한 치즈 맛에 푹 빠질 수밖에 없답니다.

16개

강력분 250g, 미지근한 물 140g, 설탕 20g, 소금 한꼬집, 코코넛 오일 25g, 인스턴트 드라이이스트 6g, 롤치즈 140g

제빵기, 랩 또는 면보, 밀대, 실, 테프론 시트, 오븐팬

190℃ 15분

2시간 50분

강력분은 미리 체 쳐서 준비해요. 코코넛 오일이 없다면 포도씨유나 카놀라유를 넣어도 괜찮아요.

1 제빵기에 미지근한 물, 코코넛 오일, 소금, 강력분, 설탕, 이스트 순서로 넣고 반죽을 한 뒤, 1차 발효까지 끝내요.

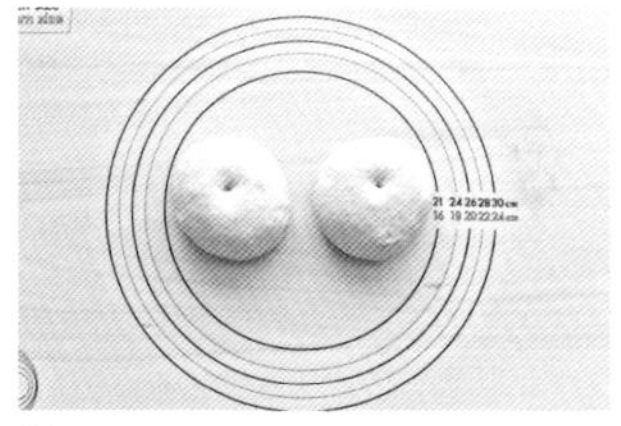

2 1차 발효가 끝난 반죽을 두 덩이로 나눠 가스를 빼고 둥글려서 랩이나 비닐을 씌운 후 10분간 휴지시켜요.

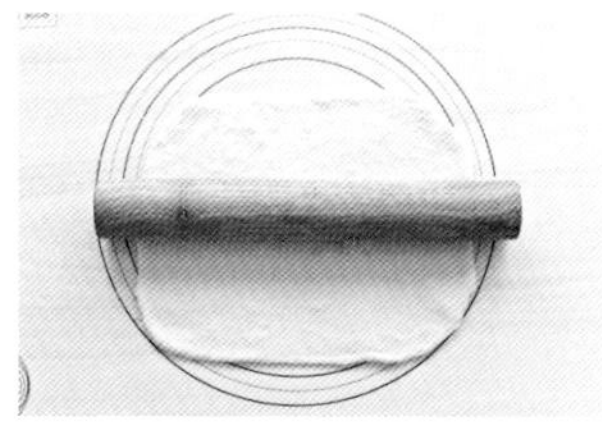

3 각각의 반죽을 밀대로 넓적하게 밀어요.

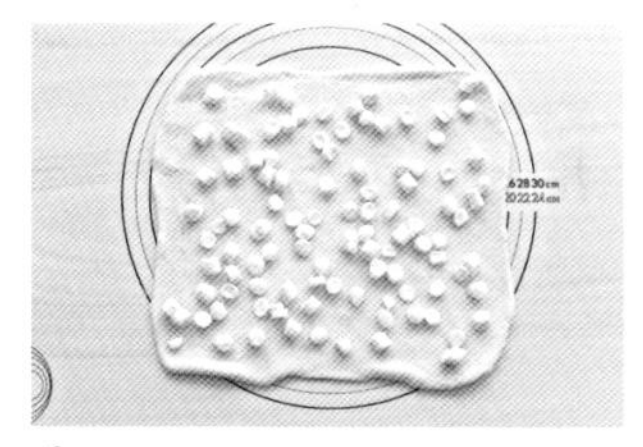

4 반죽 위에 롤치즈 70g을 넓게 올려요.

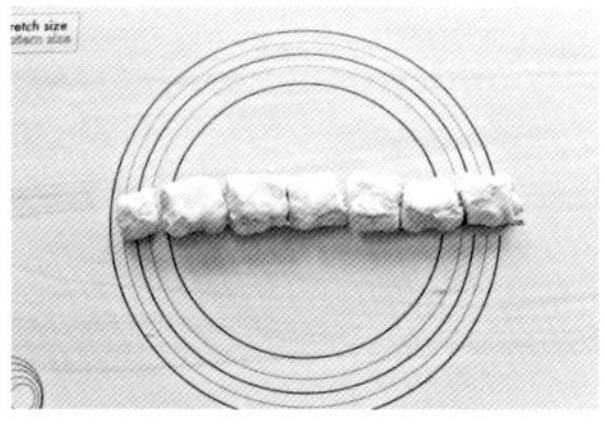

5 끝 부분부터 꼼꼼하게 돌돌 말은 뒤, 반죽끼리 맞닿은 부분을 꼬집듯이 꼭꼭 집어주고, 실을 이용해서 7~8등분으로 잘라요.

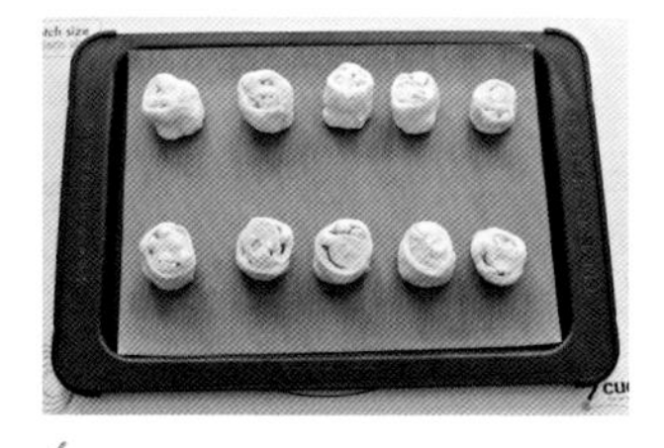

6 나머지 반죽도 같은 방법으로 만든 뒤, 시트 깐 팬 위에 올리고, 반죽이 마르지 않도록 랩을 덮어 30~40분간 2차 발효를 해요. 190도로 예열한 오븐에서 약 15분간 구우면 완성.

더운 여름에는 상온에서 발효하기 좋지만, 날씨가 추울 때는 종지나 작은 컵에 물을 담아 전자레인지에 넣고 1분 정도 돌려 전자레인지 내부를 따뜻하게 만들어준 뒤, 그 안에 반죽을 넣고 발효하면 수월해요.

NO! 버터

NO! 색소

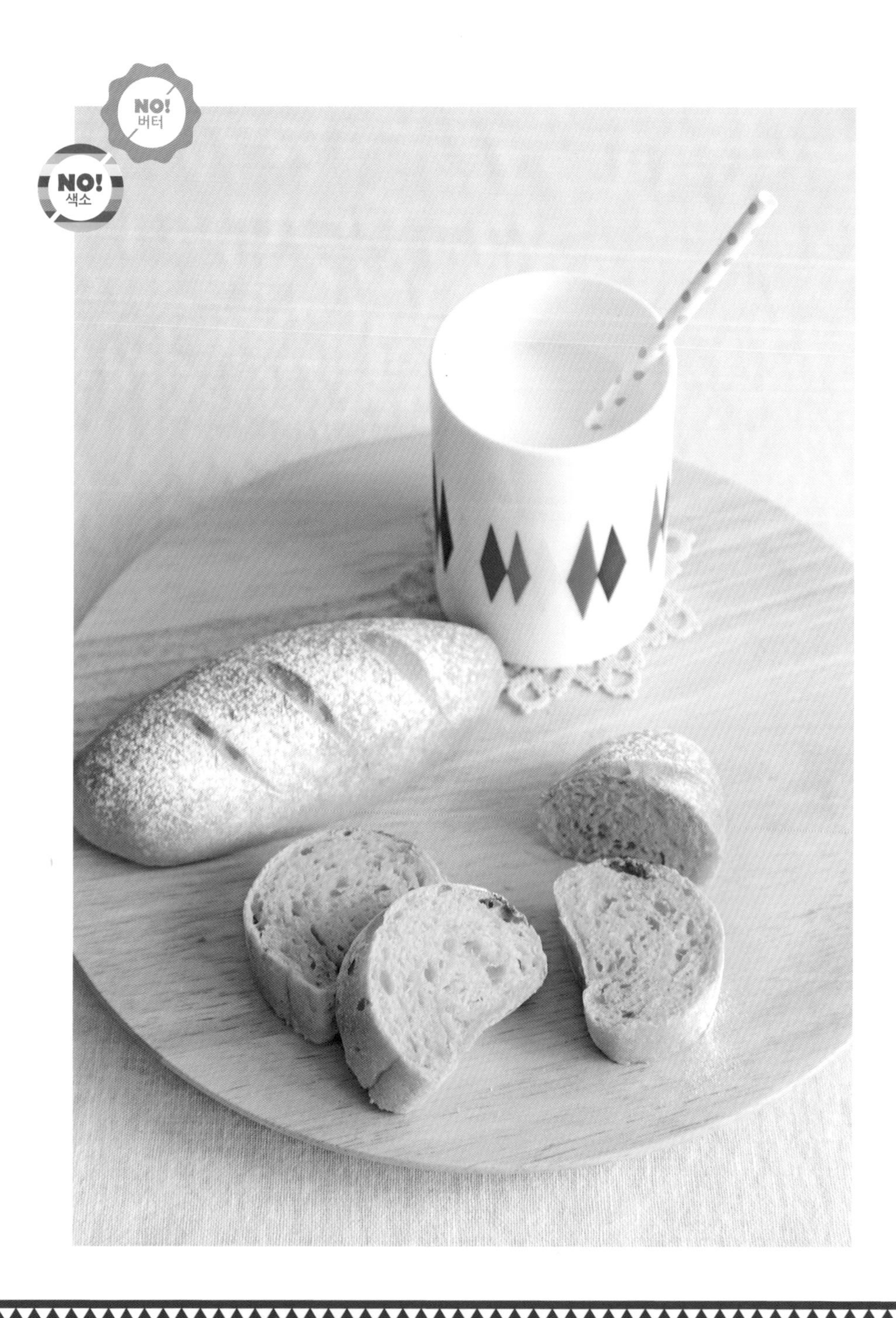

파프리카 빵

★★☆

먹으면 먹을수록 예뻐질 것 같은 파프리카 빵! 파프리카가 듬뿍 들어가 채소 특유의 감칠맛이 나고 고운 빛깔에 눈까지 즐거워지는 빵이에요. 속살도 촉촉하고 부드러워 자꾸 손이 가는 담백한 건강 빵의 매력에 푹 빠져보시길!

15cm 4개

강력분 240g, 설탕 20g, 소금 3g, 인스턴트 드라이이스트 4g, 곱게 간 파프리카 170g, 우유 10g, 포도씨유 20g, 반죽 윗면에 뿌려줄 밀가루 약간

제빵기, 블렌더, 랩 또는 면보, 믹싱볼, 밀대, 테프론 시트, 오븐팬, 칼, 체

190℃ 12~13분

2시간 55분

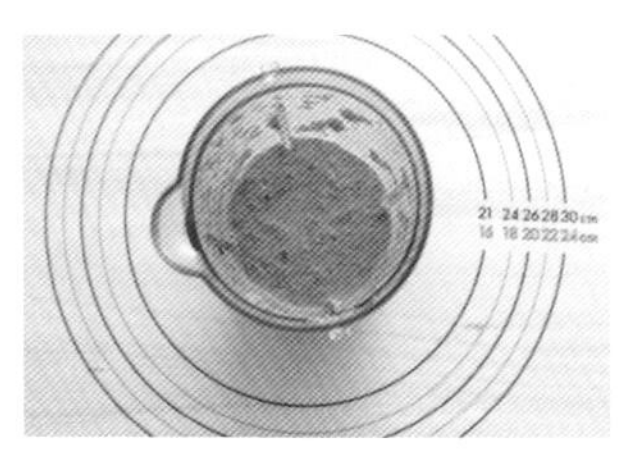

1 파프리카는 깨끗이 씻어 물기를 제거하고 곱게 갈아요.

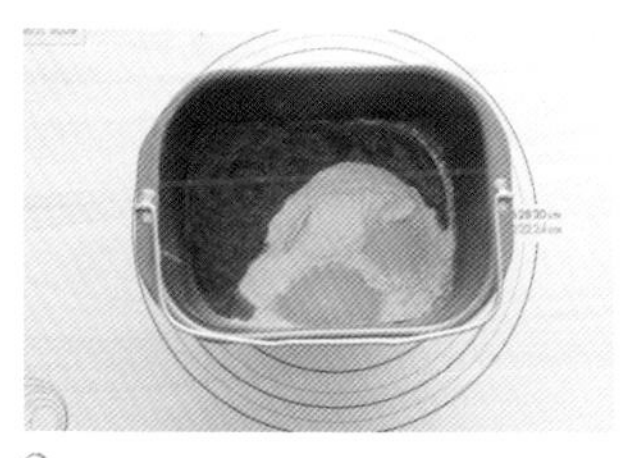

2 제빵기에 포도씨유, 우유, 강력분, 소금, 설탕, 이스트, 곱게 간 파프리카를 넣고 반죽을 해요.

3 반죽이 매끈해지면 믹싱볼에 담아 랩을 씌우고, 따뜻한 곳에서 1차 발효를 시작해요.

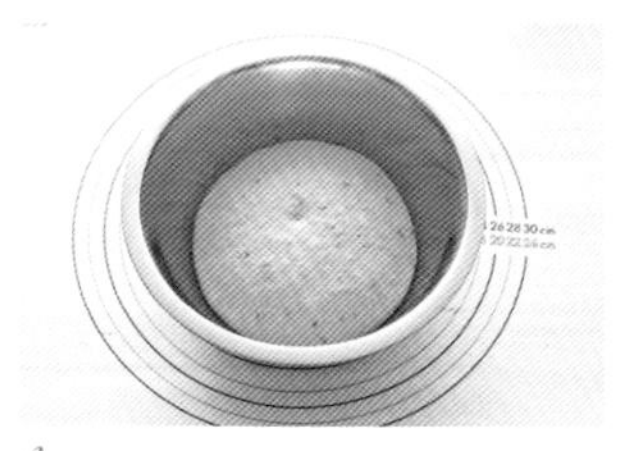

4 부피가 1.5배~2배 정도가 되도록 1시간가량 발효를 해요.

5 반죽을 4등분으로 나눠, 비닐이나 랩을 씌워 15분간 중간 발효를 해요.

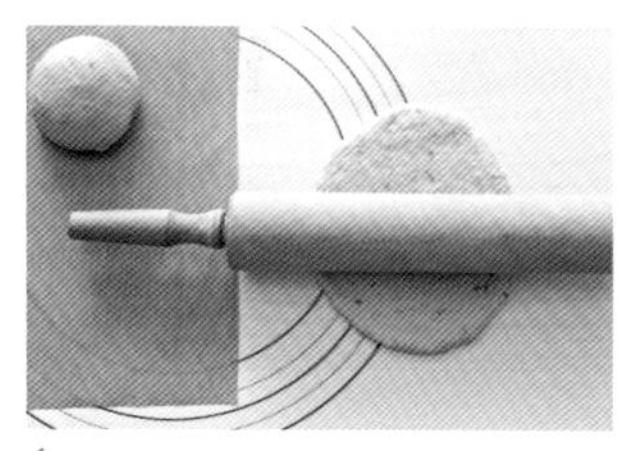

6 밀대로 밀어요.

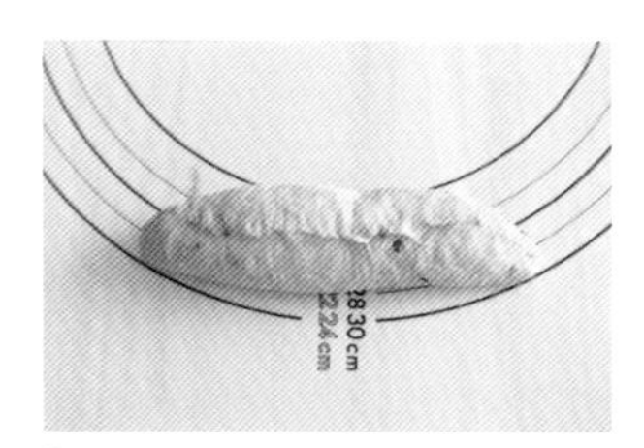

7 돌돌 말고, 반죽끼리 맞닿은 부분을 꼬집듯이 꾹꾹 눌러요.

8 시트를 깐 오븐팬에 올리고, 겉면이 마르지 않게 랩을 씌워 45분간 2차 발효를 해요.

9 2차 발효가 끝난 반죽 윗면에 밀가루를 솔솔 뿌린 뒤, 칼집을 내고 190도로 예열한 오븐에서 12~13분 구우면 완성.

노란색이나 주황색 파프리카보다는 빨간색 파프리카를 이용해야 빵 색깔이 더 진하고 곱게 나온답니다.

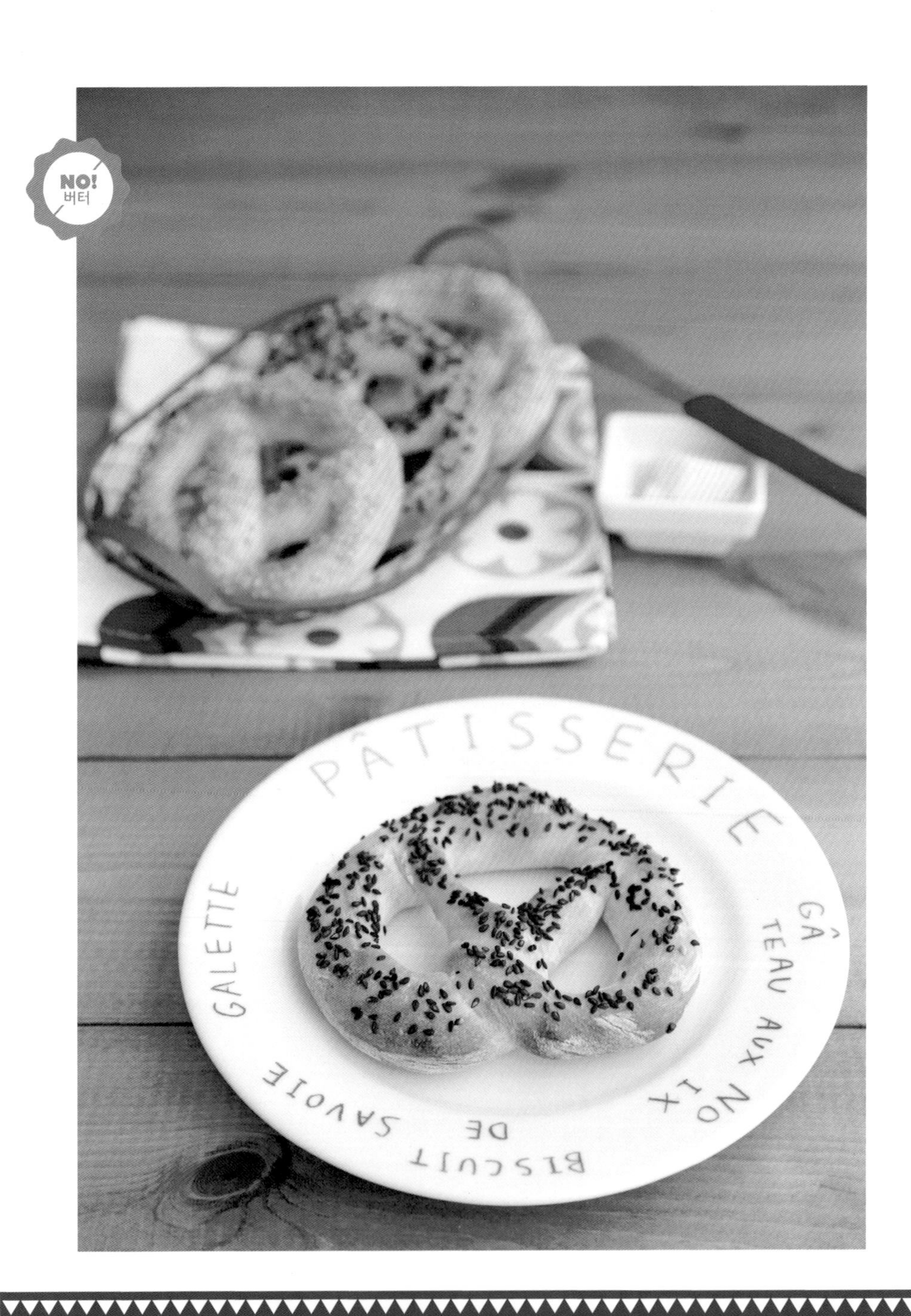

참깨 & 검은깨 프레첼

★★☆

겉은 바삭, 속은 쫄깃쫄깃! 담백하고 고소한 참깨 & 검은깨 프레첼이에요. 프레첼은 2002년 미국 대통령이었던 조지 부시가 미식축구 중계를 보며 프레첼을 먹다가 과자가 목에 걸려 졸도했던 사건으로 더욱 유명해졌는데요. 한해 무려 1억 8천만 달러 어치나 소비된다는 프레첼! 이젠 자기만의 방식대로 집에서 만들어보세요!

5개

강력분 200g, 올리브유 10g, 설탕 10g, 인스턴트 드라이이스트 4g, 소금 3g, 미지근한 물 120g, 우유 약간, 검은깨 적당량, 참깨 적당량

제빵기, 랩, 이쑤시개, 랩 또는 면보, 밀대, 테프론 시트, 브러시, 오븐팬

200℃ 13~15분

2시간 30분

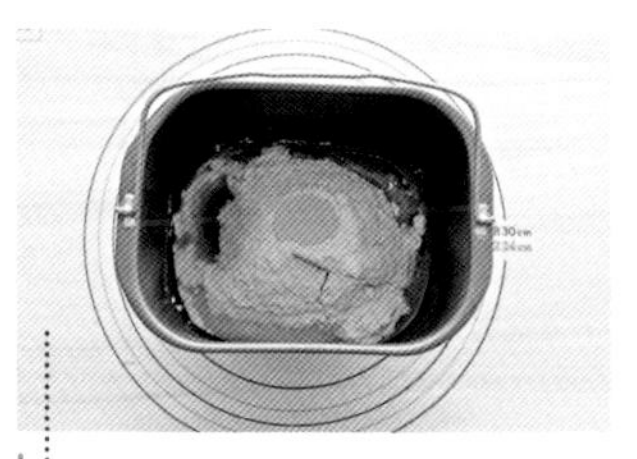

1 제빵기에 미지근한 물, 올리브유, 소금, 체 친 강력분, 설탕, 이스트 순으로 넣고 반죽을 해요.

설탕은 이스트에 힘을 더해 발효를 돕고, 소금은 반죽을 차지게 하면서 발효 상태를 조절해줘요. 발효를 잘 하려면 설탕, 소금, 이스트를 서로 닿지 않게 넣고 반죽해야 해요.

2 반죽이 마르지 않도록 랩을 씌우고, 이쑤시개로 숨구멍을 몇 개 콕콕 뚫어요.

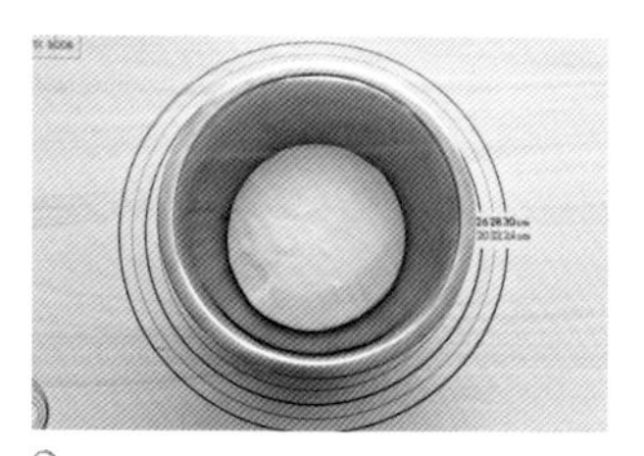

3 처음 부피의 1.5~2배가 될 때까지 1시간가량 1차 발효를 해요.

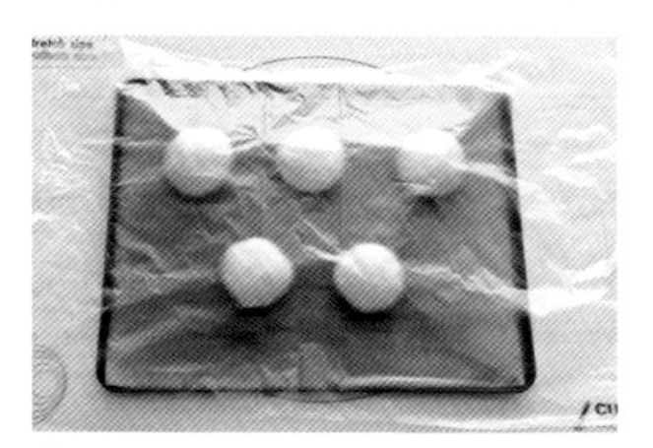

4 1차 발효가 끝난 반죽은 손으로 눌러 가스를 뺀 뒤, 4~5등분으로 나누어 둥글리고 비닐이나 랩을 씌워 15분간 중간 발효를 해요.

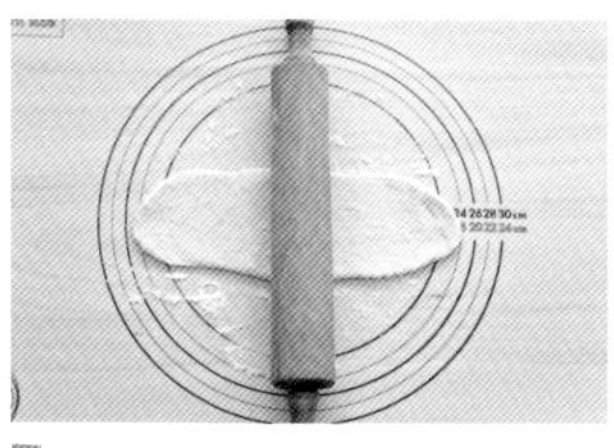

5 중간 발효 후, 각각의 반죽은 손바닥으로 눌러 다시 한 번 가스를 빼고, 밀대로 길쭉하게 밀어요.

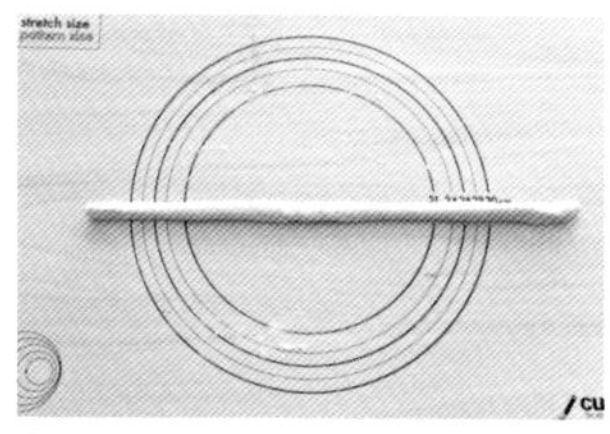

6 돌돌 말은 뒤, 맞닿은 부분은 꼬집듯 꾹꾹 눌러주고, 양 손바닥을 이용해서 반죽을 비벼가며 길게 늘여요. 40~50cm 정도면 OK.

7 길게 늘인 반죽을 사진처럼 꼬아요.

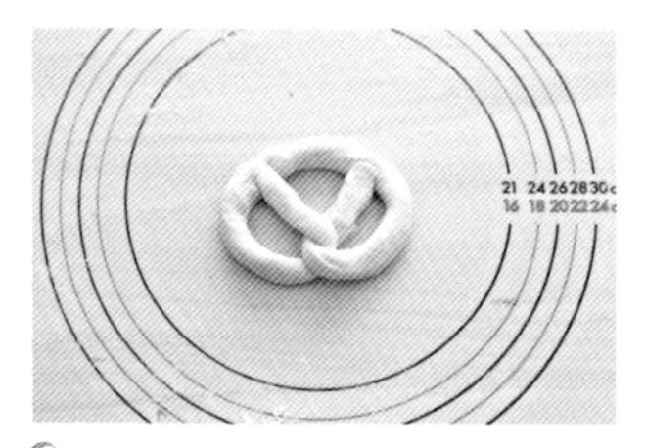

8 양쪽 아래 끝 부분을 둥근 부분 윗면에 올리고, 반죽 끝이 맞닿는 부분을 꼬집듯 눌러요.

9 시트를 깐 팬 위에 프레첼 반죽을 여유 있게 올리고, 랩을 씌워 상온에서 20분간 2차 발효를 해요.

10 겉면에 우유를 살짝 바르고, 검은깨와 참깨를 듬뿍 뿌린 뒤, 200도로 예열한 오븐에서 13~15분간 구우면 완성.

프레첼은 이탈리아의 한 수도사에 의해 처음 만들어졌는데요. 어린이들이 두 손을 모아 기도하는 모습에 착안해서 빵 반죽을 매듭지어 모양을 만들었다고 해요. 기도나 성서를 외운 아이들에게 상으로 주었다고 해서, 라틴어로 작은 보상이라는 뜻의 프레티올라(pretiola)에서 그 이름이 유래되었어요. 우리가 흔히 접하는 프레첼은 미국식으로 변형된 것으로, 소금이나 치즈, 머스터드를 덧입혀 짠맛을 강조한 것도 있고, 설탕이나 초콜릿, 캐러멜 코팅을 입혀 단맛을 낸 것도 있지요.

양파 빵

★★☆

아침을 제대로 챙겨 먹을 시간이 없는 분들 많죠? 시리얼이나 우유 한 잔으로 배를 채우는 분도 꽤 많을 텐데요. 이런 홈메이드 양파 빵이라면, 아침 식사 대용으로도 부담스럽지 않고 든든해요. 또, 방과 후 아이들 간식으로도 참 좋아요!

강력 쌀가루 200g, 설탕 20g, 소금 3g, 인스턴트 드라이이스트 5g, 미지근한 물 130g, 올리브유 30g, 양파 1개, 파프리카 ½개, 베이컨 4줄, 모짜렐라 치즈 100g, 케첩 약간

소스 마요네즈 4큰술, 머스터드 2큰술, 꿀 1큰술

제빵기, 믹싱볼, 작은 볼, 칼, 숟가락, 랩이나 면보, 테프론 시트, 오븐팬

180℃ 12~15분

2시간

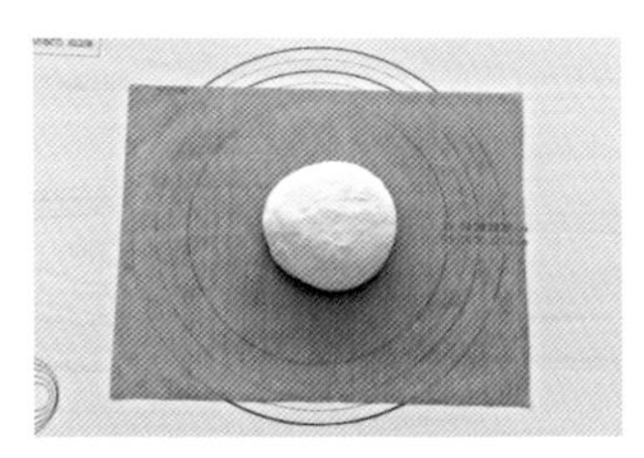

1 제빵기에 미지근한 물, 올리브유, 소금, 쌀가루, 설탕, 이스트 순으로 넣고 반죽을 한 뒤 1차 발효 없이 꺼내어 한데 둥글려요.

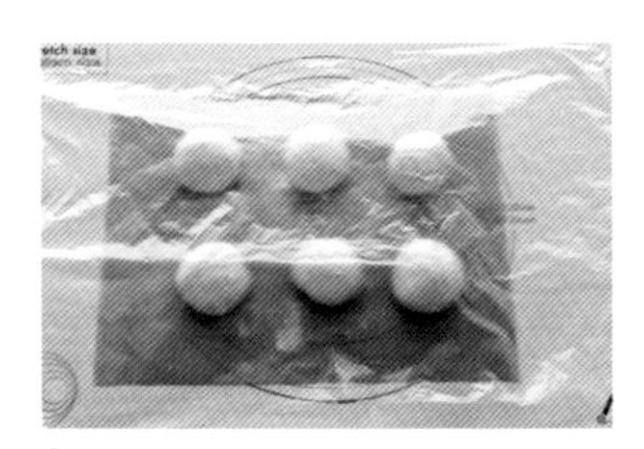

2 손으로 지그시 눌러 가스를 뺀 후, 6등분으로 나눠 둥글리기를 하고 랩이나 비닐을 씌워 20분간 휴지시켜요.

3 그 사이 베이컨을 구워 알맞은 크기로 썰고, 양파 1개를 집어 ⅓은 잘게 다지고 나머지는 채 썰어요. 파프리카도 잘게 다져 준비해요.

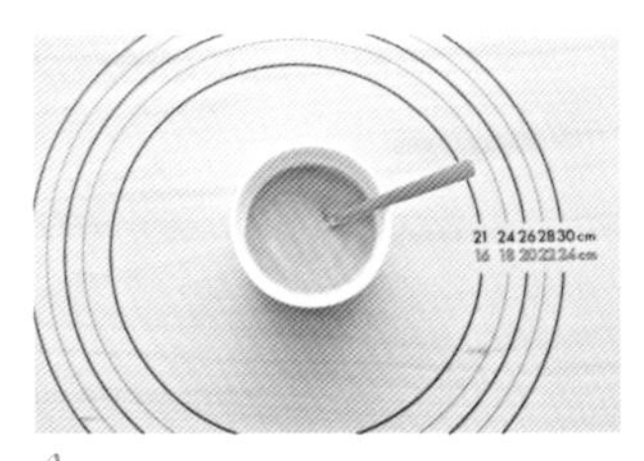

4 작은 볼에 소스 재료를 모두 넣고 잘 섞어요.

5 휴지가 끝난 반죽에 다진 양파와 파프리카를 넣고 한두 번 치댄 후, 밀대로 가볍게 밀어 가스를 빼고 랩을 씌워 40분간 발효를 해요.

6 발효가 끝난 반죽에 소스를 발라요.

7 채썬 양파와 바삭하게 구운 베이컨을 듬뿍 올려요.

8 모짜렐라 치즈와 케첩을 뿌리고, 180도로 예열한 오븐에서 12~15분간 구우면 완성.

밀가루보다 영양이 더욱 풍부한 쌀가루. 쌀가루로 빵을 만들 때는 꼭 강력 쌀가루를 이용해야 떡지지 않고 빵 특유의 식감이 살아요. 강력 쌀가루는 대부분의 베이킹 샵에서 쉽게 구할 수 있어요.

raspberry mousse cake

fruits biscuit rollcake

lemon & honey muffins

sweet potato mont-blanc

tofu choco brownies

sweet pumpkin poundcakes

fig muffins

perilla seed madeleines

3

눈과 입이 즐거워지는 머핀 & 케이크

Muffin & Cake

예쁜 색감과 모양, 달콤한 향으로 눈과 입, 마음마저 사로잡는 케이크와 머핀!

좀 더 건강하고 맛있게 즐길 수는 없을까 항상 고민하게 됩니다.

먹는 게 아까울 정도로 예쁜 케이크와 머핀을 자연의 건강한 재료로 집에서도 쉽게 만들 수 있어요.

사랑하는 가족과 지인들에게 직접 구운 케이크로 따뜻한 마음을 전해보는 건 어떨까요?

루비처럼 반짝이는 예쁜 색감에 마음이 설레는 **산딸기 무스케이크**,

단호박을 넣어 몸에 좋고 색도 고운 **단호박 파운드케이크**,

굽는 내내 달콤한 향이 주방 가득 퍼지는 **무화과 머핀**,

칼로리는 낮추고 부드러운 맛은 업그레이드한 **두부 초코 브라우니**,

들깨의 영양이 가득 담긴 **들깨 마들렌**,

비타민이 풍부한 레몬이 콕콕! **레몬 & 허니 머핀**,

달콤한 고구마를 아낌없이 올려 진한 맛이 살아있는 **고구마 몽블랑**,

한입 베어 물면 입안 가득 침이 고이는 **후르츠 비스퀴 롤케이크**를 만들어보세요.

산딸기 무스케이크

★★☆

달콤한 라즈베리 퓌레와 고소한 크림치즈가 어우러진 무스케이크. 새하얀 플레인 치즈 무스와 사랑스러운 핑크빛 산딸기 무스, 보석처럼 반짝이는 산딸기 글레이즈가 층을 이루어 눈과 입을 상큼하게 만드는 디저트예요.

12cm
무스링
2개

제누와즈 슬라이스 1장, 데코용 산딸기 약간

산딸기 치즈 무스 크림치즈 60g, 산딸기 퓌레 40g, 생크림 35g, 설탕 5g, 떠먹는 플레인 요거트 15g, 판 젤라틴 2g

플레인 치즈 무스 크림치즈 60g, 생크림 35g, 떠먹는 플레인 요거트 15g, 설탕 10g, 레몬즙 1작은술, 판 젤라틴 2g

산딸기 글레이즈 산딸기 퓌레 80g, 설탕 25g, 물 30g, 판 젤리틴 2g

무스링, 믹싱볼, 거품기, 체, 종이포일, 핸드믹서, 주걱, 중탕용 볼, 쟁반, 스팀타월

180℃ 20~25분(제누와즈)

4시간 10분(제누와즈 굽는 시간과 무스케이크 단계별로 냉동실에서 굳히는 시간 포함)

제누와즈 굽는 법은 16페이지 참고.

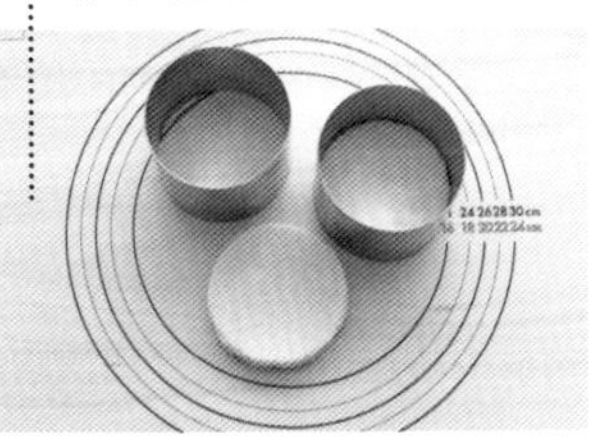

1 제누와즈 슬라이스를 무스링 크기에 맞춰 잘라요.

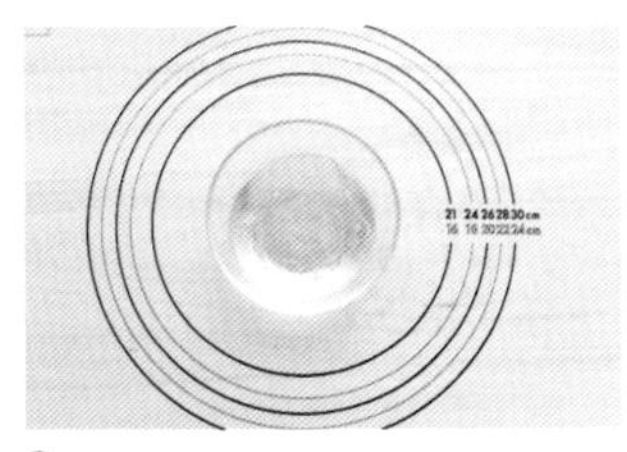

2 판 젤라틴을 찬물에 5분간 불려요.

3 볼에 크림치즈와 설탕을 넣고 부드럽게 풀어요.

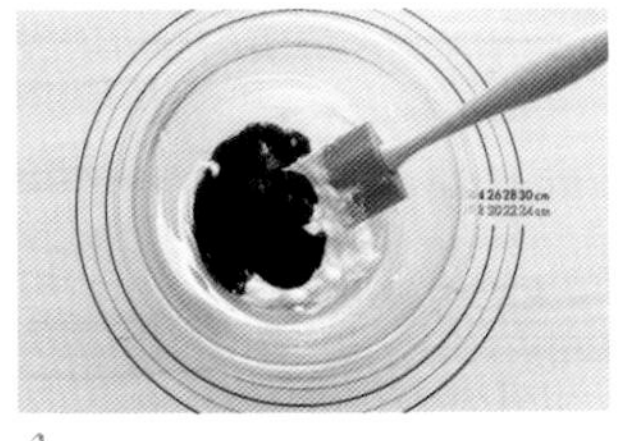

4 요거트와 산딸기 퓌레를 넣고 잘 섞어요.

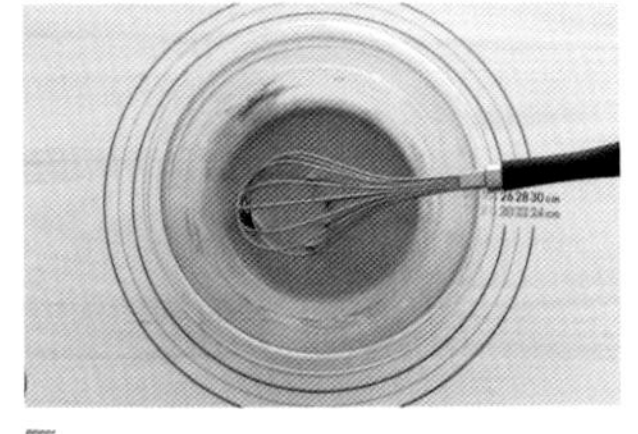

5 불린 젤라틴의 물기를 꼭 짜고, 반죽 일부를 약간 덜어내 전자레인지에 5초간 돌린 뒤, 본반죽에 넣고 잘 섞어요.

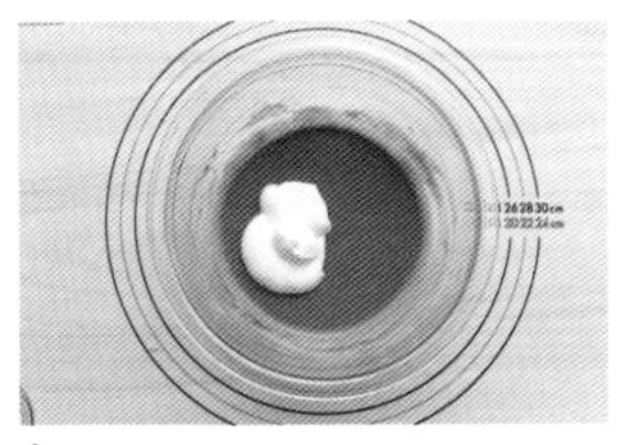

6 70~80% 정도 휘핑한 생크림을 넣고 재빨리 섞어 산딸기 치즈 무스를 만들어요.

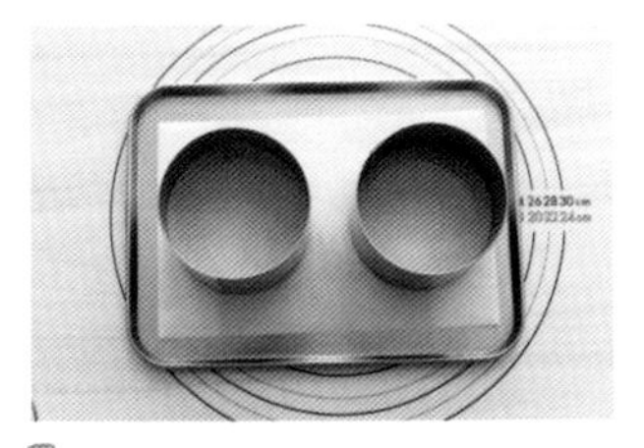

7 종이포일을 깐 쟁반 위에 무스링을 올리고, 무스링의 바닥에 제누와즈 시트를 올린 뒤, 그 위에 산딸기 치즈 무스를 부어 냉동실에서 40분가량 굳혀요.

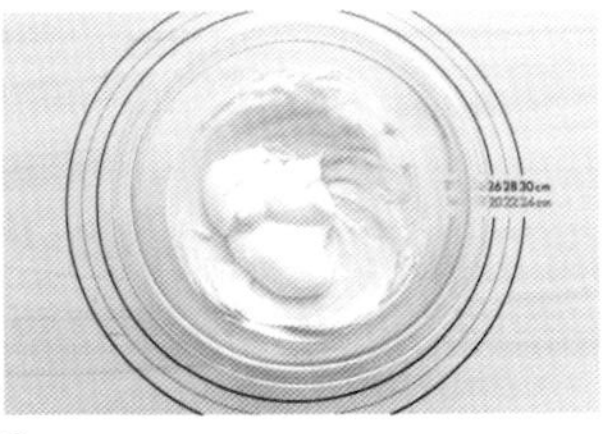

8 그 사이 산딸기 무스와 같은 방법으로 플레인 치즈 무스를 만들어요.

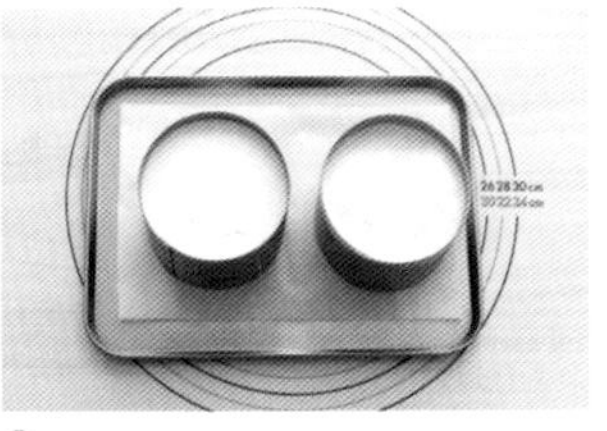

9 산딸기 치즈 무스 위에 플레인 치즈 무스를 붓고 윗면을 깔끔하게 정리한 뒤 다시 냉동실에 넣어둡니다.

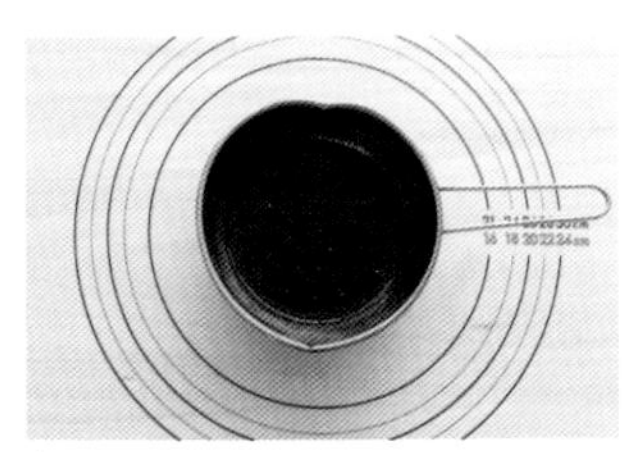

10 중탕한 산딸기 퓌레에 설탕을 넣고 찬물에 불려둔 젤라틴을 넣어 녹여요. 그런 다음 분량의 물을 넣고 잘 섞은 다음 식혀서 산딸기 글레이즈를 만들어요.

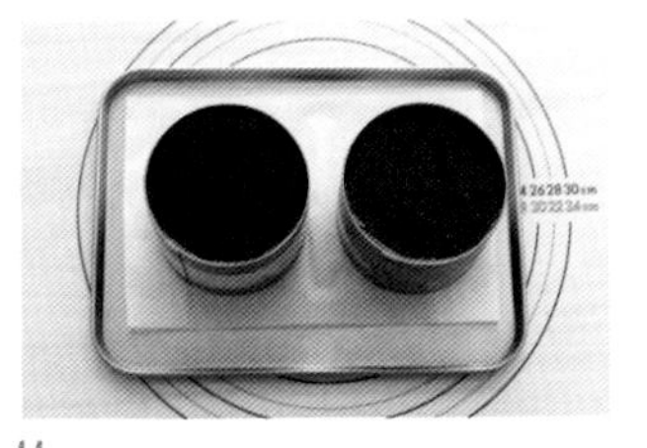

11 플레인 치즈 무스 위에 식혀둔 산딸기 글레이즈를 붓고, 다시 냉동실에서 2시간가량 굳혀요.

12 스팀타월을 이용해 무스링에서 살살 뺀 후, 산딸기와 애플 민트잎으로 장식하면 완성.

+ 시중에서 판매되는 산딸기 퓌레를 사용해도 좋고, 제철 산딸기나 냉동 산딸기를 직접 갈아서 잼을 만들 듯 설탕과 함께 조려 퓌레 상태로 만들어도 좋아요.
+ 판 젤라틴은 케이크의 굳기를 유지하고 모양을 내는 데 필요해요. 뜨거운 물에는 녹는 성질이 있으므로 반드시 차가운 물에 5분 정도 담가 불리고, 재료에 넣을 때는 물기를 충분히 짠 후에 사용해야 해요.

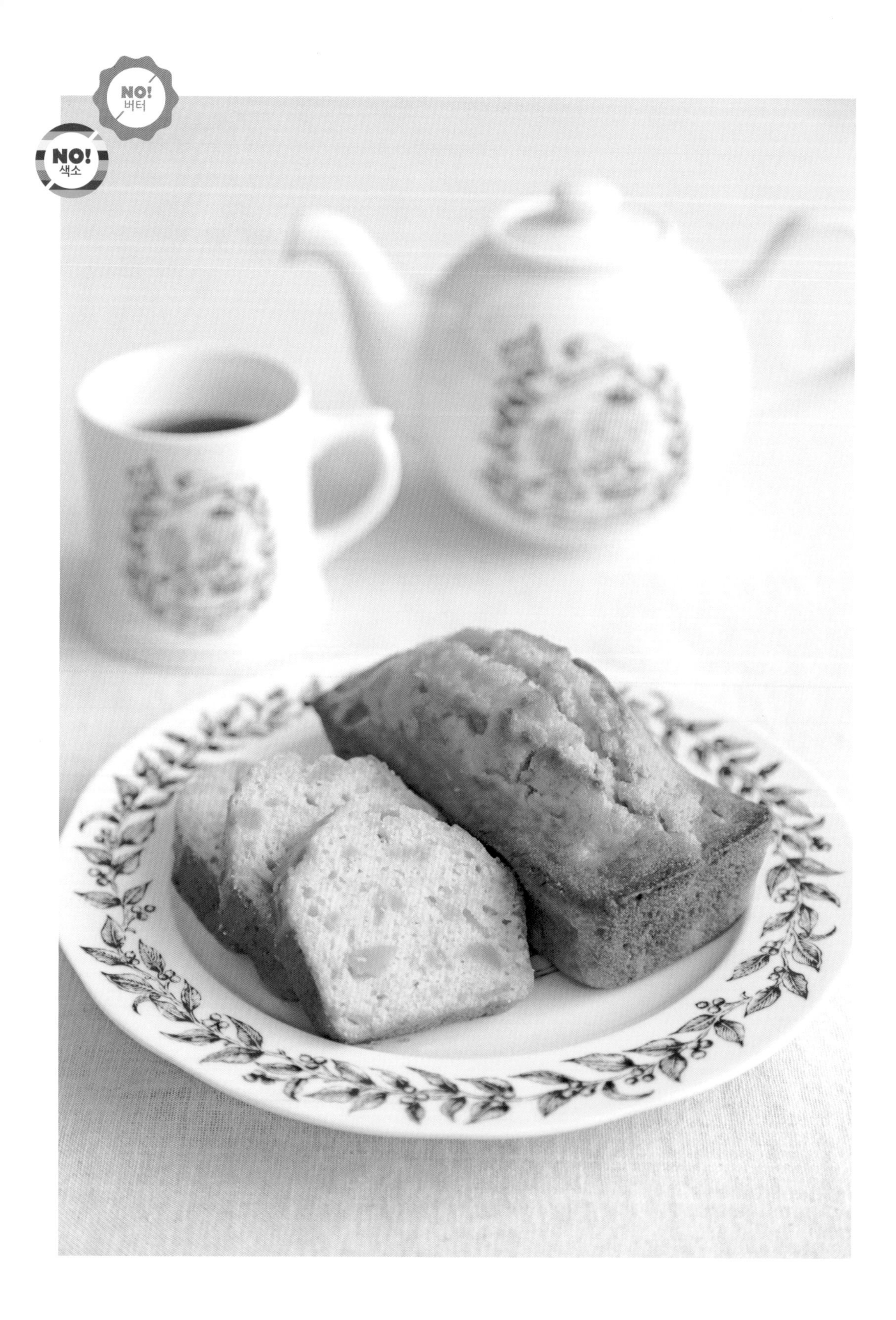
NO!
버터
NO!
색소

단호박 파운드케이크

★☆☆

맛과 건강 어느 것 하나 포기할 수 없죠! 두 마리 토끼를 한 번에 잡을 수 있는 메뉴를 소개할게요. 달콤한 단호박을 듬뿍 넣어 설탕의 양을 줄이고, 버터 대신 칼로리가 낮은 식물성 기름을 넣어 맛은 up! 칼로리는 down!

미니 파운드틀 2개

단호박 200g, 포도씨유 50g, 황설탕 60g, 소금 한꼬집, 달걀 2개, 박력분 125g, 베이킹파우더 3g, 바닐라 익스트랙 1작은술

믹싱볼, 랩, 파운드틀, 거품기, 체, 주걱, 칼, 오븐팬

180℃ 20~25분

40분

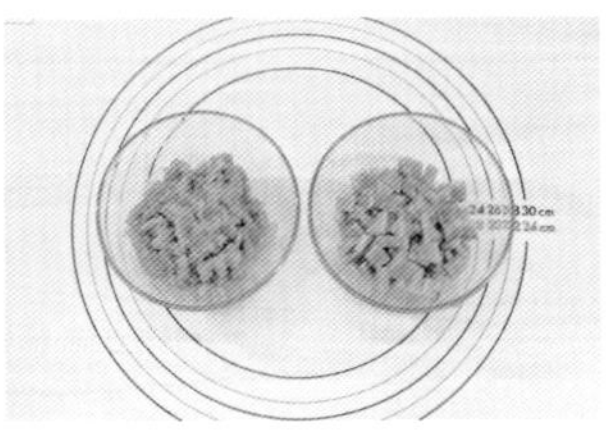

1 단호박 100g은 1cm 크기로 납작하게 썰어 두고, 나머지 100g은 설탕 10g을 넣어 전자레인지에 1분 30초씩 2번 돌려 뜨거울 때 껍질을 제거하고 으깨요.

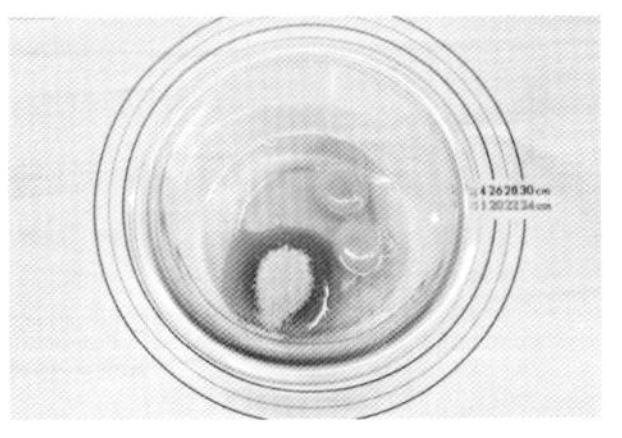

2 볼에 달걀, 설탕, 포도씨유, 소금을 넣고 섞어요.

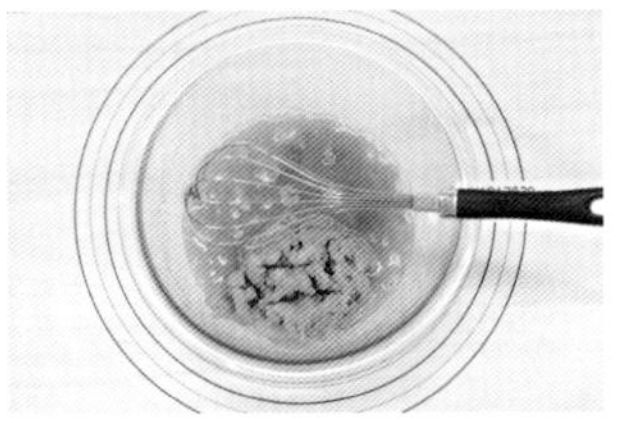

3 바닐라 익스트랙과 으깬 단호박을 넣고 섞어요.

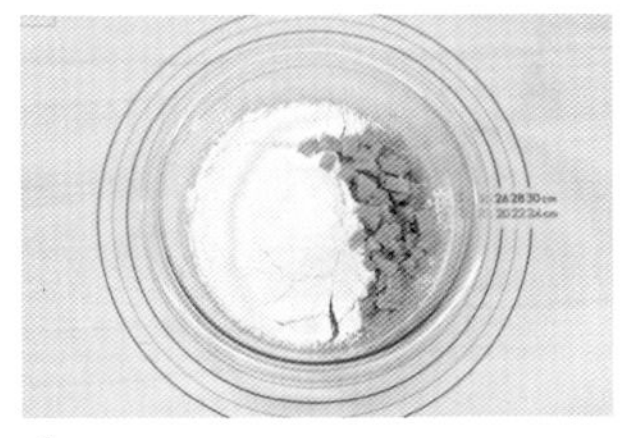

4 미리 체 쳐둔 가루류를 넣고, 납작하게 잘라둔 단호박을 넣고 잘 섞어요.

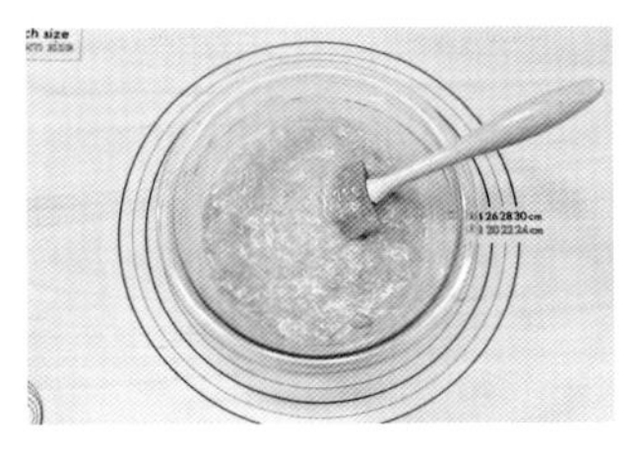

5 날가루가 보이지 않도록 주걱이나 스패튤러로 골고루 섞어요.

굽기 시작하고 10분 뒤 칼로 가운데 부분을 길게 긁어주면 파운드 모양이 예쁘게 터져요.

6 파운드틀에 유산지를 깔거나 포도씨유를 바르고, 파운드틀의 80%가량 반죽을 붓고 바닥을 탕탕 쳐서 기포를 빼요. 180도로 예열한 오븐에 20~25분간 구우면 완성.

동글이의 Tip

단호박은 딱딱해서 쉽게 잘리지 않아, 칼에 손을 베일 수도 있어요. 전자레인지에 2분가량 돌려 살짝 익히면 쉽게 잘려요.

NO!
버터

무화과 머핀

★☆☆

무화과 씨가 톡톡 씹히는 즐거운 식감의 머핀이에요. 말린 무화과는 제철의 생무화과보다 더 달콤하고 쫀득해서 베이킹에 자주 활용되죠. 머핀을 굽는 내내 주방에 퍼지는 향긋함에 더욱 행복해져요.

포도씨유 40g, 설탕 60g, 박력분 100g, 아몬드가루 50g, 베이킹파우더 2g, 꿀 30g, 건무화과 55g, 나파주 또는 살구잼 약간

믹싱볼, 거품기, 체, 주걱, 랩, 종이 머핀틀, 브러시, 오븐팬

180℃ 20~23분

1시간 10분 (냉장실 30분 휴지 포함)

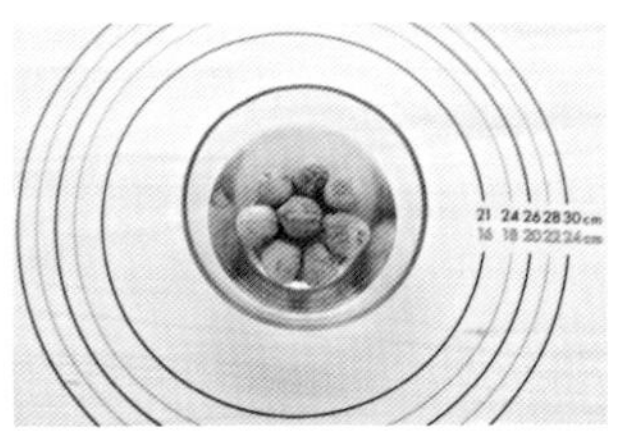

1 건무화과를 미리 따뜻한 물이나 럼에 10분 이상 불린 뒤 물기를 꼭 짜고 2개는 2등분해두고, 나머지는 잘게 잘라요.

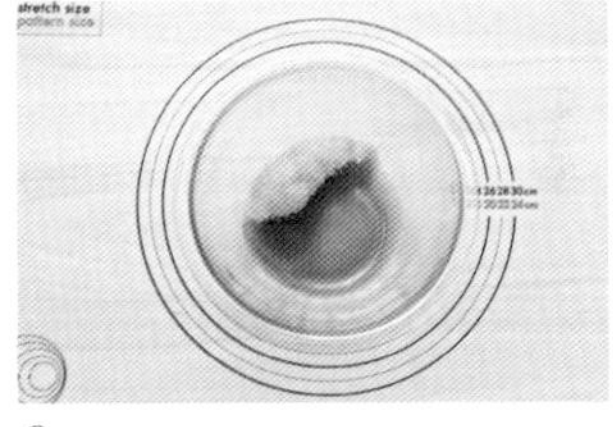

2 믹싱볼에 포도씨유와 설탕, 꿀을 넣고 설탕이 잘 녹도록 섞어요.

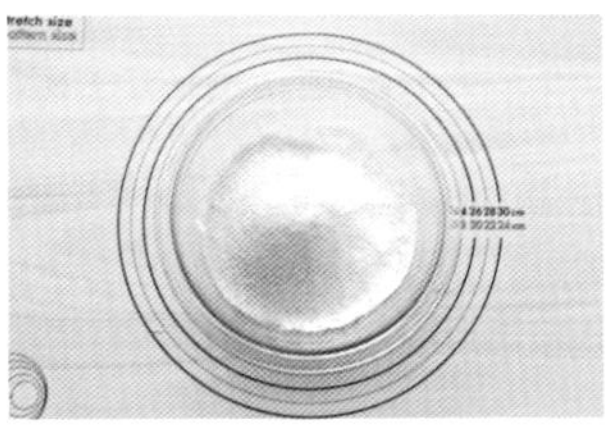

3 미리 체 쳐둔 가루류를 넣고 날가루가 보이지 않도록 섞어요.

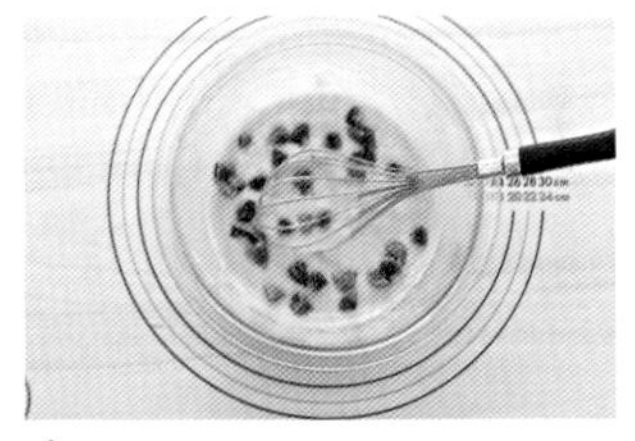

4 잘게 자른 무화과를 반죽에 넣고 고루 섞은 뒤 랩을 씌워 냉장실에서 30분간 휴지시켜요.

5 머핀틀에 반죽을 80%가량 넣고, 180도로 예열한 오븐에서 20~23분간 구워요.

6 머핀 표면에 나파주나 살구잼을 얇게 바르고, 불려서 2등분해둔 무화과를 올리면 완성.

베이킹에 무화과를 넣을 땐 딱딱하게 완전히 말린 무화과보다는 쫀득한 반건조 무화과를 넣어야 식감이 좋은데요. 건조 무화과를 사용할 땐 따뜻한 물이나 럼에 담가 불려주는 게 좋아요. 시간이 없을 땐 따뜻한 물에 담가 전자레인지에 살짝 돌리면 금세 불어 말랑해진답니다.

NO!
버터

두부 초코 브라우니

★☆☆

칼로리 걱정은 뚝! 버터와 달걀 없이도 쫀득쫀득 맛있는 브라우니를 만들 수 있어요. 건강 재료를 듬뿍 넣고, 달지 않으면서 맛있게 구운 두부 초코 브라우니. 한번 맛보면 홀딱 반할지도 몰라요.

미니 브라우니 6개

다크 초콜릿 100g, 두부 150g, 우유 50g, 포도씨유 20g, 박력분 100g, 바닐라 익스트랙 1작은술, 베이킹파우더 2g, 설탕 30g, 올리고당 10g, 소금 1g, 무가당 코코아가루 20g, 피칸 6개

믹싱볼, 중탕용 볼, 블렌더, 체, 주걱, 종이포일, 브라우니틀

180℃ 20분

35분

1 다크 초콜릿을 중탕으로 녹여요.

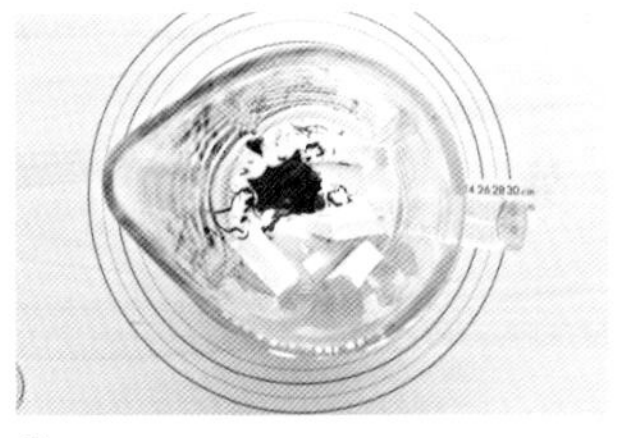

2 블렌더에 두부와 우유, 포도씨유, 중탕으로 녹인 초콜릿, 바닐라 익스트랙을 넣고 곱게 갈아요.

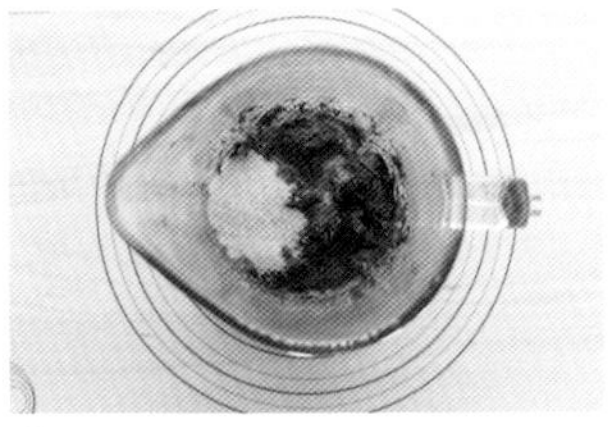

3 분량의 설탕과 소금, 올리고당을 넣고 잘 섞이도록 다시 한 번 갈아요.

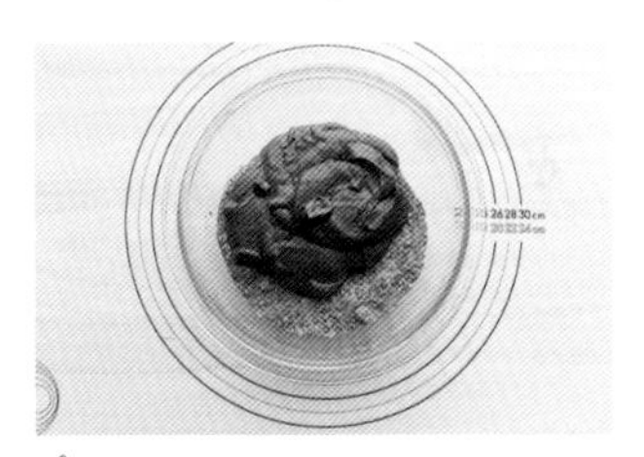

4 미리 체 쳐둔 가루류에 3을 넣고 골고루 섞어요.

5 종이포일을 깐 브라우니틀에 반죽을 뭇고, 가운데에 피칸을 올린 뒤, 180도로 예열한 오븐에서 20분간 구우면 완성.

초콜릿을 녹일 때에는 꼭 중탕하거나 전자레인지를 이용해요. 불 위에 올려 직접 끓이면 금세 타버려 초콜릿 고유의 달콤한 맛과 향이 날아가 씁쓸한 맛만 남거든요.

NO!
버터

들깨 마들렌

★☆☆

마들렌은 달걀과 밀가루, 버터, 설탕을 넣어 반죽해 조개 모양의 틀에 굽는 프랑스 구움 과자 중 하나인데요. 저는 버터 대신 포도씨유를, 설탕의 양을 줄이는 대신 올리고당을, 두뇌발달에 좋은 고소한 들깻가루를 듬뿍 넣어 맛과 풍미는 물론 건강까지 생각했어요. 아이들 간식, 어른들을 위한 티푸드로도 그만이에요.

18~20개

박력분 100g, 아몬드가루 20g, 베이킹파우더 2g, 포도씨유 40g, 달걀 2개, 올리고당 20g, 설탕 30g, 들깻가루 30g

믹싱볼, 거품기, 체, 랩, 모양 팬, 브러시

160℃ 12분

50분 (냉장실 30분 휴지 포함)

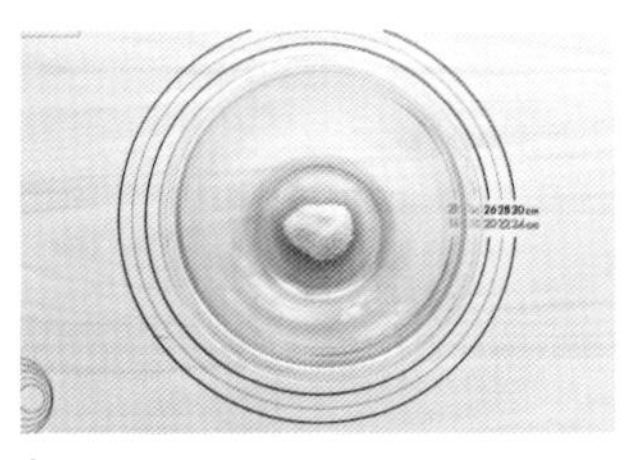

1 포도씨유에 설탕과 올리고당을 넣고 잘 섞어요.

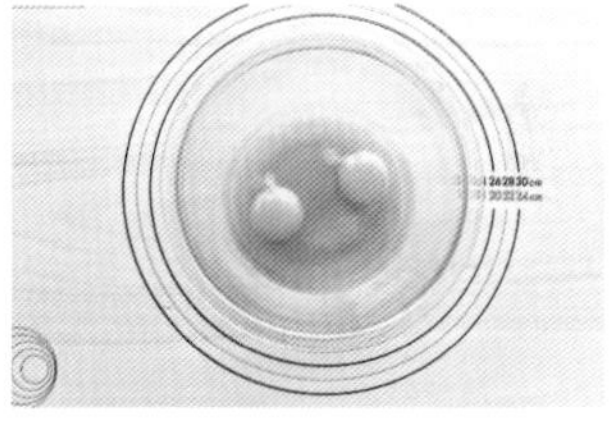

2 달걀을 넣고 멍울이 없도록 풀어요.

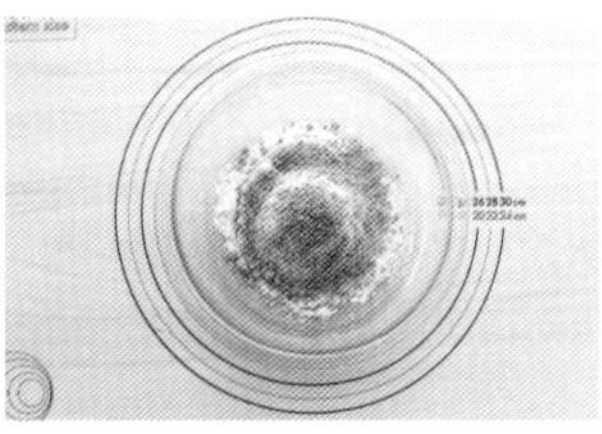

3 미리 체 쳐둔 가루류와 들깻가루를 넣고 잘 섞은 뒤, 랩을 씌워 냉장실에서 30분간 휴지시켜요.

4 모양 팬에 철판 이형제나 오일을 꼼꼼히 발라요.

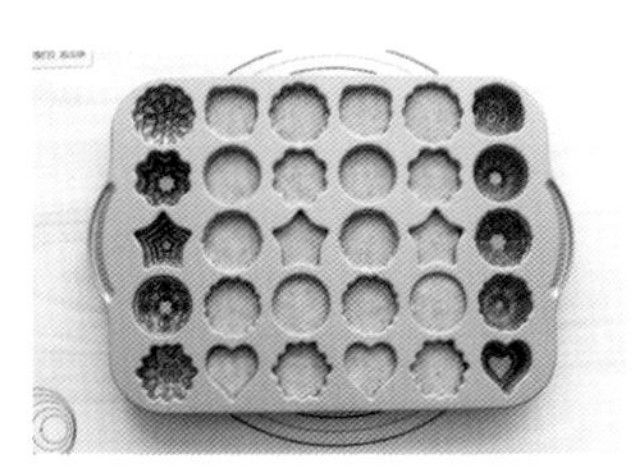

5 팬에 70~80% 정도 반죽을 채운 뒤, 160도로 예열한 오븐에서 12분간 구우면 완성.

마들렌 반죽을 틀에 붓기 전, 틀에 오일을 꼼꼼히 발라주거나 홈메이드 철판 이형제를 발라주면 다 굽고 난 뒤 깔끔하게 분리돼요. 홈메이드 철판 이형제는 옥수수전분과 포도씨유나 카놀라유 등의 식물성 오일을 1:4의 비율로 잘 섞으면 돼요. 첨가물이 들어가지 않은 만큼, 필요한 만큼만 만들어 바로바로 사용하는 게 좋아요.

NO!
버터

레몬 & 허니 머핀

★☆☆

상큼 달콤한 레몬 향이 몸과 마음을 상쾌하게 만들어주는 머핀이에요. 입맛 없고 기운 없는 날, 활력을 되찾아 주는 마법의 디저트랍니다.

10cm 머핀틀 3개

달걀 2개, 설탕 35g, 꿀 40g, 포도씨유 40g, 소금 한꼬집, 박력분 60g, 아몬드가루 60g, 베이킹파우더 4g, 레몬 절임 약간

믹싱볼, 거품기, 체, 랩, 종이 머핀틀, 오븐팬

180℃ 20~23분

1시간 (냉장실 30분 휴지 포함)

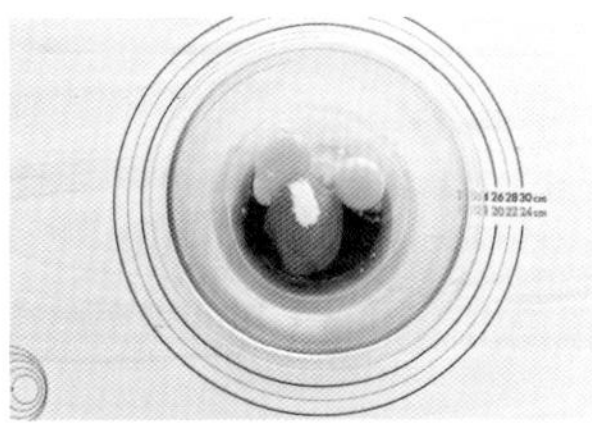

1 믹싱볼에 달걀, 꿀, 설탕, 포도씨유를 넣고 설탕이 잘 녹도록 섞어요.

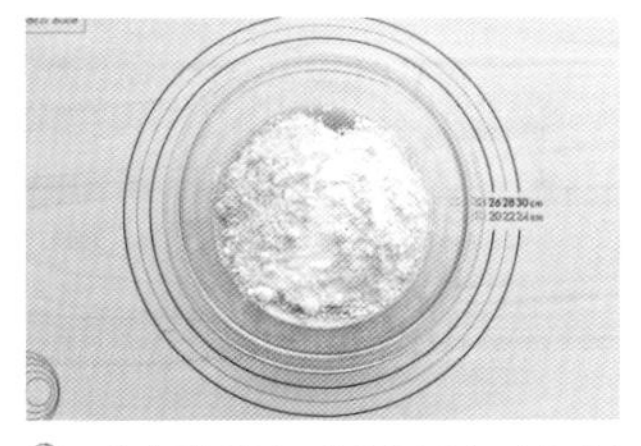

2 미리 체 쳐둔 가루류를 넣고 날가루가 보이지 않도록 섞어요.

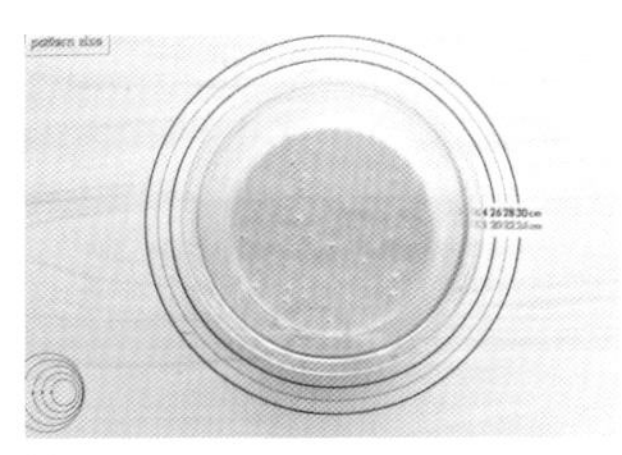

3 랩을 씌워 냉장실에서 30분간 휴지시켜요.

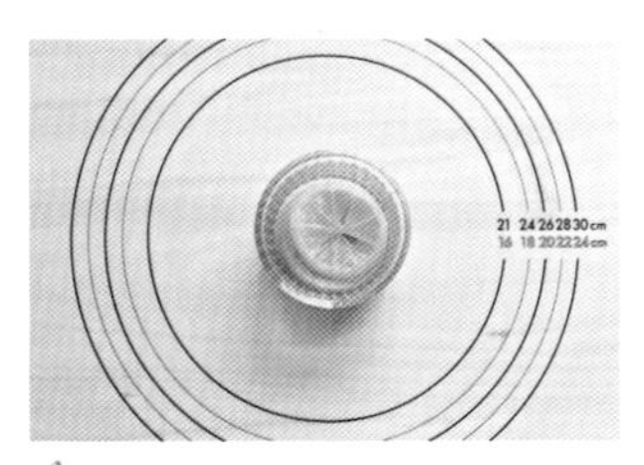

4 레몬 절임을 준비해요. 생 레몬을 사용할 경우, 꿀에 잠시 재어요.

5 머핀틀에 반죽을 80%가량 넣고, 레몬 절임을 하나씩 올린 뒤, 180도로 예열한 오븐에서 20~23분간 구우면 완성.

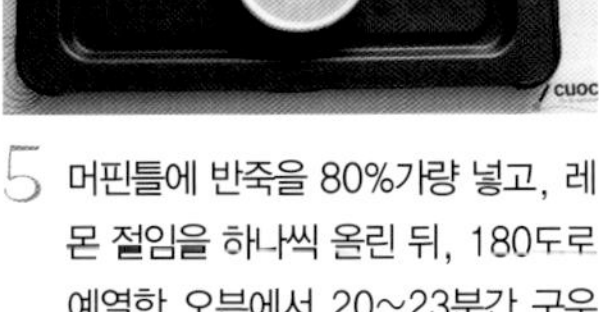

동글이의 Tip

+달걀에 설탕을 넣고 충분히 저어주어야 공기가 들어가면서 케이크가 부드럽고 폭신폭신해져요.
+머핀은 만들어서 바로 먹는 것보다 밀폐 용기에 담거나 하나씩 밀봉해서 하루 정도 놔두면 수분이 퍼져 더욱 촉촉해지고 맛있답니다.

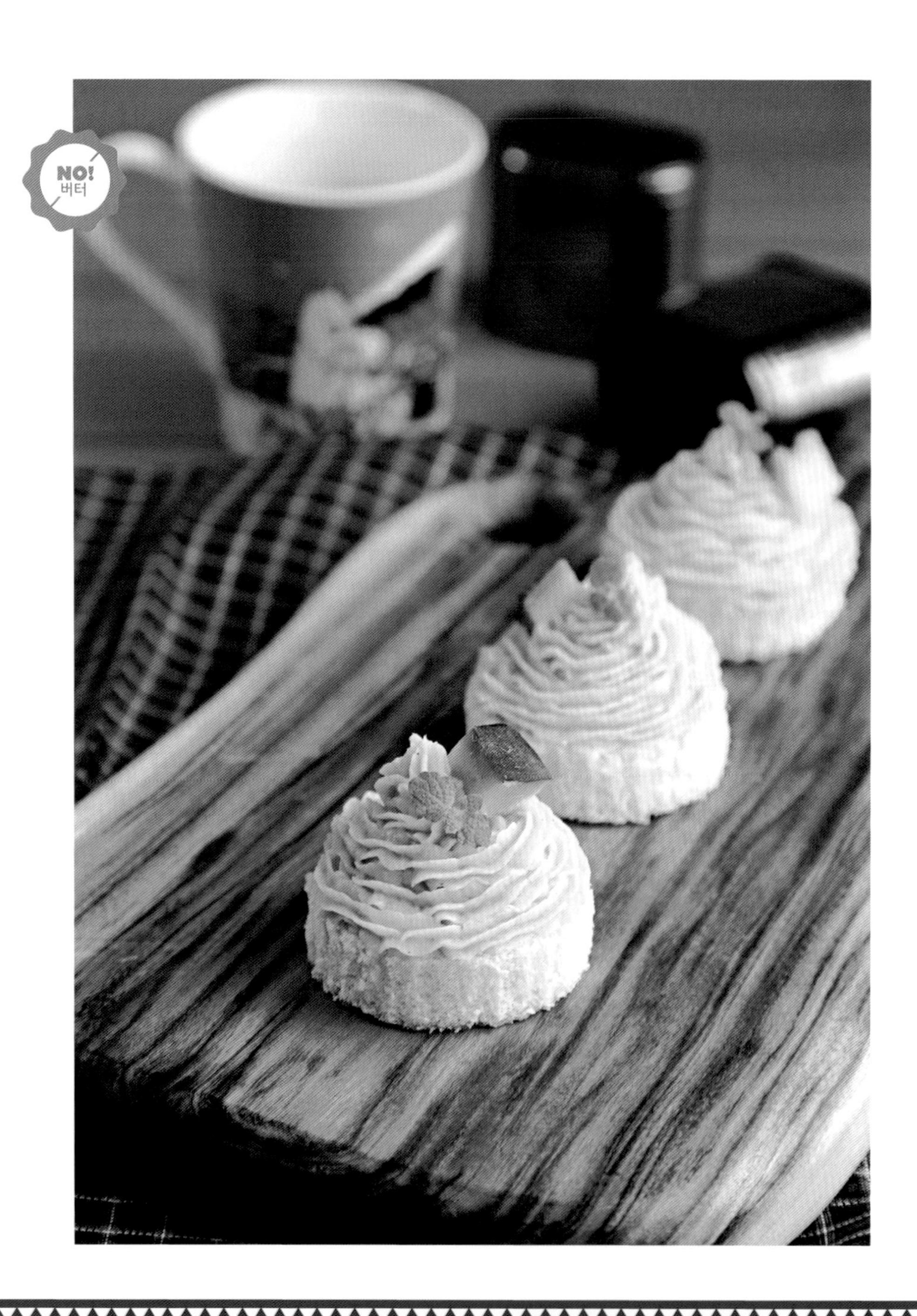

고구마 몽블랑

★★☆

알프스 최고봉인 몽블랑에서 이름을 따온 몽블랑케이크는 밤 페이스트로 맛과 모양을 내는 게 기본이지만, 오늘은 입안에서 사르르 녹는 고구마 페이스트를 올려봅니다. 햇살 좋은 가을날에 잘 어울리는 고구마 몽블랑! 유명 베이커리에서 맛보던 케이크를 직접 만들어 먹는 기쁨을 느껴보세요.

10cm 7개

1cm 높이 제누와즈 슬라이스 1장, 크림치즈 100g, 다진 호두 30g, 아가베 시럽 약간

고구마 크림 삶아서 껍질을 벗긴 고구마 350g, 생크림 150g, 꿀 30g, 계핏가루 약간

믹싱볼, 핸드믹서, 체, 주걱, 원형 쿠키커터, 짤주머니, 몽블랑 깍지 또는 모양깍지, 칼

180℃ 20~25분 (제누와즈)

1시간 10분 (제누와즈 굽는 시간 포함)

1 찐 고구마는 뜨거울 때 껍질을 벗겨 곱게 으깨요.

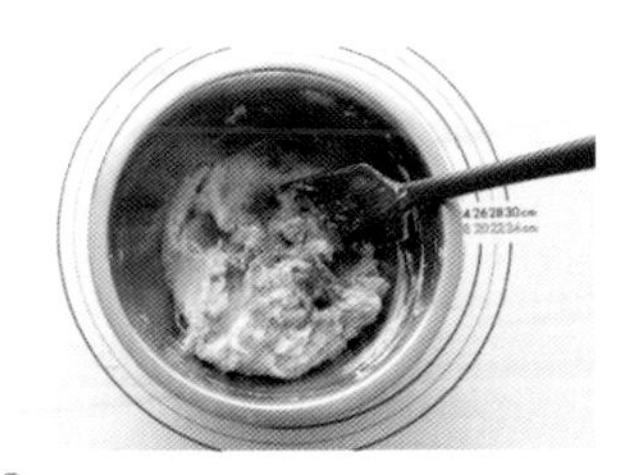

2 꿀과 계핏가루를 넣고 섞어요.

3 생크림을 80% 정도로 부드럽게 휘핑해요.

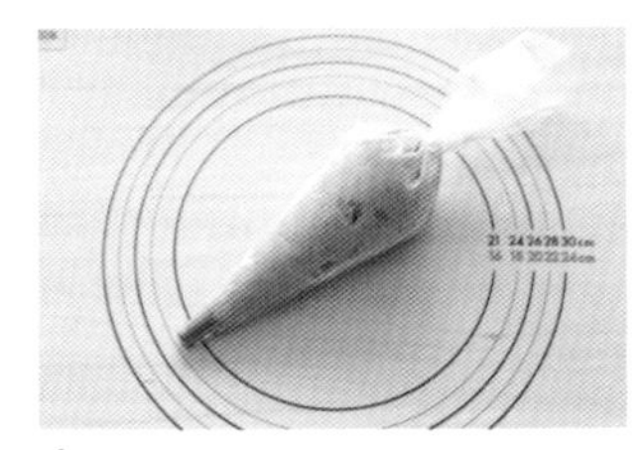

4 고구마에 생크림을 넣어 섞은 뒤, 깍지를 낀 짤주머니에 넣어요.

쿠키커터 대신 물컵을 사용해도 좋아요.
제누와즈 굽는 법은 16페이지 참고.

5 지름 10cm의 원형 쿠키커터를 이용해서 제누와즈를 잘라요.

6 제누와즈 위에 아가베 시럽과 다진 호두를 섞은 크림치즈를 올려요.

7 그 위에 만들어둔 고구마 크림을 높게 짜고, 찐 고구마 조각과 민트 잎으로 장식하면 완성.

프랑스와 이탈리아에서 처음 만들어진 몽블랑은 그 모양이 마치 산봉우리 같아서 붙여진 이름인데요. 일본에서는 가장 인기 있는 케이크로 손꼽히기도 합니다. 인기가 많은 만큼 종류도 다양한데, 주재료인 밤 대신 단호박이나 고구마를 넣거나, 과일이나 견과류, 또는 코코아가루나 녹차가루를 넣기도 한답니다.

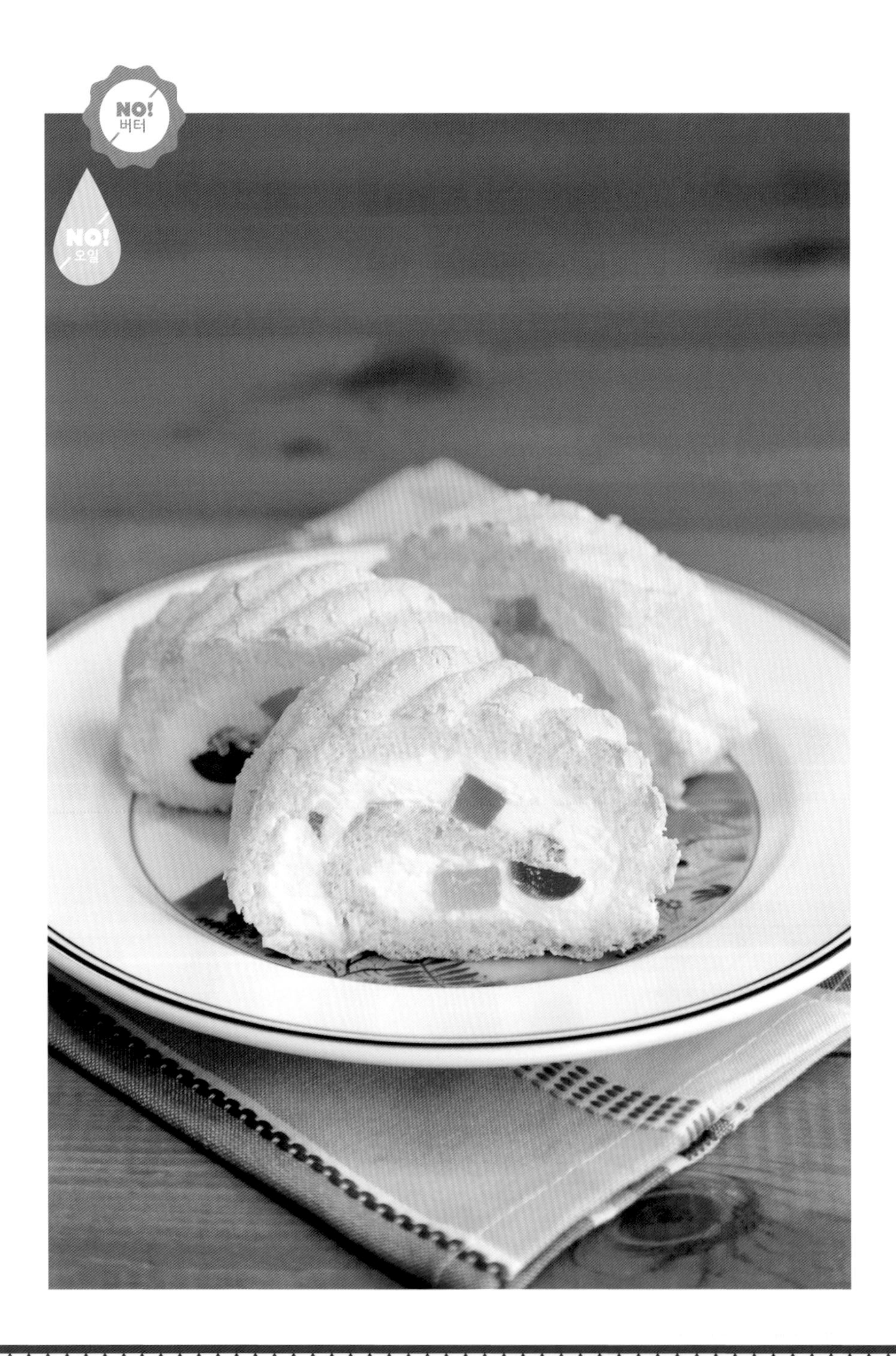

후르츠 비스퀴 롤케이크

★★☆

상큼한 바람에 봄 내음이 묻어나는 날, 여유 있게 차 한잔 마시며 곁들이는 케이크 한 조각! 생각만으로도 입가에 미소가 번지고 행복해져요. 부드럽고 촉촉한 비스퀴에 돌돌 말린 생크림과 과일의 유혹을 그 누가 뿌리칠 수 있을까요?

비스퀴 박력분 45g, 옥수수전분 5g, 설탕 50g, 달걀 2개, 슈거파우더 약간

필링 생크림 200g, 설탕 20g, 후르츠 칵테일 적당량

믹싱볼, 핸드믹서, 체, 주걱, 지름 1cm 원형깍지, 짤주머니, 종이포일, 오븐팬, 식힘망

180℃ 12~13분

1시간 50분 (냉장실에서 굳히는 시간 포함)

머랭 만드는 법은 107페이지 참고.

1 뿔이 뾰족하게 올라오는 단단한 머랭을 만들어요.

2 달걀노른자를 넣고 가볍게 섞어요.

3 미리 체 쳐둔 가루류를 넣고 주걱으로 크게 원을 그려가며 가볍게 섞어요.

이때 거품이 꺼지지 않도록 조심해서 골고루 섞어야 해요.

4 지름 1cm 원형깍지를 끼운 짤주머니에 반죽을 담아 종이포일을 깔아둔 팬에 사선으로 짜고, 윗면에 슈거파우더를 체 쳐서 뿌려주고 180도로 예열한 오븐에서 13분간 구워요.

5 그 사이, 후르츠 칵테일은 체에 밭쳐 물기를 빼요.

6 생크림에 분량의 설탕을 넣고 100%로 빽빽하게 거품을 올려요.

이 때, 비스퀴 사방 가장자리 1~1.5cm를 남겨두고 생크림을 발라야 돌돌 말았을 때 생크림이 넘치지 않아요.

7 다 구워진 비스퀴는 오븐에서 꺼내자마자 틀에서 빼내 식힌 뒤, 단단하게 휘핑해둔 생크림을 고루 발라요. 그 위에 물기를 뺀 과일을 올려요.

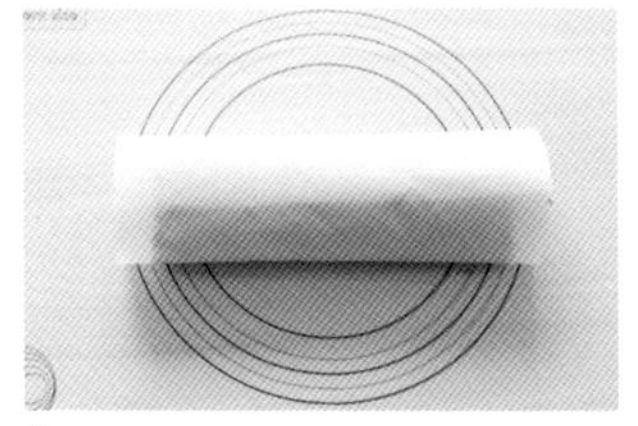

8 종이포일을 앞으로 당기듯 돌돌 만 뒤, 종이포일에 싼 채로 냉장실에서 1시간 굳히면 완성.

동글이의 Tip

비스퀴 롤케이크는 넣는 부재료에 따라 다양하게 즐길 수 있는데, 비스퀴 반죽에 홍차가루나 녹차가루를 넣어도 좋고, 생크림에 산딸기나 망고 퓌레를 섞어도 참 맛있어요.

broccoli shrimp quiche

raspberry tartlets

egg tartlets

apple pies

mandarin tarts

meat pies

mini nuts pies

4

건강한 재료가 듬뿍! 타르트 & 파이

베이킹을 하면서 '받는' 즐거움보다 '주는' 행복에 마음이 따뜻해지곤 해요.
맛있게 먹는 가족과 친구들이 있기에 밤새는 줄 모르고 오븐을 돌려도 피곤함보다는 뿌듯함이 앞서죠.
가까운 사람들의 입맛과 건강을 고려한 맞춤 베이킹이 가능하다는 점이 홈베이킹의 최대 장점이 아닐까요?
채소를 잘 안 먹는 남편을 위해 한 끼 식사로도 충분한 **브로콜리 새우 키슈를,**
달콤함을 즐기는 엄마를 위해 천연 과일의 맛을 가득 담은 **산딸기 타르틀렛과 애플 파이를,**
입안 가득 씹히는 감귤 알갱이의 상큼함을 담은 **귤 타르트**는 시어머니께 선물할래요.
결혼 전 단짝 친구와의 홍콩 여행에서 맛보았던 **에그 타르트**는 그 친구에게,
한창 성장기인 조카에게는 영양 가득 **미트 파이**를,
고소한 견과류 필링을 가득 채운 **미니 너츠 파이**는 오롯이 저를 위해 구워봅니다.

산딸기 타르틀렛

★☆☆

루비처럼 예쁜 빛깔의 산딸기를 마음껏 올린 타르틀렛이에요. 여름이면 다양한 베리들이 나와 눈과 입을 즐겁게 해주지만 그중에서도 유독 눈길을 사로잡는 산딸기. 여름이 아니면 싱싱한 산딸기를 만날 수 없기에 더욱 특별하죠.

타르틀렛 박력분 180g, 아몬드가루 20g, 슈거파우더 20g, 소금 2g, 포도씨유 20g, 차가운 물 30g

필링 크림치즈 200g, 설탕 50g, 달걀 2개, 우유 60g, 옥수수전분 15g, 레몬즙 1작은술, 바닐라 익스트랙 1작은술, 산딸기 적당량

믹싱볼, 거품기, 체, 주걱, 밀대, 포크, 원형 타르틀렛틀, 오븐팬

160℃ 20분

1시간 20분
(냉장실 30분 휴지 포함)

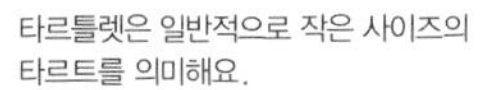
타르틀렛은 일반적으로 작은 사이즈의 타르트를 의미해요.

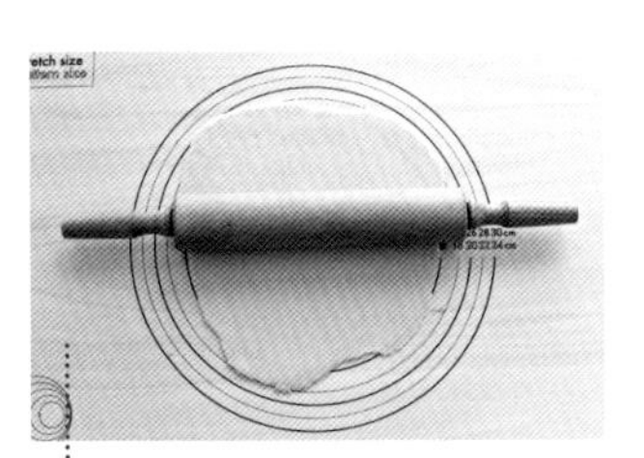

1 휴지가 끝난 타르틀렛 반죽은 밀대로 0.2~0.3cm 두께로 얇게 밀어요.

타르틀렛 만드는 방법은 17페이지 참고.

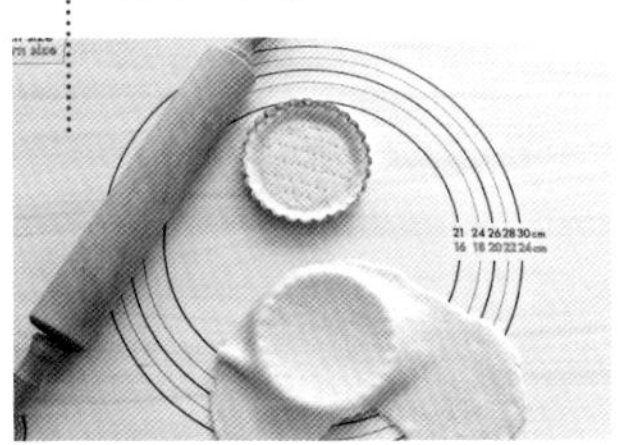

2 반죽을 타르틀렛틀에 깔고 밀대로 윗면을 정리한 후, 옆면을 손으로 꾹꾹 눌러요.

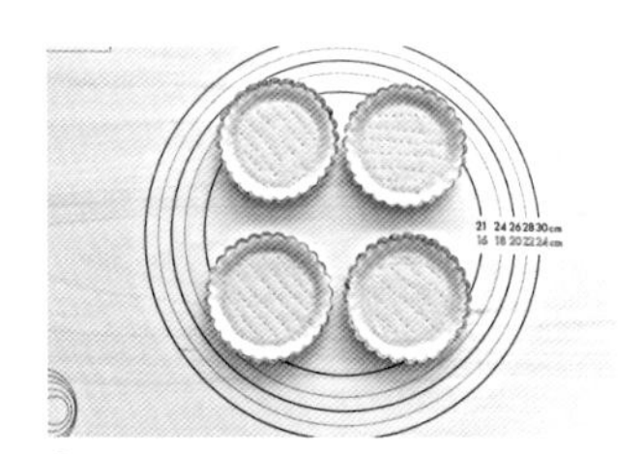

3 바닥을 포크로 꾹꾹 찍어 숨구멍을 내요.

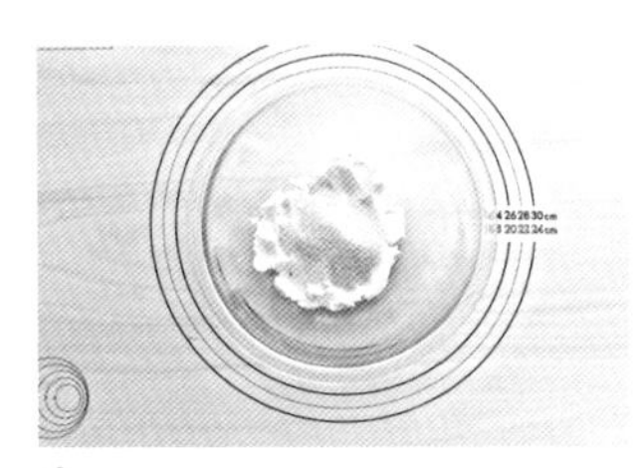

4 실온에 둔 크림치즈를 부드럽게 풀어서 설탕을 넣고 섞어요.

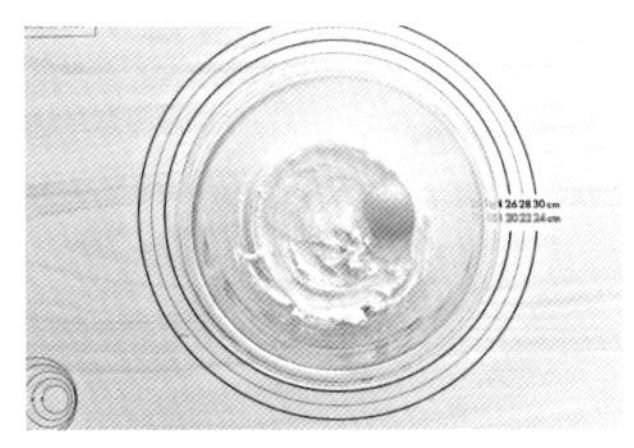

5 달걀을 넣어가며 섞어요.

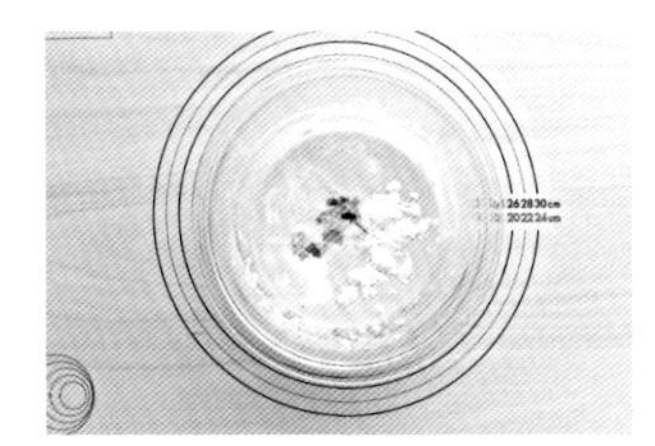

6 우유, 옥수수전분, 레몬즙, 바닐라 익스트랙을 넣고 섞어요.

7 타르틀렛에 필링을 80%가량 붓고, 160도로 예열한 오븐에서 20분간 구운 뒤 충분히 식혀요. 먹기 전에 산딸기를 풍성하게 올리면 완성.

파이지나 타르틀렛을 만들 때는 단백질 함량이 낮고 글루텐 형성이 적은 박력분을 사용해야 겉이 바삭바삭해져요.
특히, 반죽할 때는 차가운 물로 해야 하는데, 미지근한 물로 반죽하면 끈기가 생겨 바삭함이 사라져요.

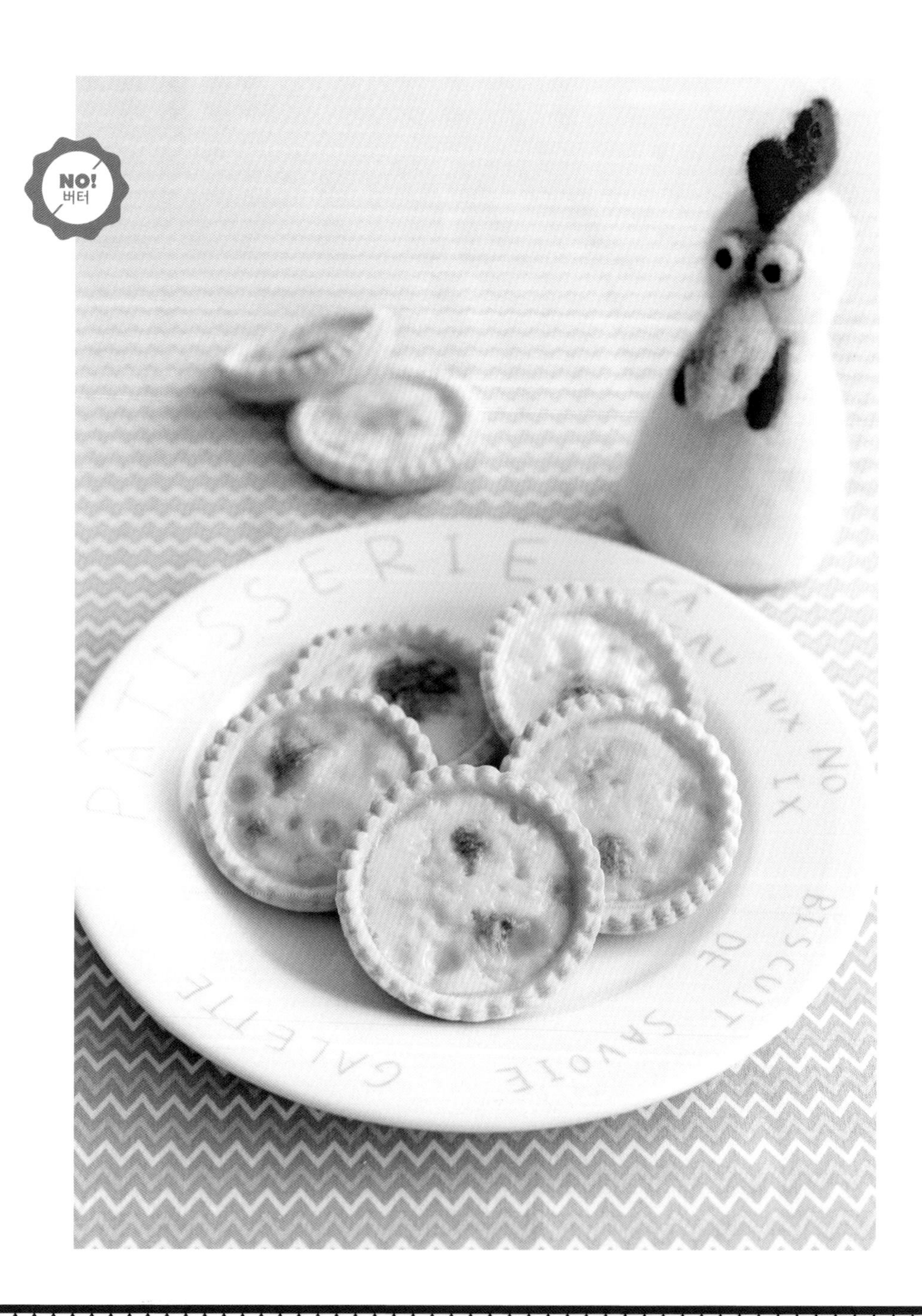

에그 타르트

★☆☆

홍콩의 명물, 에그 타르트를 이젠 집에서도 손쉽게 만들어보세요! 에그 타르트는 바삭한 페이스트리에 달걀 크림을 넣어 만드는데, 달지 않아 부담 없이 먹을 수 있어요. 특별한 것이 없는데도 자꾸만 손이 가는 매력적인 맛이랍니다.

12개

타르트지 박력분 160g, 아몬드가루 20g, 포도씨유 25g, 차가운 물 15g, 슈거파우더 30g, 소금 2g, 달걀 ½개

필링 달걀노른자 2개, 설탕 40g, 소금 2g, 생크림 50g, 물 80g, 바닐라 익스트랙 1작은술

믹싱볼, 거품기, 체, 칼, 랩이나 지퍼팩, 밀대, 원형 쿠키커터, 머핀틀, 포크, 브러시

180℃ 20~25분

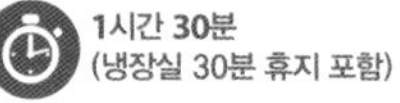
1시간 30분
(냉장실 30분 휴지 포함)

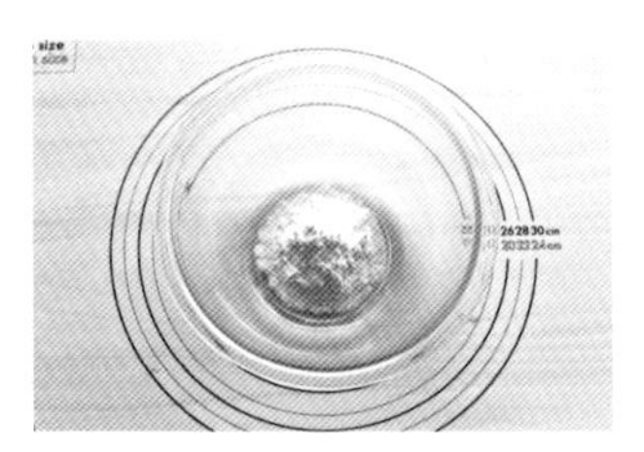

1 믹싱볼에 차가운 물, 포도씨유, 슈거 파우더, 소금을 넣고 고루 섞어요.

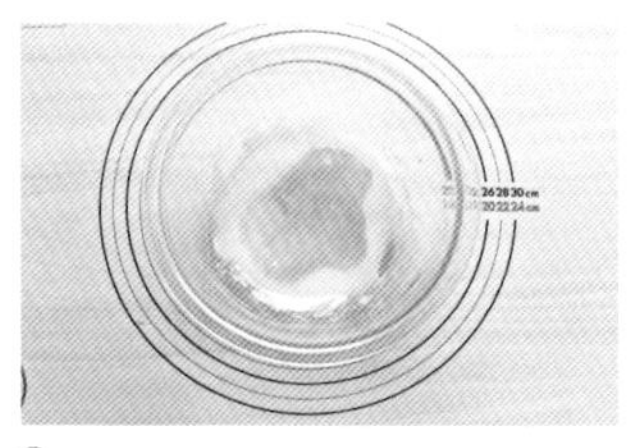

2 분량의 달걀을 넣고 멍울이 없도록 섞어요.

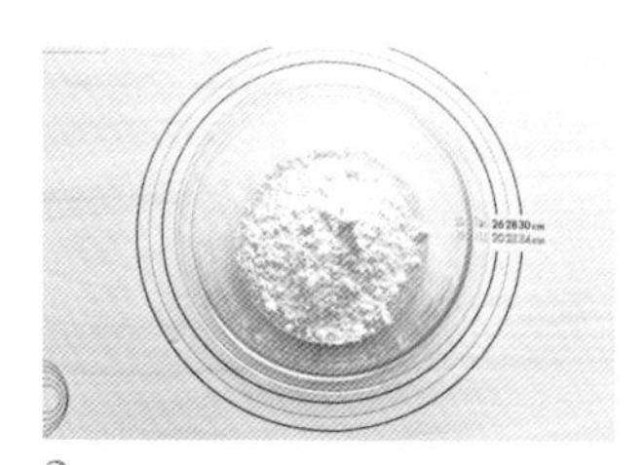

3 미리 체 쳐둔 가루류를 넣고 가볍게 섞어요.

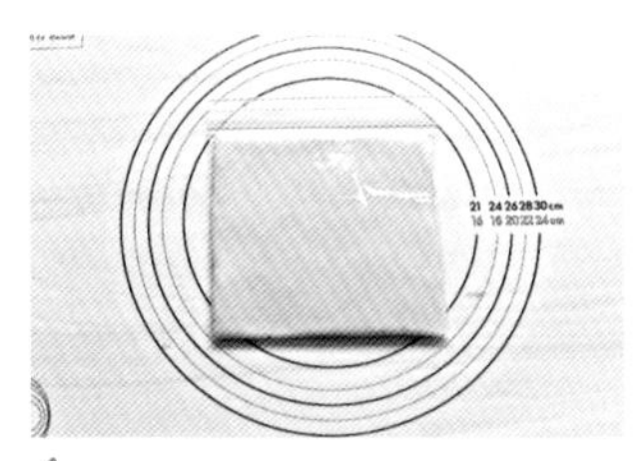

4 랩을 씌우거나 지퍼팩에 담아 냉장실에서 30분간 휴지시켜요.

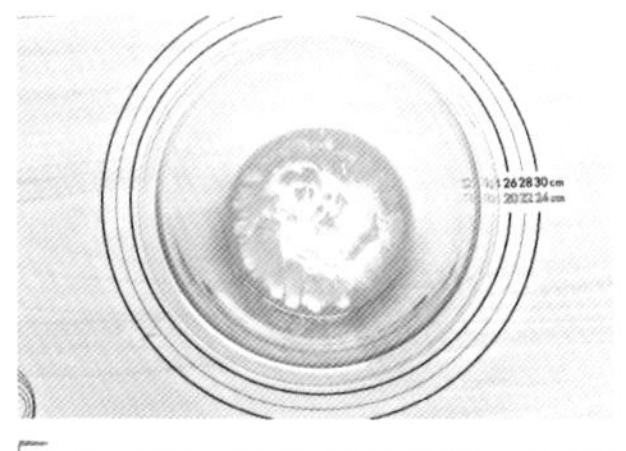

5 그 사이, 달걀노른자 2개에 생크림과 소금을 넣고 골고루 저어요.

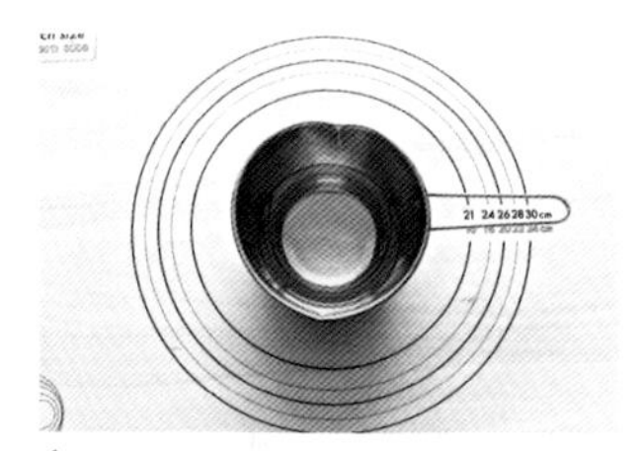

6 물 80g에 분량의 설탕을 넣고 끓인 뒤 식혀요.

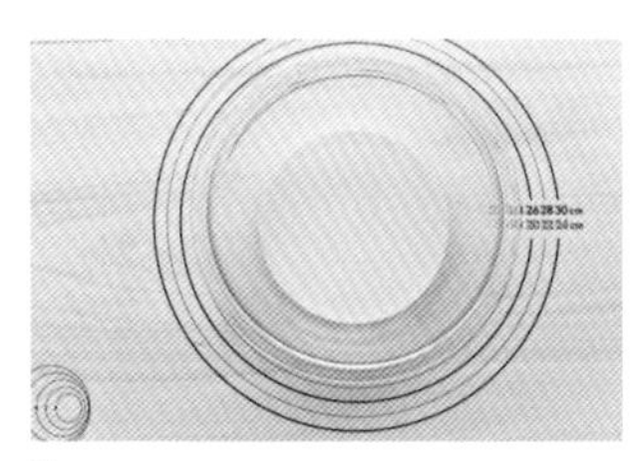

7 5에 설탕 끓인 물과 바닐라 익스트랙을 넣어 잘 섞어요.

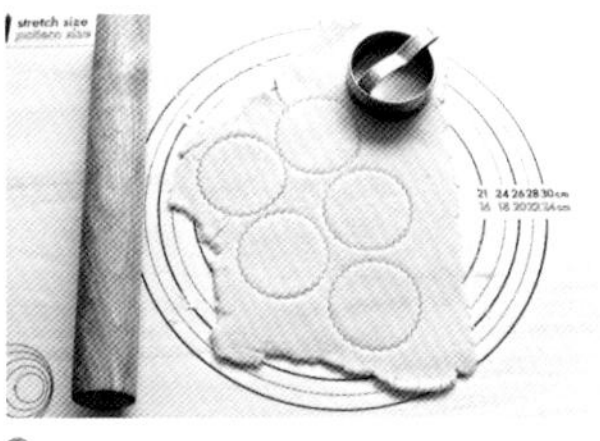

8 휴지가 끝난 반죽을 밀대로 0.2~0.3cm 두께로 밀고, 쿠키커터로 모양을 찍어요.

9 머핀틀에 반죽을 잘 밀착시킨 다음, 바닥을 포크로 여러 번 찍어 주세요.

10 필링을 80%가량 채우고, 180도로 예열한 오븐에서 20~25분간 구우면 완성.

파이나 타르트 반죽은 절대 오래 치대지 마세요. 반죽이 쫄깃해지는 건 글루텐 때문인데, 글루텐이 많이 형성되면 파이지의 매력인 바삭함이 떨어진답니다. 스크래퍼나 주걱으로 자르듯 가볍게 섞어주는 정도로 반죽하는 게 좋아요.

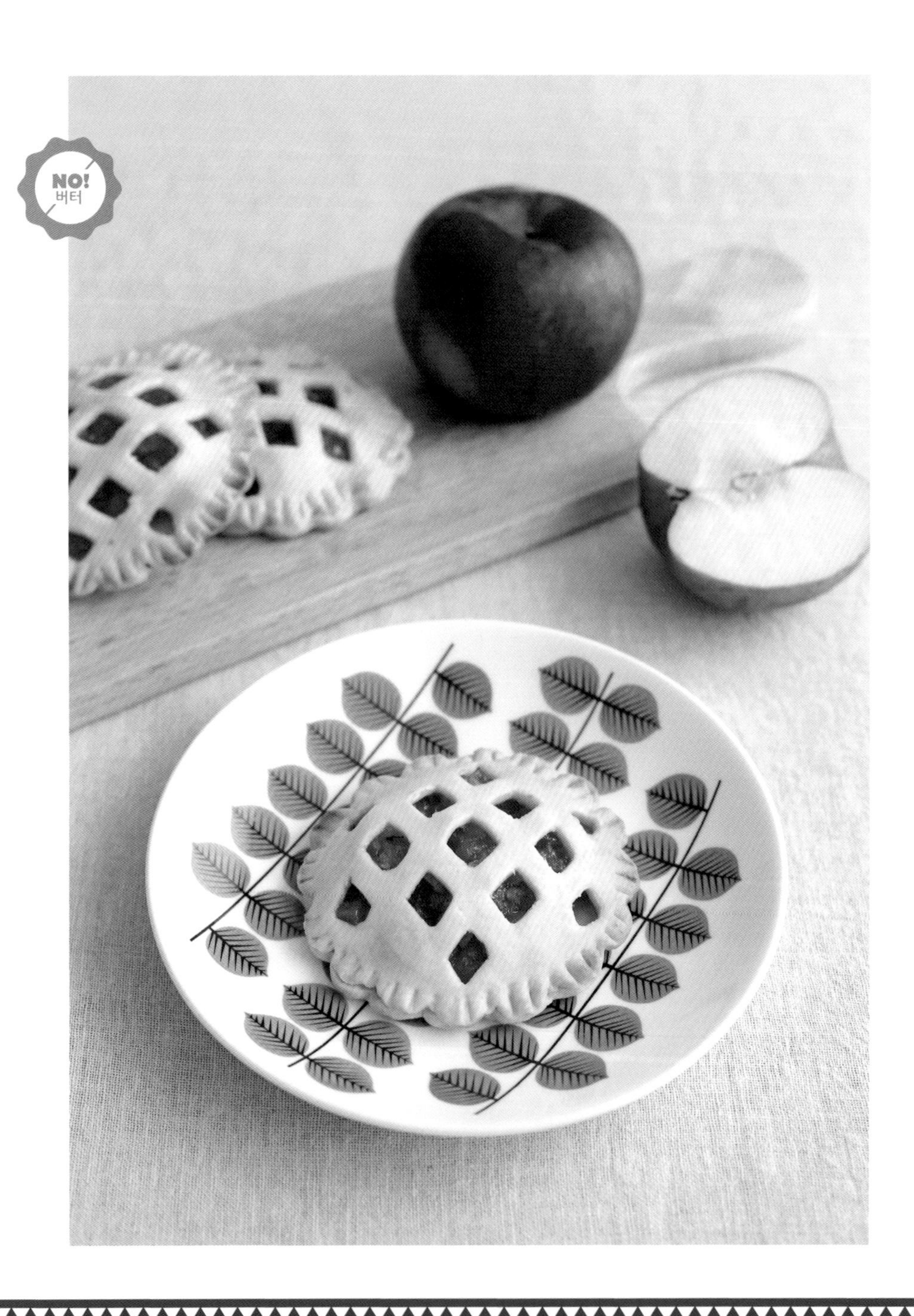

애플 파이

★★☆

사각사각 사과가 씹히는 애플 파이! 새콤하면서도 향긋한 사과 향이 파이 사이로 솔솔 풍겨요. 사과가 제철일때는 아낌없이 만들어보세요. 사 먹는 애플 파이와 비교할 수 없는 최고의 맛을 보장해요.

파이지 박력분 160g, 포도씨유 40g, 소금 2g, 물 50g, 파이 겉면에 발라줄 우유 약간

필링(사과잼) 사과 2개, 설탕 160g, 레몬즙 2큰술

믹싱볼, 거품기, 체, 주걱, 밀대, 포크, 파이 커터, 냄비, 브러시, 테프론 시트, 오븐팬

200℃ 15~20분

1시간 30분 (냉장실 30분 휴지 포함)

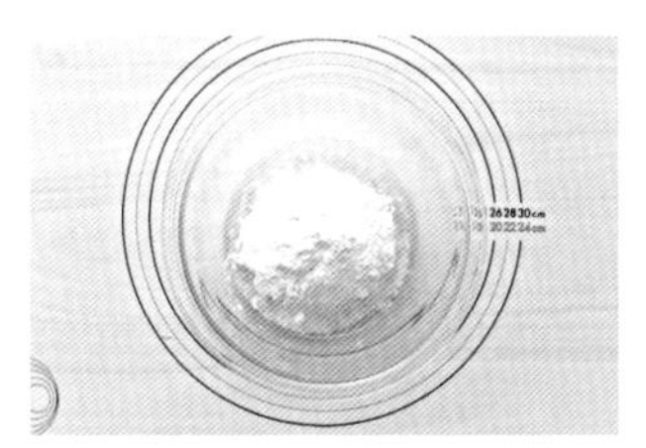

1 포도씨유에 소금을 넣고 잘 섞은 뒤 미리 체 친 박력분을 넣고, 찬물을 부어가며 날가루가 보이지 않을 정도로만 고슬고슬 반죽해요.

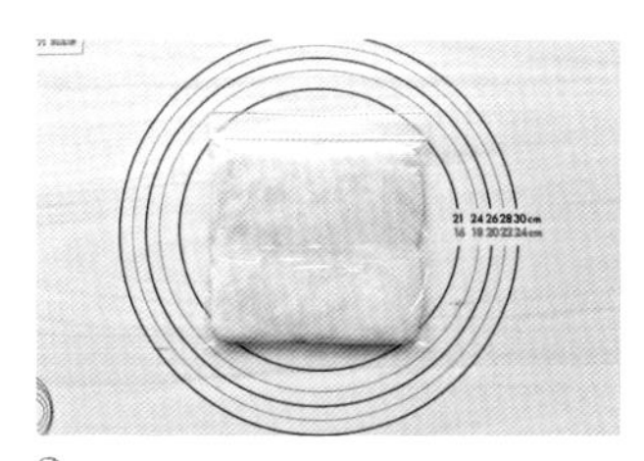

2 반죽을 지퍼팩이나 일회용 비닐에 넣어 냉장실에서 30분간 휴지시켜요.

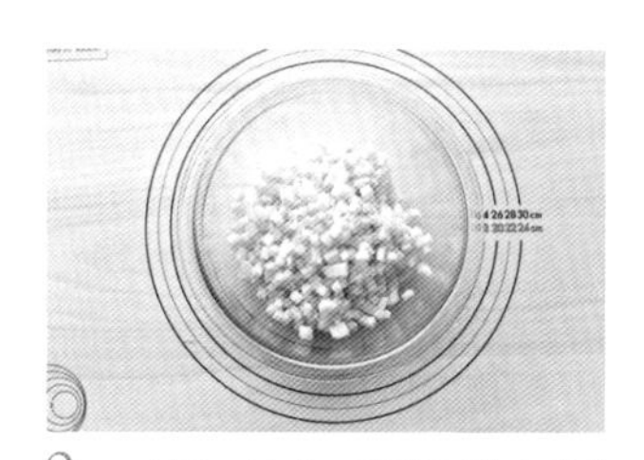

3 그 사이, 사과는 껍질을 벗겨 잘게 다지듯 잘라요.

4 냄비에 잘게 자른 사과와 레몬즙을 넣고 뭉근히 조려요.

사과가 물컹해지도록 10분 정도 조립니다.

5 설탕을 넣고 잘 섞어요.

6 설탕이 녹아 보글보글 끓으면 감자 메셔나 주걱으로 꾹꾹 눌러 곱게 만들거나 핸드 블렌더로 살짝 갈아요. 수분이 날아가고 어느 정도 걸쭉하게 끓이면 필링 완성.

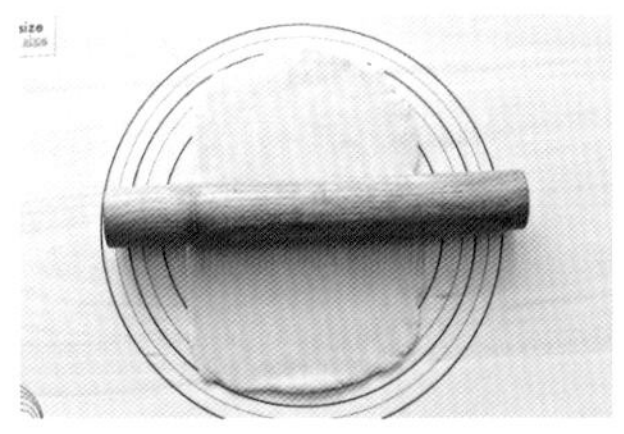

7 휴지가 끝난 반죽은 덧가루를 뿌리고 밀대로 얇게 밀어요.

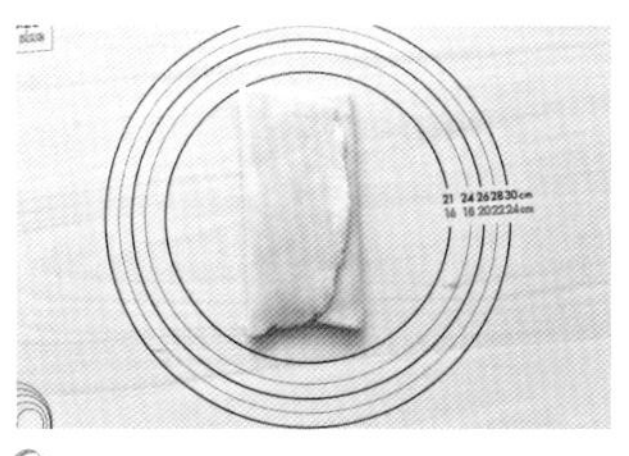

8 3절로 접어요.

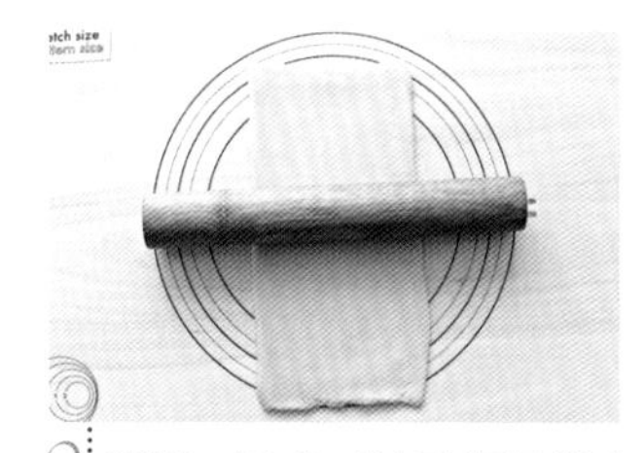

9 방향을 바꾼 후 다시 덧가루를 뿌려 밀대로 밀고 3절로 접은 후 냉장실에서 10분간 휴지시켜요.

이 과정을 2~3번 반복합니다.

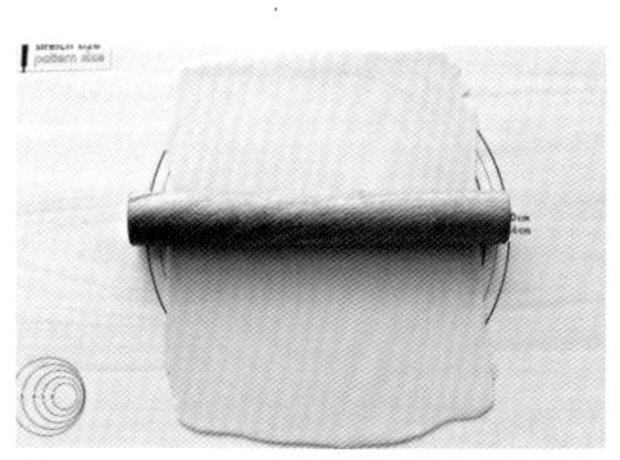

10 휴지가 모두 끝난 반죽을 얇고 넓게 밀어요.

11 파이 커터로 꾹꾹 눌러 모양을 내요.

12 구멍이 없는 파이지를 밑에 깔고 사과잼을 2큰술 넣어요.

13 구멍으로 모양을 낸 파이지를 그 위에 올린 다음, 반죽이 맞닿은 부분을 포크로 꾹 눌러주면 OK.

14 파이 윗면에 우유를 바르고, 200도로 예열한 오븐에서 15~20분간 노릇하게 구우면 완성.

사과는 다 똑같아 보여도 부사, 홍옥, 홍로, 아오리 등 종류가 다양해요. 그중에서도 쿠키나 파이를 만들 땐 새콤한 맛이 강한 홍옥을 사용해요. 홍옥은 신맛이 강하고, 단단해서 베이킹에 이용하면 맛과 향은 물론 식감도 아주 좋답니다.

밤잼, 밤페이스트 만드는 법

homemade marron zam

식빵이나 베이글에 발라 먹거나 마카롱 필링으로 응용해도 좋은 밤잼!
껍질을 직접 까서 정성이 담겼을 뿐 아니라 비정제 설탕을 넣어 건강까지 챙겼답니다.

껍질 깐 밤 360g, 물 360g, 설탕 120g, 올리고당 30g, 밤 삶을 여분의 물 적당량

1. 밤은 껍질을 벗기고, 밤이 잠길 정도의 물을 부어 10분간 삶아요.
2. 삶은 밤을 한 김 식힌 후, 블렌더에 동량의 물을 넣고 갈아요.
3. 냄비에 곱게 간 밤과 설탕, 올리고당을 넣고 약한 불에서 뭉근하게 조려요.
4. 밑바닥이 들러붙지 않도록 잘 저어가며 뭉근히 조려요.
5. 찬물에 잼을 떨어뜨렸을 때, 흐트러지지 않고 떨어뜨린 모양이 그대로 유지되면 OK.
6. 미리 열소독 해둔 병에 담아 병을 엎어서 식히면 밀봉돼요!

삶은 밤을 블렌더에 갈 때, 취향에 따라 알갱이가 씹히도록 갈거나 곱게 갈아서 사용해요.
설탕 역시 입맛에 따라 120~180g 사이로 가감하셔도 좋아요.

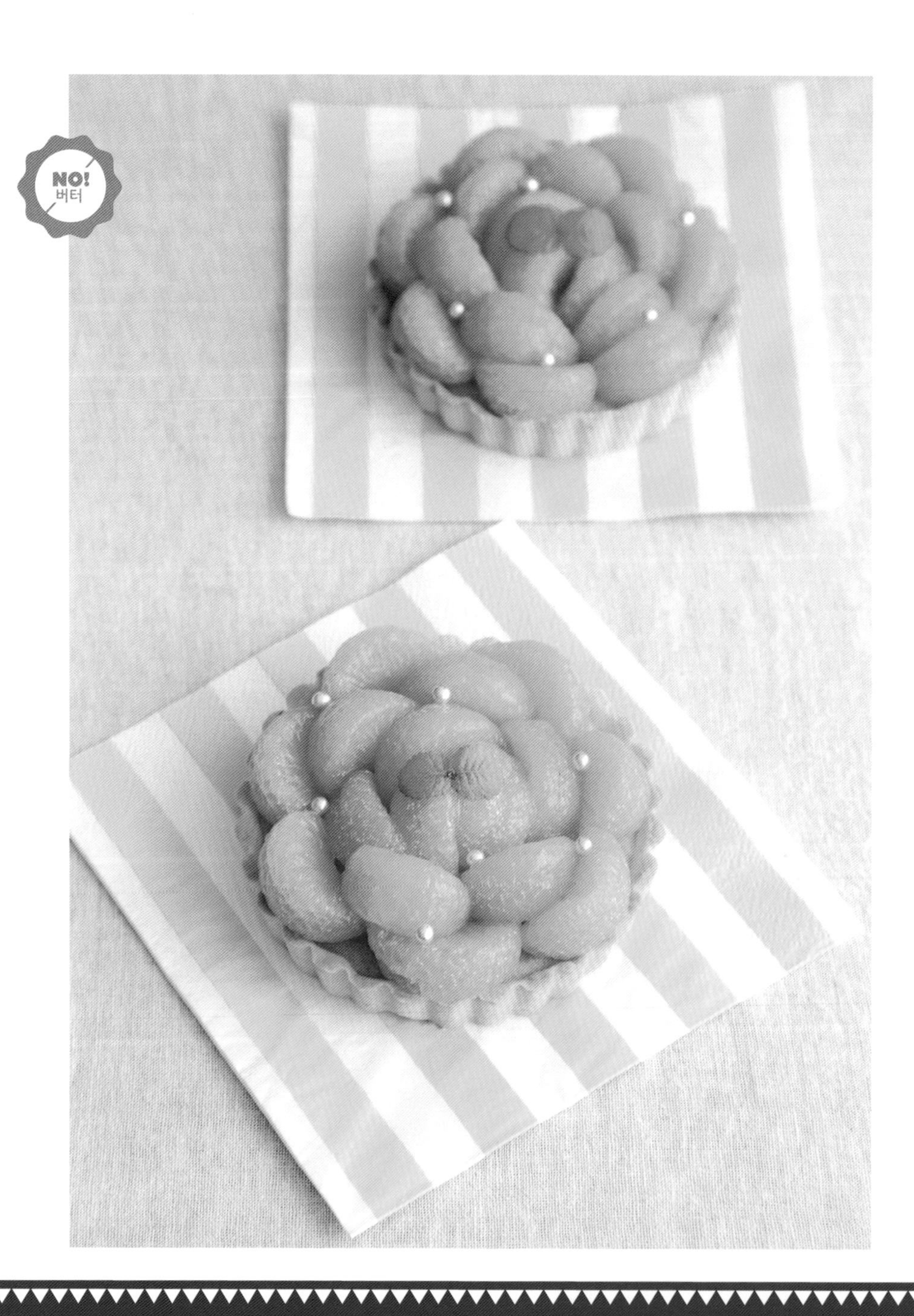

귤 타르트

★☆☆

만들기 쉽고, 맛과 비주얼도 근사하고 예쁜 귤 타르트! 보기만 해도 상큼함이 절로 느껴져요. 탱글탱글 새콤달콤한 귤과 부드러운 아몬드 크림, 바삭한 파이지가 어우러지는 오감 만족 타르트예요.

12cm 원형 타르트틀 3개

껍질을 제거한 귤 400g
타르트지 박력분 180g, 아몬드가루 20g, 슈거파우더 20g, 소금 2g, 포도씨유 20g, 차가운 물 30g
아몬드 크림 아몬드가루 40g, 설탕 20g, 달걀흰자 30g, 떠먹는 플레인 요거트 20g, 바닐라 익스트랙 1작은술

믹싱볼, 거품기, 체, 주걱, 밀대, 포크, 원형 타르트틀, 브러시, 오븐팬

180℃ 20~25분

1시간 15분 (냉장실 30분 휴지 포함)

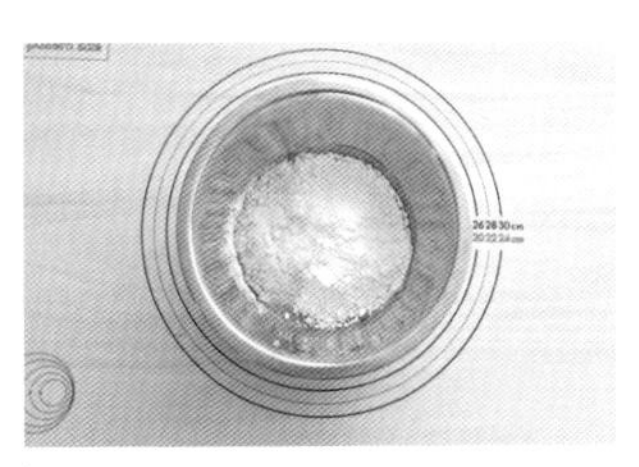

1 믹싱볼에 포도씨유와 슈거파우더, 소금을 넣고 잘 섞은 뒤, 박력분과 아몬드가루를 넣고, 찬물을 넣어가며 고슬고슬 섞은 다음, 냉장실에서 30분간 휴지시켜요.

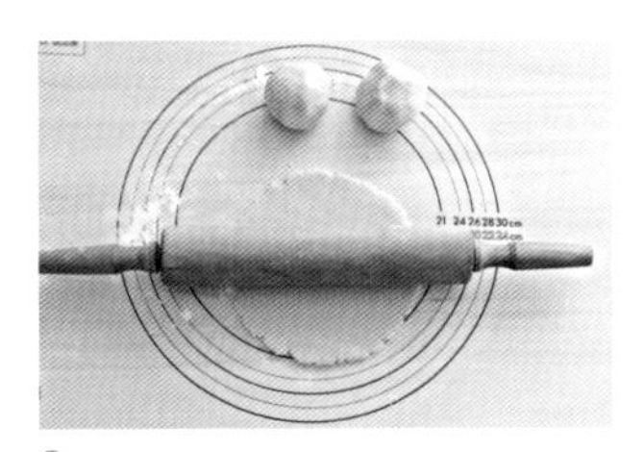

2 휴지가 끝난 반죽을 밀대로 0.2~0.3cm 두께로 밀어요.

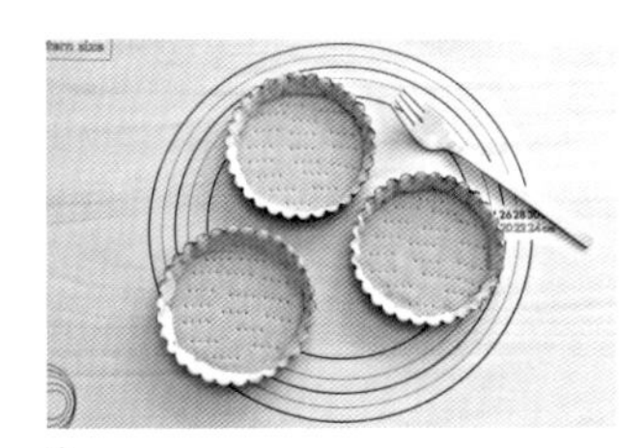

3 타르트틀에 밀착시키고, 윗면을 밀대로 밀어 깔끔하게 정리해요. 그런 뒤 바닥을 포크로 꾹꾹 찍어요.

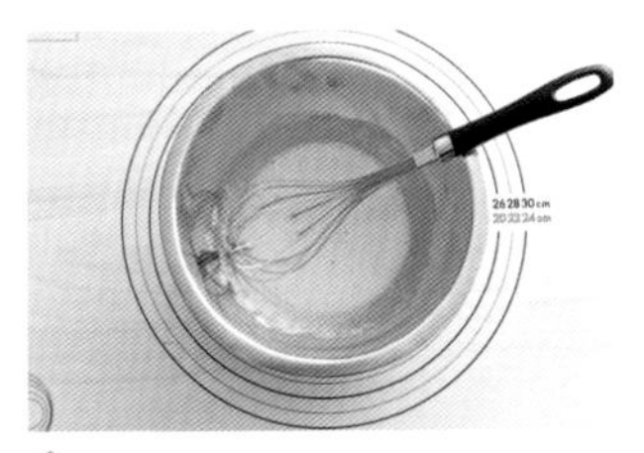

4 플레인 요거트에 설탕을 넣고 녹을 때까지 휘핑한 뒤, 달걀흰자와 바닐라 익스트랙을 넣고 잘 섞어요. 이때 거품을 올리기보다는 잘 섞이는 정도로만 가볍게 휘핑해요.

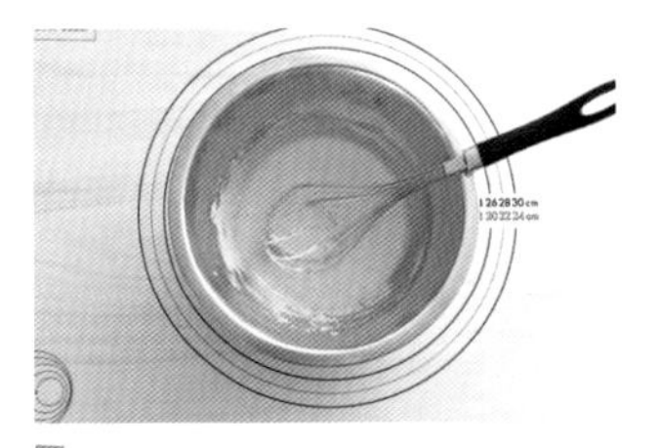

5 아몬드가루를 넣고 덩어리 지지 않게 골고루 저어요.

6 타르트지에 아몬드 크림을 80%가량 채워요.

7 180도로 예열한 오븐에서 20~25분간 구워요.

저는 귤 통조림을 이용했어요.

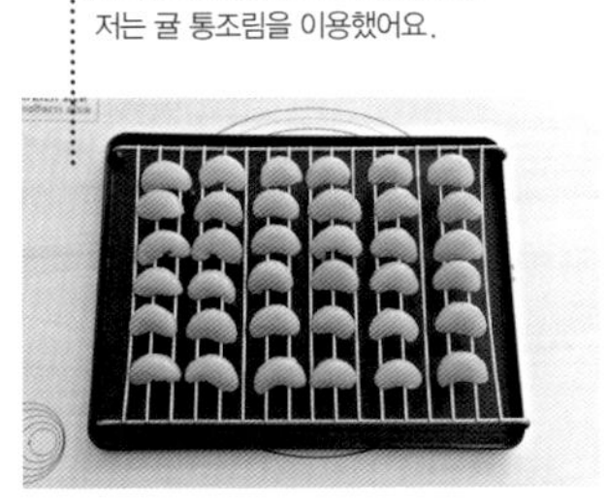

8 그 사이 귤은 속껍질을 까고 물기를 뺍니다.

9 다 구워진 타르트를 한 김 식힌 뒤, 표면에 투명한 컬러의 과일 잼을 살짝 발라요.

귤을 잘 고정시키기 위함인데, 살구 잼이나 복숭아 잼도 좋고, 꿀도 좋아요. 단 소량만 넓게 펴발라요.

10 귤을 가장자리에서부터 돌려가며 올려요.

11 촘촘하게 귤을 가득 올린 뒤, 민트잎과 아라잔 등으로 장식해요.

동글이의 Tip

아몬드 크림에는 달걀을 넣었기 때문에 가능하면 빨리 먹는 게 좋고, 남은 것은 냉장고에 보관해요. 타르트를 바로 먹지 않을 거라면, 귤 겉면이 마르지 않도록 나파주를 발라요. 나파주는 케이크나 타르트에 발라주는 광택제로, 반짝반짝 광택을 내주면서 공기 접촉을 최소화하여 수분 증발을 방지해요. 나파주는 살구잼 100g에 물 15g, 물엿 10g을 넣고 바글바글 끓인 뒤 체에 곱게 걸러주면 돼요.

NO! 버터

NO! 설탕

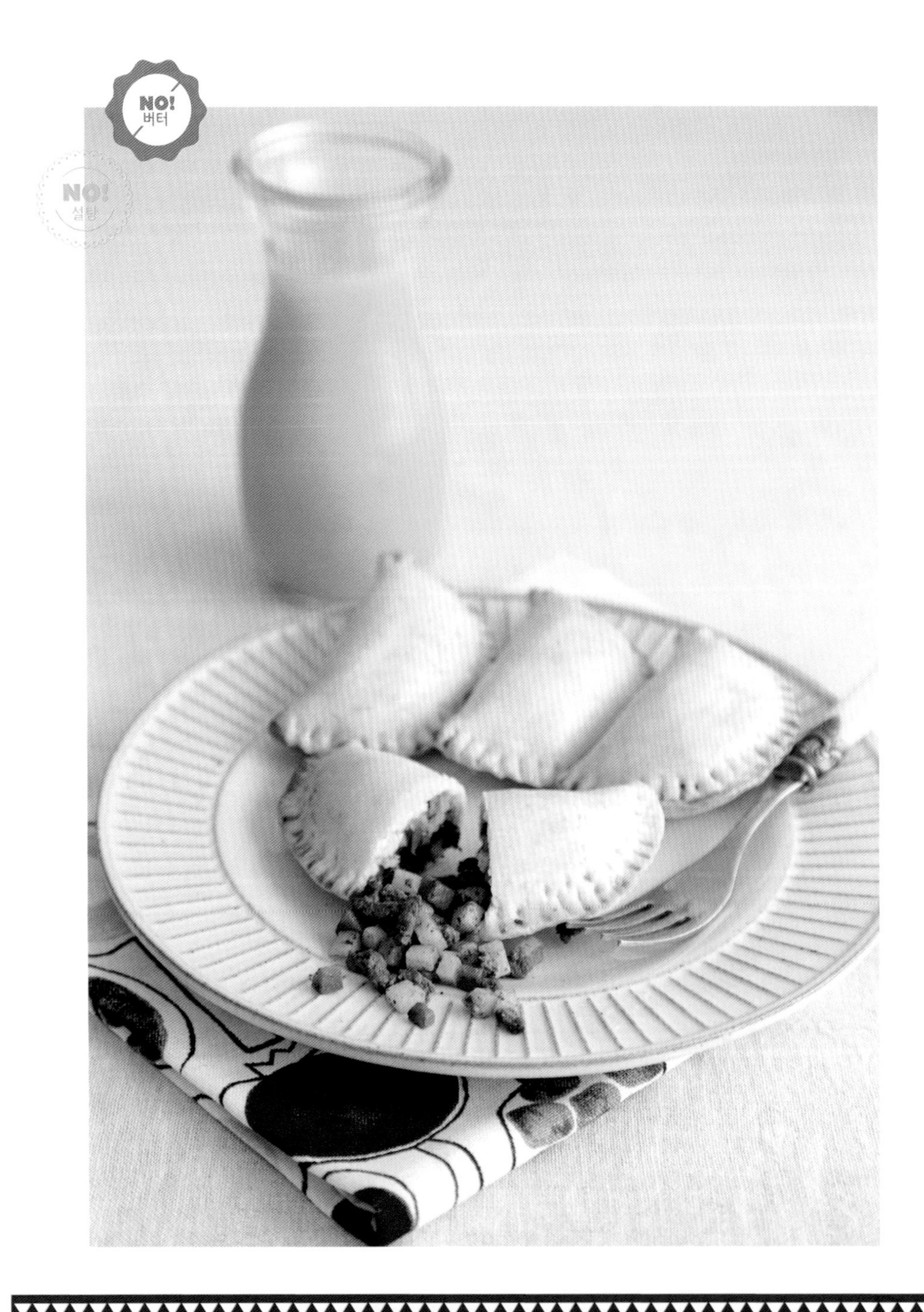

미트 파이

★☆☆

매일 똑같은 식탁이 지루해질 땐, 한 끼 식사로 충분한 미트 파이 어떠세요? 담백한 소고기에 고소한 치즈가 더해져 맛 좋고 특별한 한 끼 식사가 될 수 있어요. 다양한 채소를 다져 넣어 맛은 물론, 영양 또한 으뜸!

파이지 박력분 180g, 아몬드가루 20g, 소금 2g, 포도씨유 20g, 차가운 물 30g
충천물 감자 2개, 소고기 다짐육 200g, 당근 ⅓개, 파마산 치즈 20g, 소금 2g, 후춧가루 2g, 스테이크 소스 2큰술,
그 외 야채 볶음용 식용유 약간, 파이 윗면에 바를 달걀물 약간

믹싱볼, 거품기, 체, 칼, 프라이팬, 밀대, 원형 커터, 포크, 브러시, 테프론 시트, 오븐팬

180℃ 18~20분

1시간 20분
(냉장실 30분 휴지 포함)

1 감자와 당근을 사방 0.5cm 크기로 잘게 잘라요.

2 달군 팬에 식용유를 두르고, 감자와 당근을 볶아요.

3 감자가 어느 정도 익으면 소고기 다짐육을 넣고 볶다가 스테이크 소스, 후춧가루, 소금으로 간을 하고 파마산 치즈를 뿌려요.

파이지 만드는 법은 17페이지 참고.

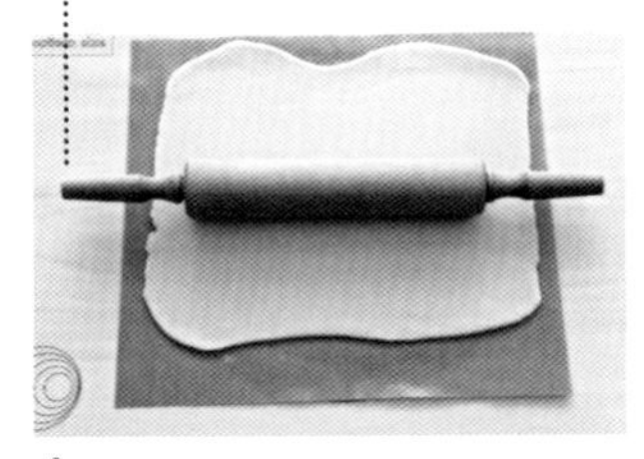

4 휴지가 끝난 파이지를 밀대로 얇게 밀어요.

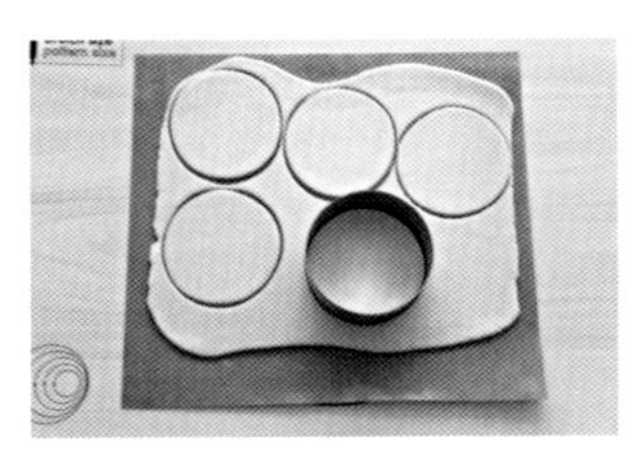

5 반죽을 지름 10cm의 원형 커터로 눌러 동그랗게 잘라요.

6 반죽 위에 만들어둔 충전물을 최대한 많이 올려요.

7 반을 접고, 포크를 이용해 가장자리를 꾹꾹 눌러요.

8 파이 표면에 달걀물을 얇게 바르고, 180도로 예열한 오븐에서 18~20분간 구우면 완성.

미트 파이는 소고기를 저며 채소와 치즈, 소스를 넣고 구운 것으로 호주의 대표 음식으로 유명해요. 소고기뿐 아니라 돼지고기나 닭고기, 오리고기 등 입맛이나 취향에 따라 재료를 달리해서 만들어도 좋답니다. 단, 고기류는 다져서 넣어야 입안에서 질겅거리지 않고 식감이 좋아요.

미니 너츠 파이
★☆☆

고소한 너츠류 총집합! 홈메이드 파이의 가장 큰 장점은 바로 신선하고 질 좋은 재료들을 아낌없이 듬뿍 넣는 것 아닐까요? 맛과 영양이 가득한 미니 너츠 파이야말로 남녀노소 누구에게나 사랑받는 메뉴죠.

 **12cm 원형 파이틀 2개, 11cm 직사각 파이틀 2개**

파이지 박력분 100g, 아몬드가루 20g, 소금 2g, 포도씨유 10g, 차가운 물 20g
필링 견과류 120g, 꿀 25g, 올리고당 20g, 계핏가루 약간, 달걀 1개, 생크림 30g

 믹싱볼, 거품기, 체, 주걱, 밀대, 포크, 프라이팬, 원형 파이틀, 사각 파이틀, 오븐팬

 180℃ 35~40분

 1시간 30분
(냉장실 30분 휴지 포함)

1 가루류는 미리 두 번 이상 체 쳐서 준비해요.

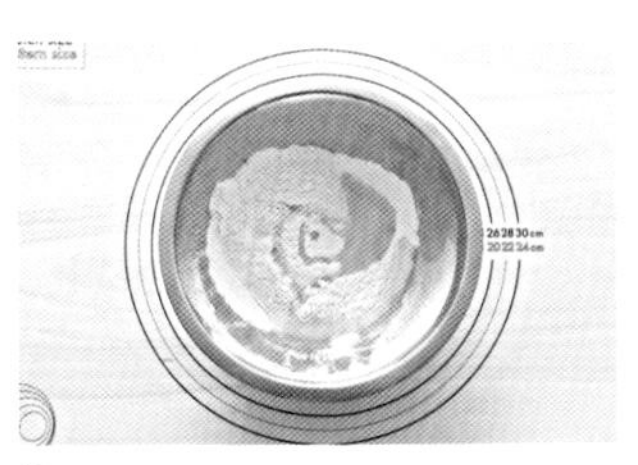

2 체 친 가루류에 포도씨유와 차가운 물을 넣고 반죽한 뒤 냉장실에서 30분 이상 휴지시켜요.

3 그 사이, 기름을 두르지 않은 달군 팬에 너츠를 살짝 볶은 뒤 식혀둡니다.

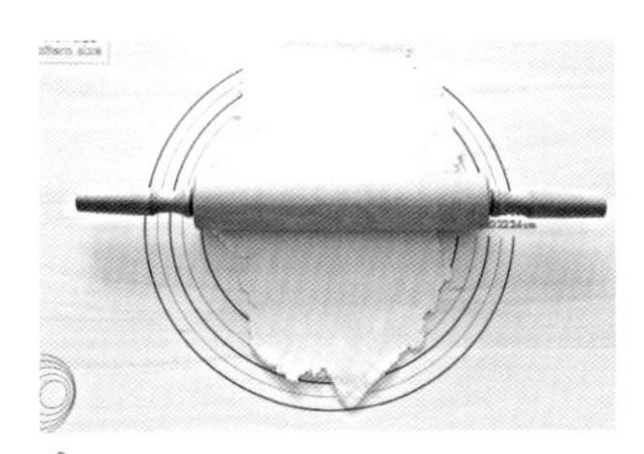

4 휴지가 끝난 반죽은 밀대로 0.2~0.3cm 두께로 얇게 밀어요.

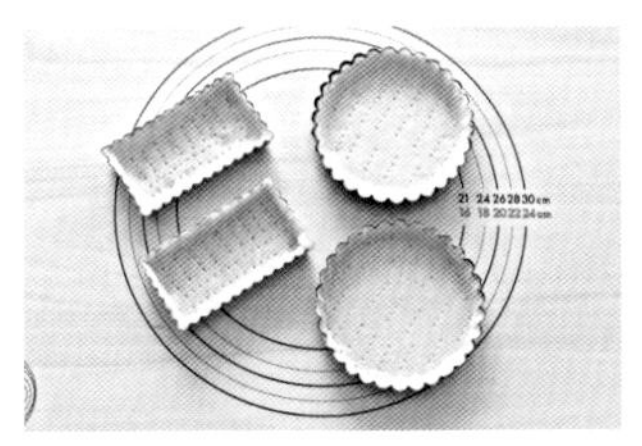

5 반죽을 파이틀 위에 얹고 밀대로 윗면을 정리한 뒤, 바닥과 가장자리를 꼼꼼하게 눌러 모양을 잡고, 포크로 바닥을 찍어요.

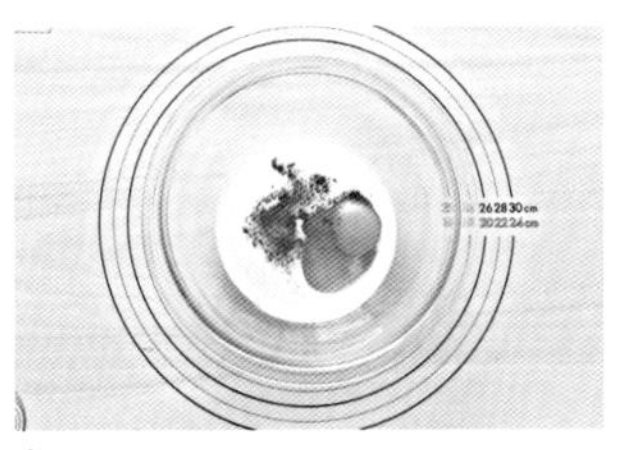

6 믹싱볼에 생크림, 달걀, 올리고당, 꿀, 계핏가루를 넣고 잘 섞어요.

7 파이 반죽에 구운 너츠를 듬뿍 채워요.

8 미리 만들어둔 필링을 틀 윗면에서 0.5cm 남겨놓고 부은 뒤, 180도로 예열한 오븐에서 35~40분 구우면 완성.

필링을 가득 채우면 파이가 구워지면서 넘칠 수 있으니, 유의해야 해요.

+ 너츠 파이를 구울 때, 중간에 색깔이 너무 진하다 싶으면 쿠킹포일을 덮어 파이 색깔을 조절해요.
굽고 난 직후에는 충전물이 살짝 볼록하게 부풀지만, 식으면서 평평해진답니다.
+ 견과류는 양질의 단백질과 불포화지방산, 무기질, 비타민 등이 풍부해 신체를 구성하고 조절하는 역할에도 한몫하지요.
하지만 칼슘이 적은 산성 식품이므로 우유와 같은 알칼리성 식품과 함께 먹으면 더 좋아요.

브로콜리 새우 키슈
★★☆

한 끼 식사로도 충분한 브로콜리 새우 키슈. 키슈는 키슈틀에 각종 채소나 해산물, 고기 등을 넣고 블랑을 부어 구운 프랑스식 파이인데요. 각종 재료가 듬뿍 들어간 만큼 아이들 영양 간식은 물론 식사대용으로도 손색이 없어요. 뜨거울 때 호호 불어가며 먹는 그 맛이란!

키슈
박력분 180g,
아몬드가루 20g,
소금 2g, 찬 물 30g,
포도씨유 20g,
슈거파우더 20g

블랑
달걀 2개, 소금 2g,
노른자 2개, 우유 100g,
생크림 100g,
후춧가루 약간,
파마산 치즈가루 30g

토핑
양파 1개,
양송이 버섯 3개,
베이컨 3줄,
브로콜리 50g,
냉동 새우 10마리

믹싱볼, 거품기, 체, 스크래퍼, 지퍼팩, 밀대, 종이포일, 키슈틀, 포크, 누름돌, 칼, 프라이팬, 키친타월

180℃ 20분-->180℃ 30~35분

1시간 40분
(냉장실 30분 휴지 포함)

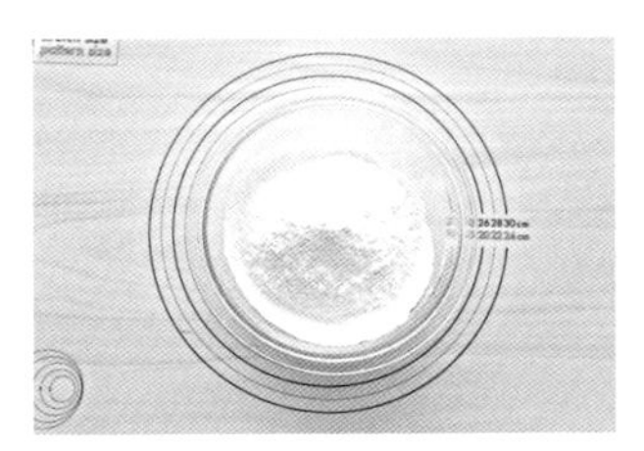

1 믹싱볼에 박력분, 아몬드가루, 소금, 슈거파우더를 체에 쳐서 준비해요.

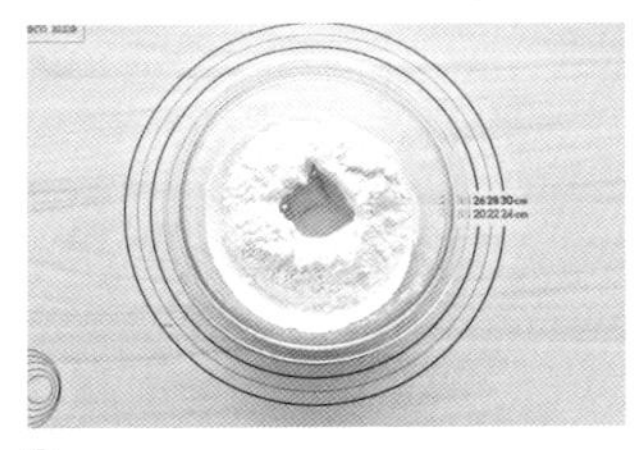

2 분량의 포도씨유를 넣고 섞어요.

3 차가운 물을 넣어가며 스크래퍼로 자르듯이 고슬고슬 섞어요.

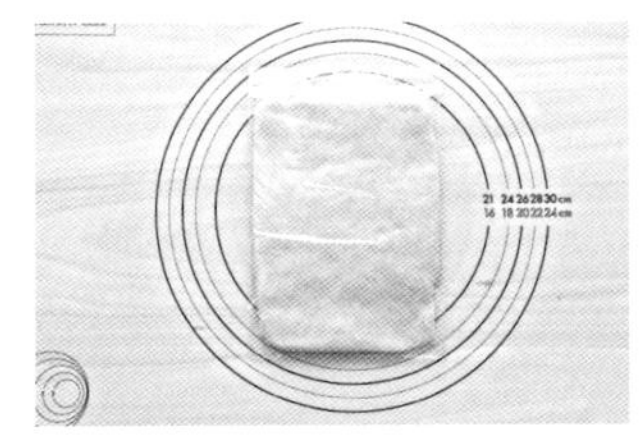

4 날가루가 보이지 않으면 랩이나 지퍼팩에 담아 평평하게 눌러 냉장고에 넣고 30분가량 휴지시켜요.

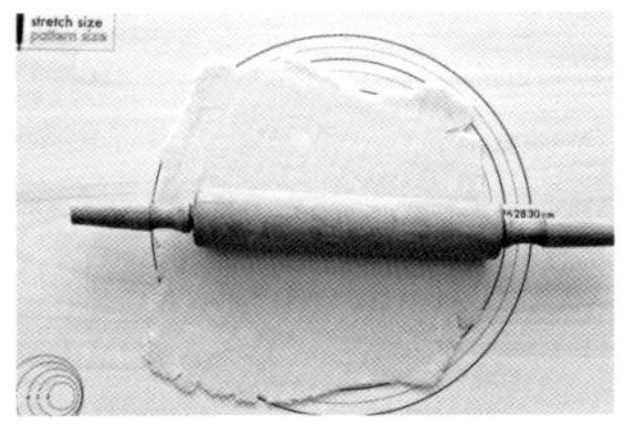

5 휴지가 끝난 반죽을 밀대로 0.2~0.3cm 두께로 밀어요.

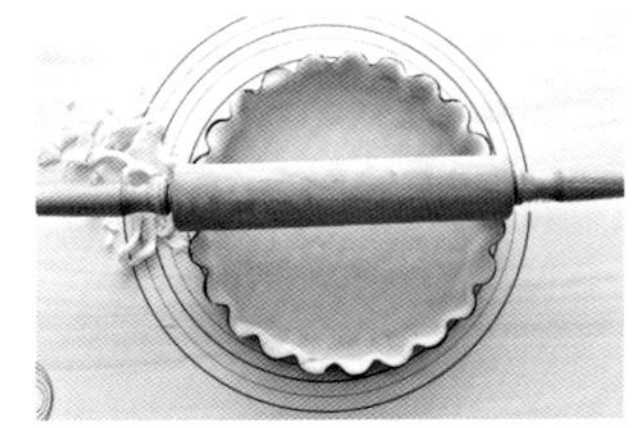

6 반죽을 키슈틀 위에 얹고 밀대로 윗면을 정리한 뒤, 바닥과 가장자리를 꼼꼼하게 눌러 모양을 잡아요.

7 포크로 바닥을 찍어요.

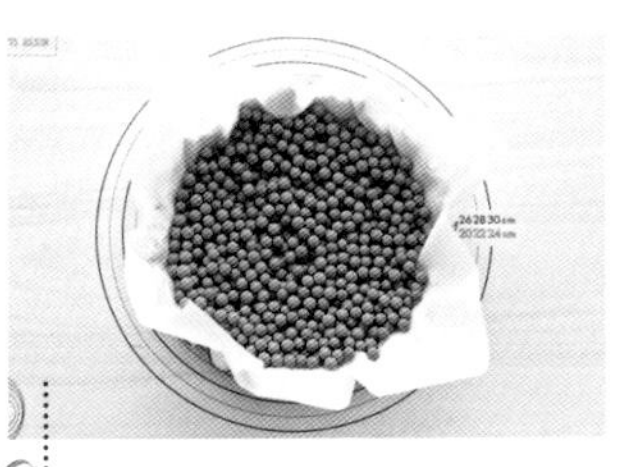

8 반죽 위에 종이포일을 깔고 누름돌을 얹어 180도로 예열한 오븐에서 20분간 구워요.

누름돌이 없다면 단단한 콩이나 팥을 이용해도 좋아요.

9 다 구워진 타르트지는 잠시 식혀요.

10 그 사이, 양파를 채 썰어 버섯과 함께 달군 팬에 볶고, 베이컨 역시 잘게 잘라 달군 팬에 볶은 뒤 키친타월에 얹어 기름을 빼요. 브로콜리와 칵테일 새우는 깨끗이 씻어 물기를 제거합니다.

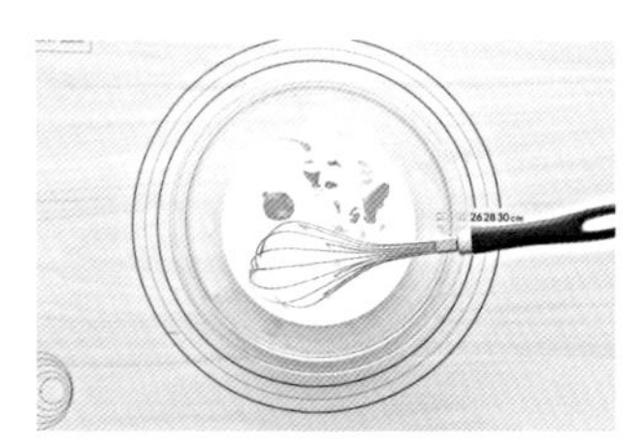

11 볼에 달걀과 노른자를 넣어 멍울이 없도록 섞은 후, 우유와 생크림을 넣어가며 고루 섞어요.

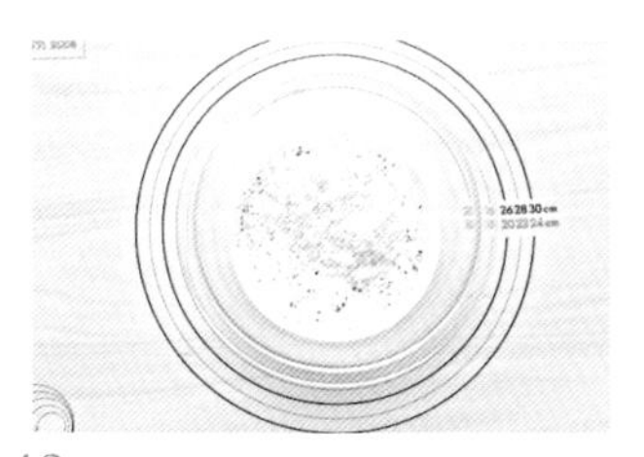

12 파마산 치즈가루와 소금, 후춧가루를 넣어 간을 맞춰요.

13 구워둔 키슈 반죽에 볶아둔 양파와 베이컨, 양송이버섯을 넣어요.

14 미리 만들어둔 블랑을 부어요.

15 윗면에 새우와 브로콜리를 얹고 180도로 예열한 오븐에서 30~35분간 구우면 완성.

키슈는 안에 넣는 재료에 따라 다양한 맛을 즐길 수 있어요. 소시지나 햄, 살라미를 넣거나 토마토나 가지, 호박, 각종 버섯 등 각종 채소를 넣어도 좋답니다.

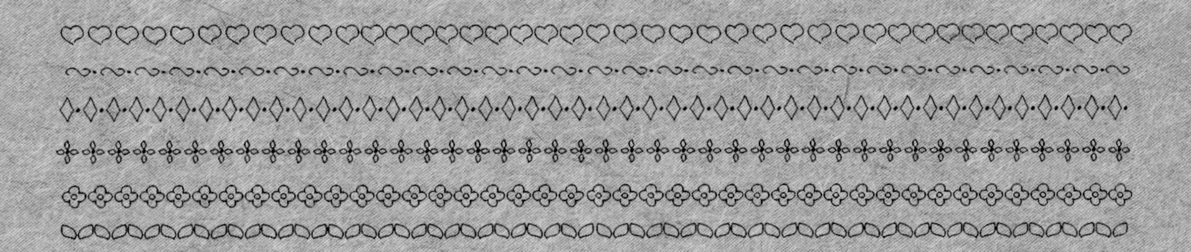

Part 2

특별한 날을 위한 베이킹 캘린더

Baking Calendar

JAN FEB MAR
APR MAY JUN
JUL AUG SEP
OCT NOV DEC

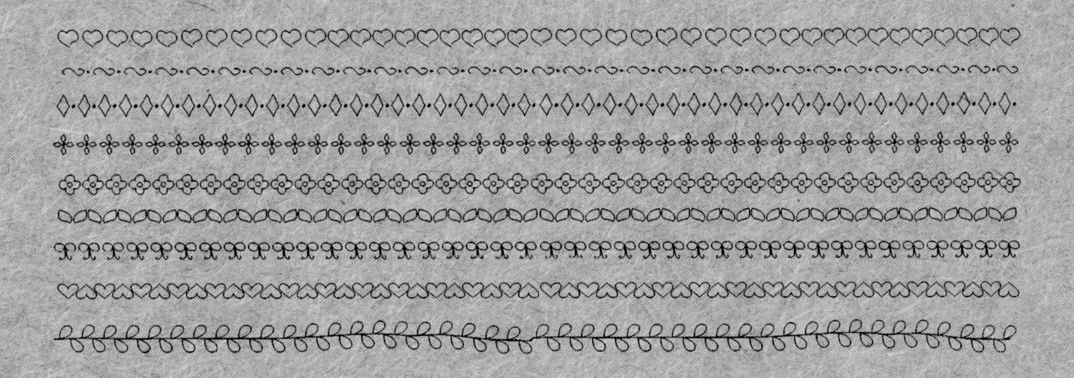

1

JANUARY

행복한 한 해를 기대하는 1월

서른이 훌쩍 넘는 동안 수없이 많은 새해를 맞이했지만, 늘 1월이면 마음이 설렌답니다.
행복은 나누면 배가 된다는 말처럼, 좋은 날 사랑하는 가족들과 함께하면 그 행복은 더 커져요.
오랜만에 모인 친척들과 함께 나눌 쿠키, 가족들의 먹거리를 챙기느라 고생한 엄마에게 살짝 전하는
고소한 파이, 조카들에게 줄 재미난 모양의 미니 케이크, 기름진 명절 음식이 싫증 날 즈음,
입안은 물론 기분까지 상쾌하게 만드는 무스케이크로 행복한 1월을 맞이하세요.

fortune cookies
walnut pie
yut baton cakes
green tea & bean flour mousse cake

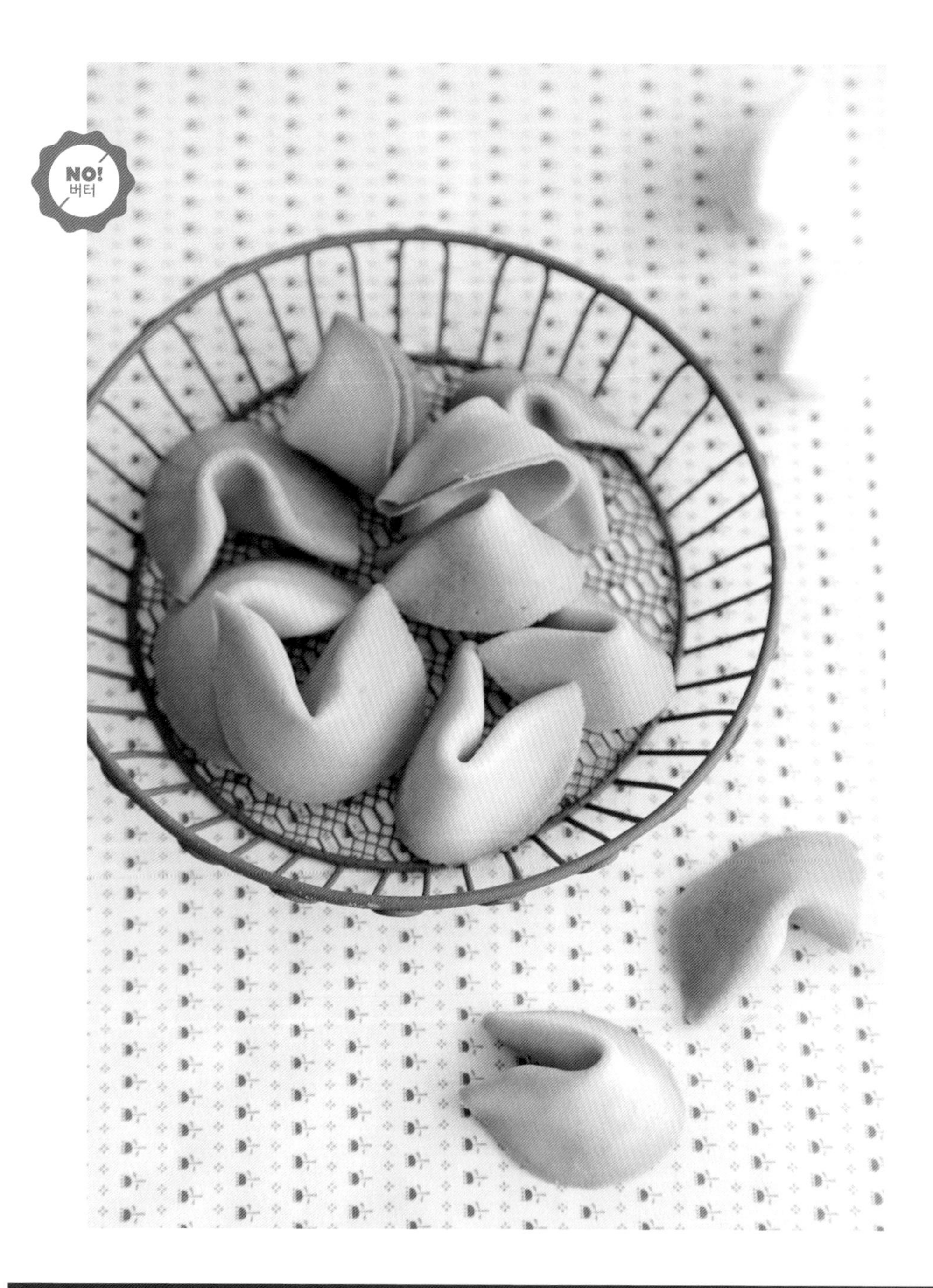

포춘 쿠키

★☆☆

행운의 메시지를 넣은 포춘 쿠키, 행복한 새해를 맞이하는 1월에는 덕담을 담은 포춘 쿠키로 가족들과 따뜻하고 재미있는 시간을 가져보세요!

12개

박력분 40g, 달걀흰자 50g, 포도씨유 15g, 슈거파우더 15g, 설탕 50g, 소금 1g

믹싱볼, 거품기, 체, 숟가락, 테프론 시트, 오븐팬, 도마

 180℃ 10분 

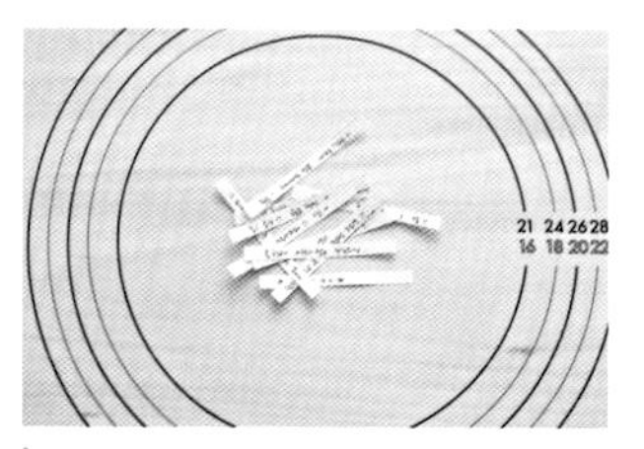

1 종이에 덕담을 적어 포춘 슬립을 준비해요.

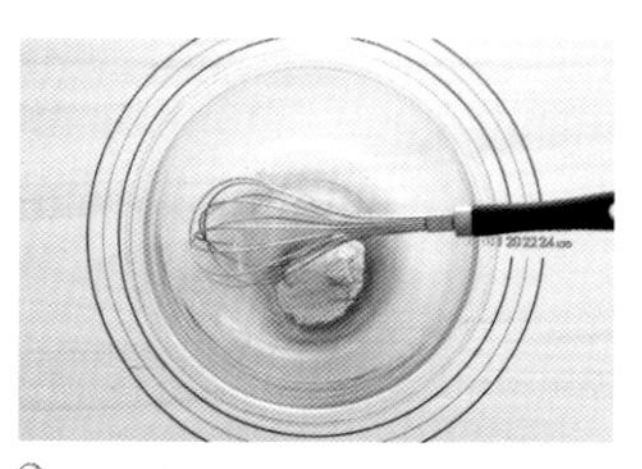

2 포도씨유에 달걀흰자, 슈거파우더, 설탕을 넣어요.

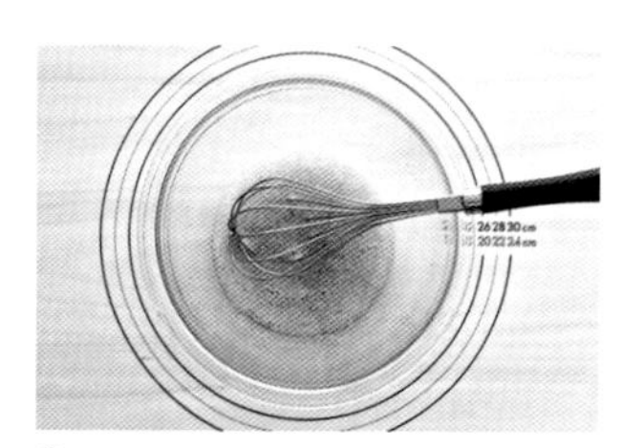

3 설탕이 잘 녹도록 충분히 섞어요.

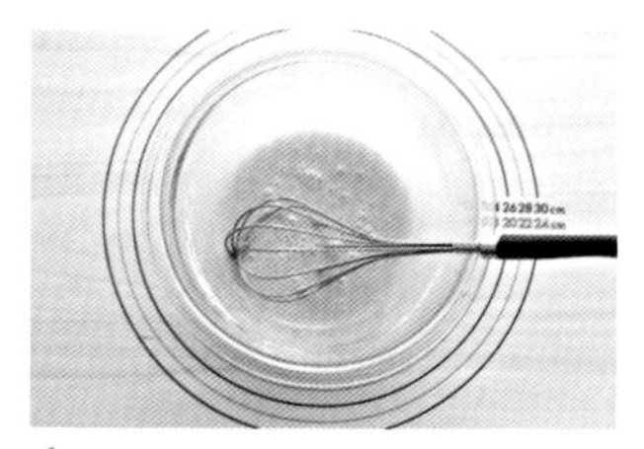

4 미리 체 쳐둔 가루류를 넣고 잘 섞어요.

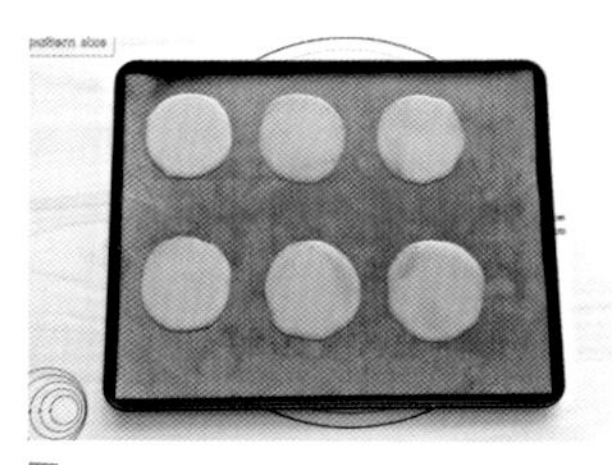

5 시트를 깐 오븐팬에 숟가락으로 반죽을 떠올리면서, 약 10cm 지름의 최대한 얇은 원형을 만들어요.

식으면 금세 딱딱해져서 작업이 어려우므로, 오븐 안에서 재빨리 작업해야 해요.

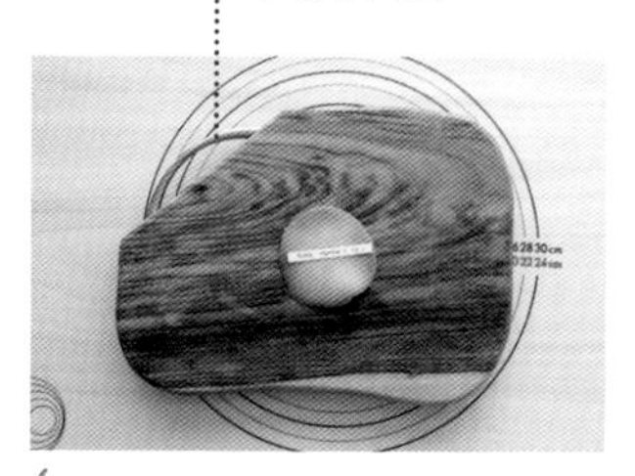

6 180도로 예열한 오븐에서 약 10분간 구운 뒤, 포춘 슬립을 올려요.

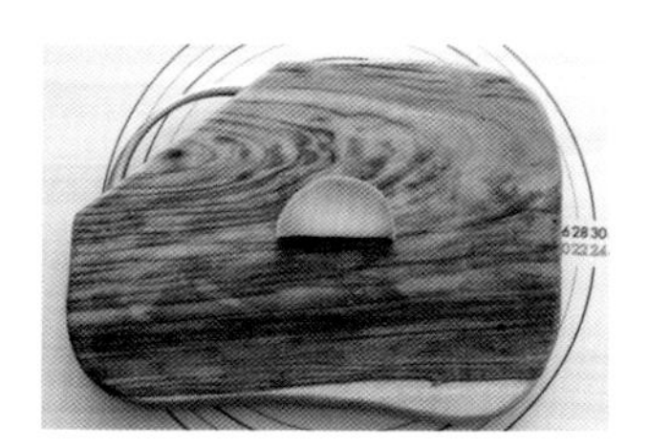

7 반으로 접은 후, 양 끝을 조심스럽게 가운데로 모아요.

8 접은 모양이 유지되도록 잠시 잡아주면 행운의 포춘 쿠키 완성.

포춘 쿠키는 중국 광둥성에서 미국에 이민 간 제빵업자 데이비드 융(David Jung)이 1918년 LA에서 처음으로 소개했는데요.
그 이후 미국이나 유럽 등지의 중국음식점에서 운세가 적힌 쪽지를 넣어 후식으로 나눠주면서부터 유명해졌답니다.
+ 오븐 대신 프라이팬을 이용해서 쿠키를 구워도 좋아요.

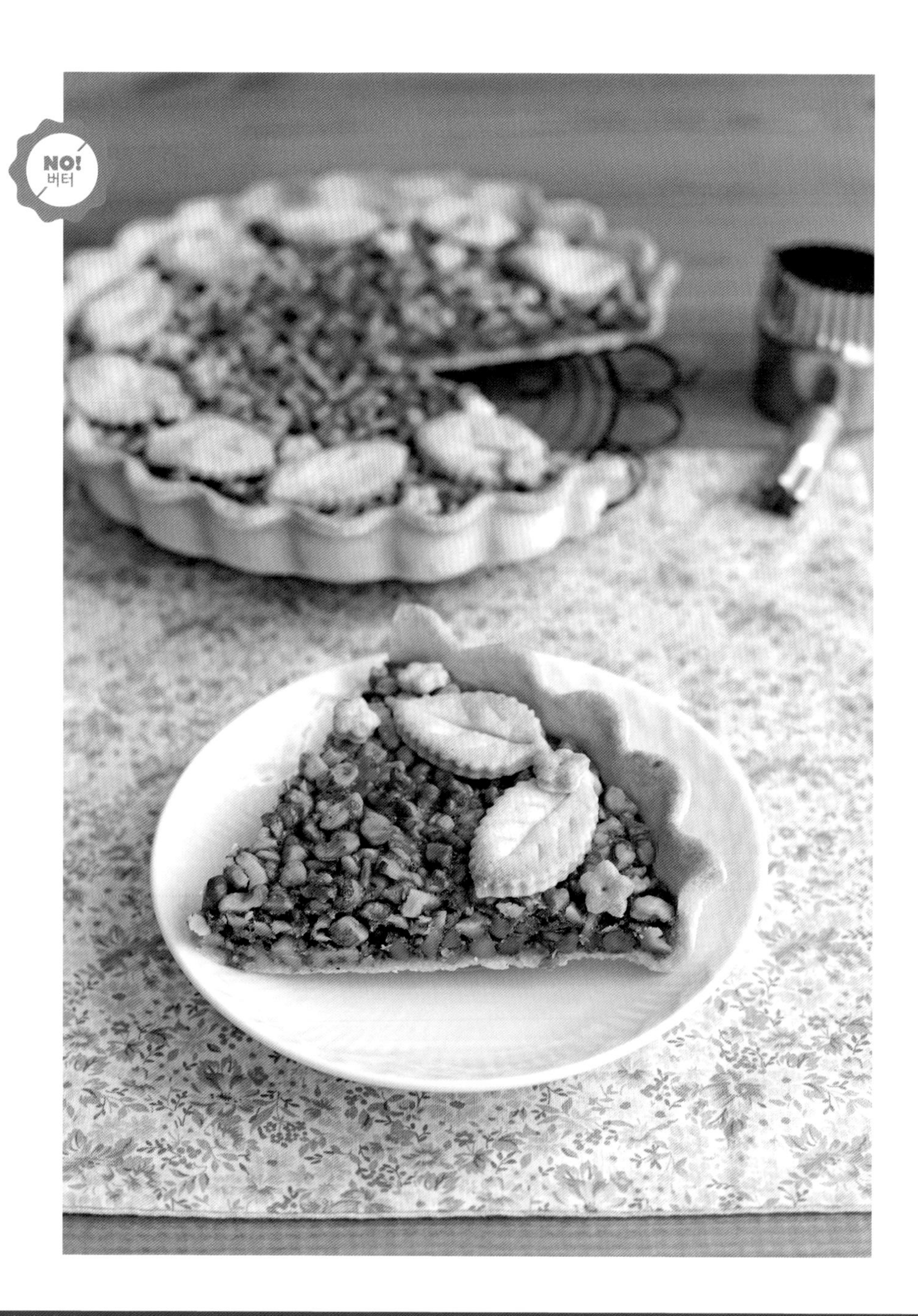

호두 파이

★★☆

파이 중에서도 항상 베스트 아이템인 호두 파이. 견과류가 건강에 좋다는 걸 알면서도 잘 챙겨 먹기란 쉽지 않죠? 두뇌 건강에 좋은 호두를 가득 넣어 아이들 간식으로도, 어른들을 위한 티푸드로도 제격이에요.

파이지 박력분 180g, 아몬드가루 20g, 슈거파우더 20g, 소금 2g, 포도씨유 20g, 차가운 물 30g

필링 달걀 1개, 생크림 30g, 바닐라 익스트랙 1작은술, 계핏가루 1큰술, 다진 호두 100g, 황설탕 15g, 올리고당 30g

믹싱볼, 거품기, 체, 랩, 파이틀, 밀대, 포크, 나뭇잎 모양 쿠키커터, 프라이팬, 식힘망

180℃ 20~25분

1시간 10분
(냉장실 30분 휴지 포함)

1 미리 체 쳐둔 박력분, 슈거파우더, 아몬드가루, 소금을 잘 섞은 뒤, 포도씨유를 넣고 고슬고슬 뭉쳐요.

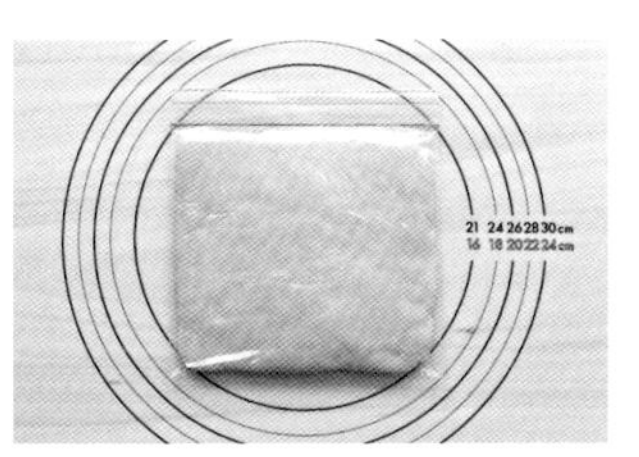

2 분량의 물을 넣고 가볍게 섞은 뒤, 반죽을 한 덩이로 뭉쳐, 랩이나 지퍼팩에 넣어 냉장실에서 30분간 휴지시켜요.

3 그 사이 다진 호두를 기름 없는 프라이팬에 살짝 볶아요.

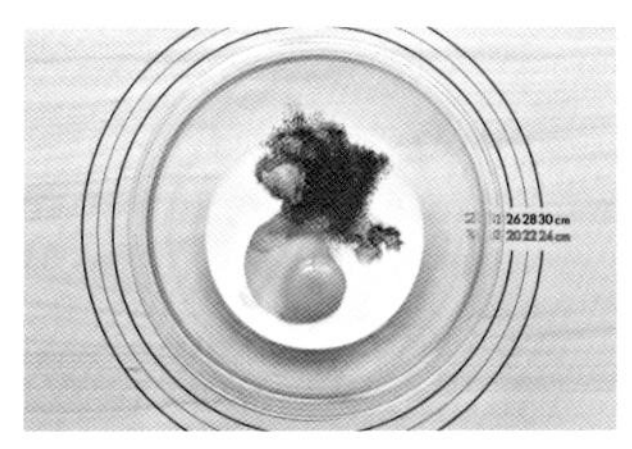

4 볼에 달걀과 생크림, 설탕, 올리고당, 바닐라 익스트랙, 계핏가루를 넣고 잘 섞어요.

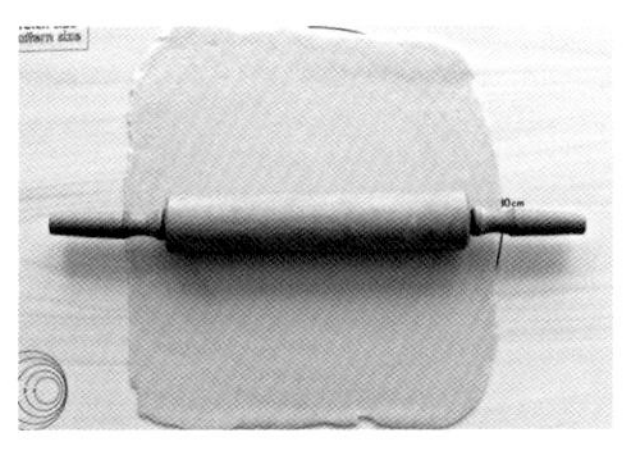

5 휴지가 끝난 반죽을 밀대로 0.3cm 두께로 평평하게 고루 밀어요.

6 얇게 민 반죽을 파이틀에 얹고 손으로 바닥과 옆면을 꾹꾹 눌러준 다음, 가장자리를 정리하고 포크로 파이지 바닥을 찍어요.

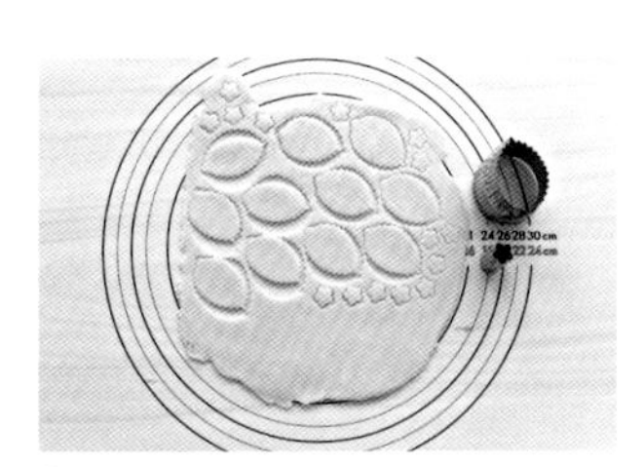

7 파이틀을 만들고 남은 반죽은 다시 뭉쳐 얇게 민 다음, 나뭇잎 모양 쿠키커터로 찍어요.

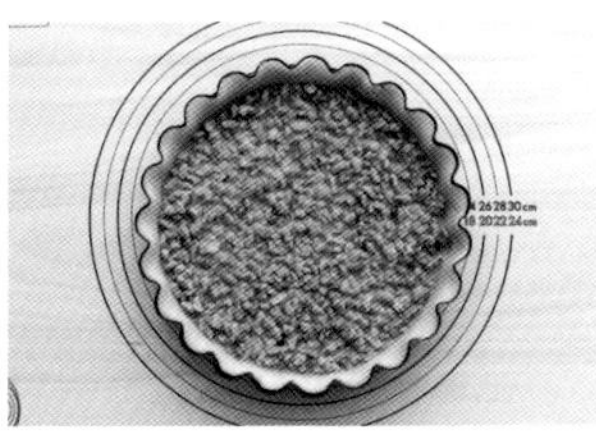

8 다진 호두와 필링을 모두 넣어요.

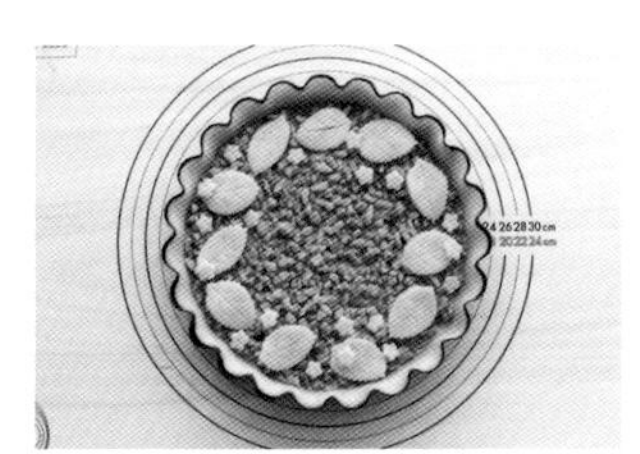

9 나뭇잎 모양 반죽으로 파이 윗면을 장식한 뒤, 180도로 예열한 오븐에서 20~25분간 구우면 완성.

쿠키나 빵, 케이크, 파이를 구울 때, 오븐은 항상 제시된 온도에 맞춰 충분히 예열해야 해요. 충분히 예열된 오븐에서 정해진 시간만큼 구워야 모양이 고르고 맛있어요. 튀김요리도 뜨겁게 달구어진 기름에 반죽을 넣어야 바삭바삭 맛있게 튀겨지듯, 베이킹도 오븐의 예열이 중요하답니다.

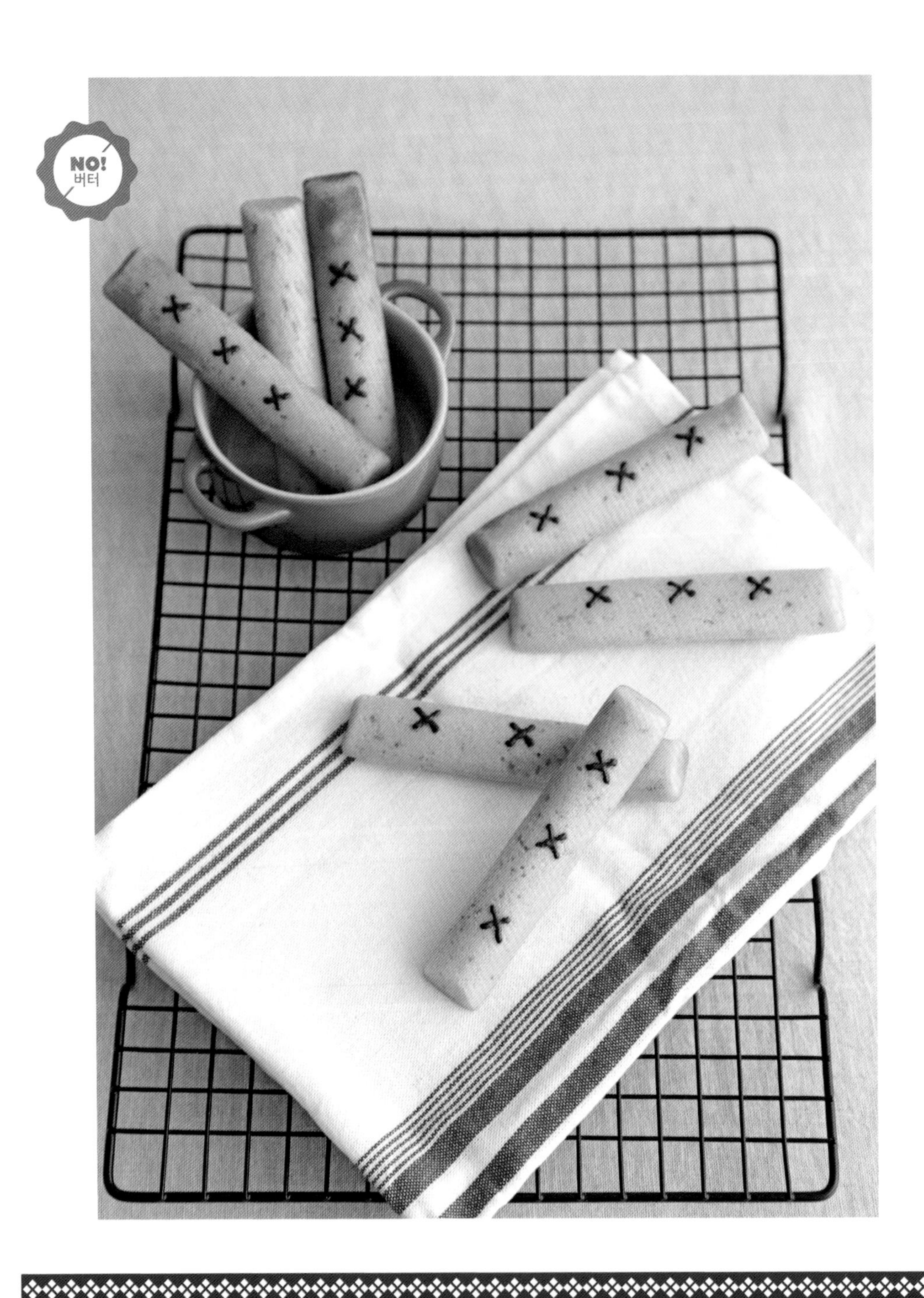

윷 바통케이크

★☆☆

누구나 한번 맛보면 상큼하고 향긋한 향에 먼저 반하고, 촉촉하고 보들보들한 식감에 또 한번 반하는 오렌지 바통케이크예요. 은은하게 퍼지는 시트러스 향에 푹 빠져보세요. 설날에 빠지면 섭섭한 윷 모양을 닮은 재미있는 케이크!

박력분 100g, 아몬드가루 20g, 꿀 15g, 설탕 15g, 달걀 2개, 소금 2g, 베이킹파우더 2g, 오렌지즙 30g, 오렌지 제스트 15g (오렌지 1개 분량), 포도씨유 30g, 초코펜

믹싱볼, 제스터, 거품기, 체, 짤주머니, 바통틀, 브러시, 식힘망

165℃ 12~14분

1시간
(냉장실 30분 휴지 포함)

1 오렌지는 제스터나 강판에 겉껍질을 갈아 준비하고, 과육은 즙을 내요.

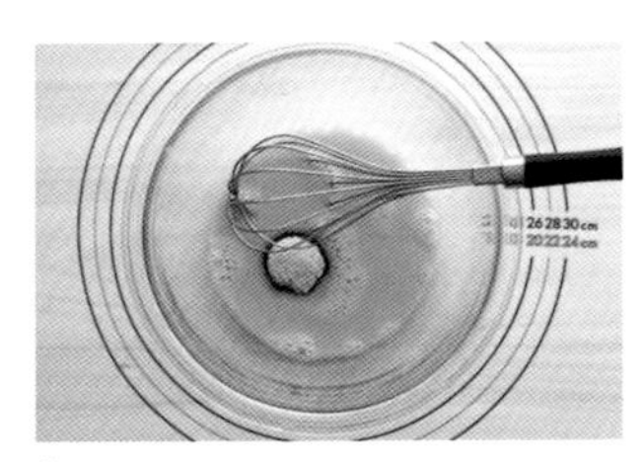

2 믹싱볼에 달걀을 멍울 없이 풀어준 뒤, 설탕과 꿀을 넣고 섞어요.

3 포도씨유, 오렌지 제스트, 오렌지즙을 넣은 뒤 잘 섞어요.

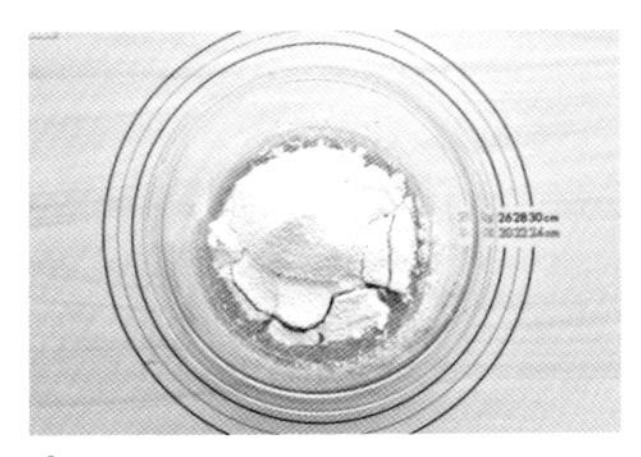

4 미리 체 쳐둔 가루류를 넣어요.

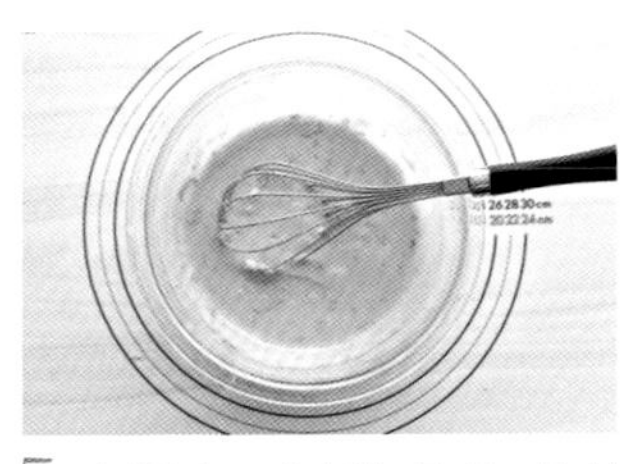

5 날가루가 보이지 않도록 골고루 섞어요.

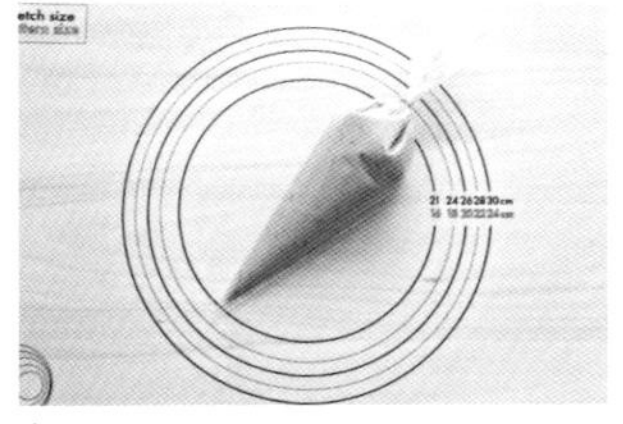

6 반죽을 짤주머니에 넣은 뒤, 윗부분을 묶어 냉장실에서 30분간 휴지시켜요.

오븐마다 시간과 온도가 조금씩 차이 날 수 있어요. 꼬치로 찔러 묻어나는 게 없다면 다 익은 거예요.

7 바통틀에 포도씨유를 소량 꼼꼼히 바르고, 반죽을 80%가량 넣고, 바닥에 탕탕 내리쳐 기포를 뺀 뒤, 165도로 예열한 오븐에서 12~14분간 구워요.

8 식힘망 위에서 한 김 식히고, 초코펜을 이용해서 옻 모양을 만들면 완성.

오렌지 껍질에 잔류물이나 불순물이 남지 않도록 굵은 소금이나 베이킹소다를 이용해 박박 문질러 씻은 뒤, 식초를 한두 방울 떨어뜨린 찬물에 5~10분 정도 담가두면 껍질도 안심하고 먹을 수 있어요.

NO! 버터

NO! 색소

녹차 콩가루 무스케이크

★★☆

따사로운 봄날의 잔디밭이 그리운 계절, 푸릇푸릇 녹차 콩가루 무스케이크로 아쉬운 마음을 달래보세요. 부드럽고 폭신한 녹차 비스퀴와 달콤하고 쌉싸름한 녹차 무스, 고소함의 절정 콩가루 무스가 어우러진 고급 케이크랍니다.

25cm 도요틀 1개

녹차 비스퀴 달걀 2개, 설탕 60g, 박력분 55g, 옥수수전분 5g, 녹차가루 또는 말차가루 10g, 윗면에 뿌려 줄 슈거파우더 약간

녹차 무스 달걀노른자 2개, 설탕 30g, 녹차가루 또는 말차가루 15g, 우유 70g, 생크림 130g, 판 젤라틴 2장

콩가루 무스 달걀노른자 2개, 설탕 30g, 볶은 콩가루 20g, 우유 80g, 생크림 120g, 판 젤라틴 2장

믹싱볼, 핸드믹서, 체, 주걱, 1cm 원형깍지, 짤주머니, 랩, 테프론 시트, 오븐팬, 녹차 크림과 콩가루 크림을 식혀줄 접시, 반달 모양 도요틀, 식힘망, 냄비

180℃ 12~13분

2시간(단계별로 냉동실에서 굳히는 시간 포함)

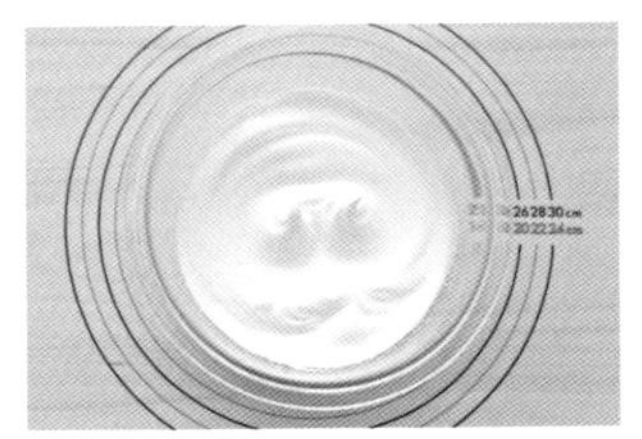

1 달걀은 흰자와 노른자를 분리한 뒤, 달걀흰자에 설탕을 세 번에 나누어 넣어가며 핸드믹서로 거품을 올려 단단한 머랭을 만들어요.

2 단단하고 윤기 나는 머랭이 만들어지면 노른자를 넣고 재빨리 섞어요.

3 미리 체 쳐둔 박력분, 옥수수전분, 녹차가루를 넣고 주걱으로 크게 원을 그려가며 섞어요.

이때 머랭의 거품이 꺼지지 않도록 조심히 섞어요.

4 1cm 지름의 원형깍지를 끼운 짤주머니에 반죽을 담아 시트를 깐 오븐팬에 긴 막대 모양으로 짜요. 윗면에 슈거파우더를 체에 내려 뿌리고, 180도로 예열한 오븐에서 12~13분간 구워요.

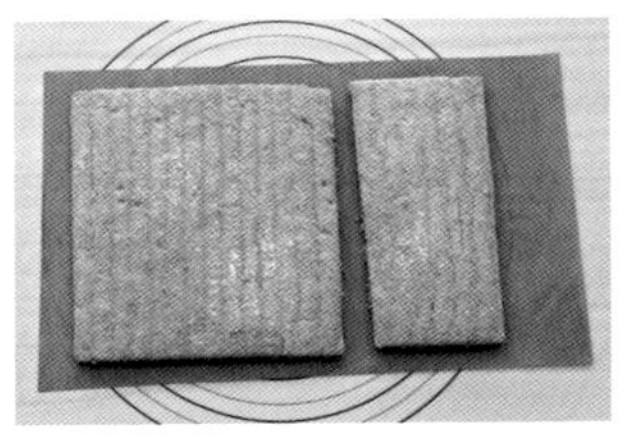

5 오븐에서 꺼내자마자 식힘망에서 식힌 뒤, 틀에 맞춰 직사각형 모양으로 자릅니다.

6 판 젤라틴을 찬물에 5분간 불리고, 우유는 따뜻하게 데워요.

7 달걀노른자에 설탕을 넣고 미색이 될 때까지 저어요.

8 우유와 녹차가루를 노른자에 넣어가며 거품기로 섞어요.

9 8을 냄비로 옮겨 담고, 젤라틴의 물기를 꼭 짜서 넣은 뒤, 약간 되직해질 때까지 끓여요.

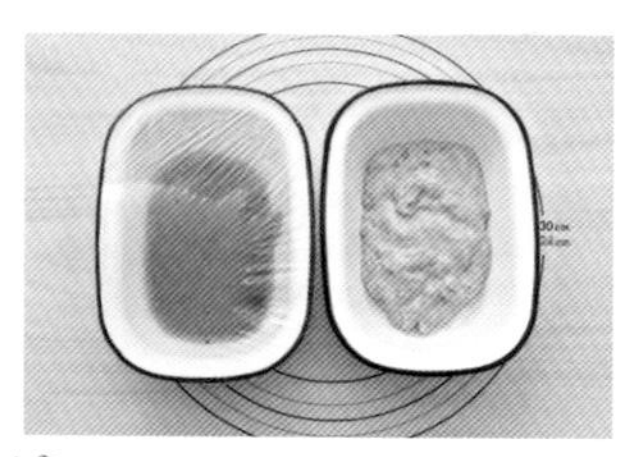

10 랩을 씌워 식혀요. 콩가루 크림도 녹차 크림과 같은 방법으로 만든 뒤, 랩을 씌워 차갑게 식혀요.

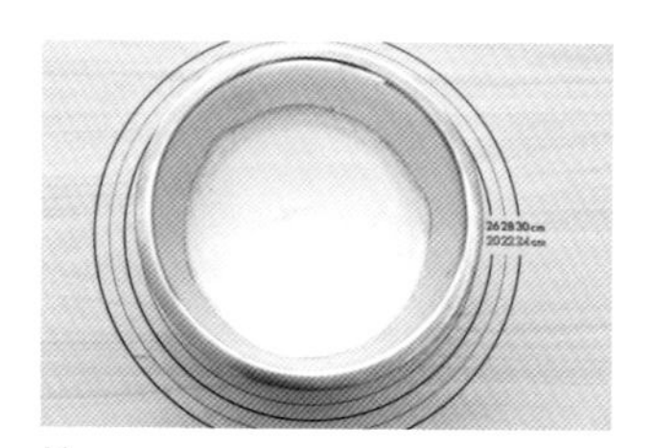

11 생크림을 70~80% 정도로 부드럽게 휘핑해요.

12 식혀둔 콩가루 크림에 휘핑한 생크림을 두 번에 나누어 넣고 부드럽게 섞어 콩가루 무스를 만들어요.

이때 틀의 반 정도만 담기도록 채웁니다.

13 반달 모양의 도요틀에 비스퀴를 깔고, 그 위에 콩가루 무스를 채운 뒤, 냉동실에 잠시 넣어 굳혀요.

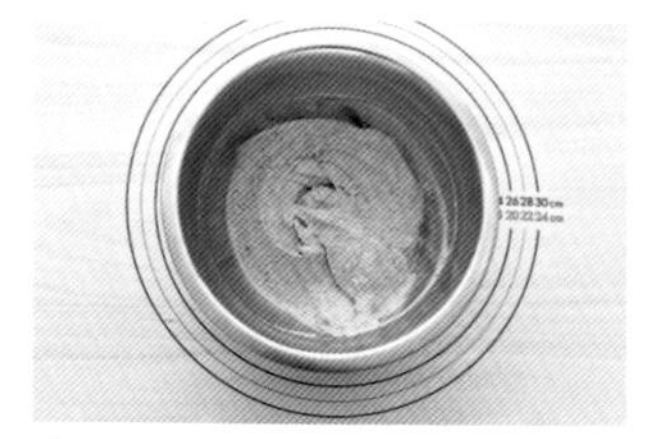

14 부드럽게 휘핑한 생크림에 녹차 크림을 두 번에 나누어 넣고 부드럽게 섞어 녹차 무스를 만들어요.

15 녹차 무스를 올리고, 윗면을 평평하게 정리해요.

16 잘라놓은 비스퀴를 올린 뒤, 비스퀴가 건조되지 않도록 랩을 싸서 냉동실에서 1시간 가량 무스를 완전히 굳히면 완성.

말차가루와 녹차가루 모두 찻잎을 갈아 만든다는 점에서는 동일하지만, 녹차가루는 차광 재배를 하지 않은 녹차의 어린잎을 잎맥까지 포함해 갈아 만든 것으로 입자가 다소 거칠고 황갈색에 가까워요. 반면, 말차가루는 햇차의 새싹이 올라올 무렵 약 20일간 햇빛을 차단한 차 밭에서 재배한 찻잎을 증기로 쪄서 만든 것으로 진녹색을 띠며 무척 고와요. 베이킹할 때 말차가루를 활용하면 색소 없이도 고운 빛깔을 낼 수 있어요.

Plus tip

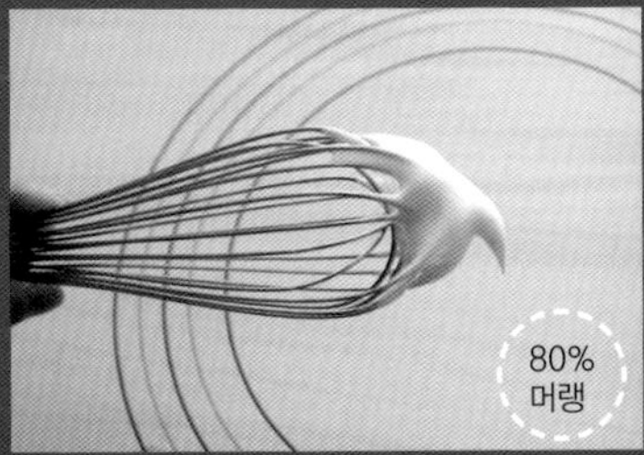

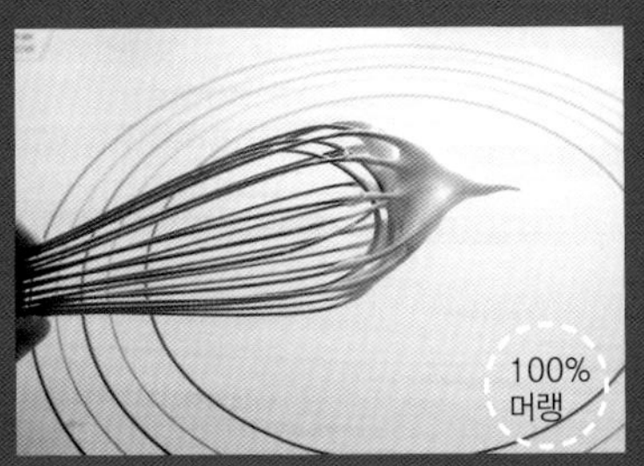

머랭 만들기

how to make meringue

무스케이크의 볼륨감을 살리고, 마카롱의 식감과 모양을 좌우하기도 하는 머랭. 머랭은 달걀흰자에 설탕과 약간의 향료를 넣어 거품을 풍성하게 내는 걸 말하는데요. 머랭의 종류에는 이탈리안 머랭, 스위스 머랭, 프렌치 머랭 등이 있어요.

제가 소개하는 방법은 프렌치 머랭으로 가장 폭넓게 사용해요. 오래된 달걀을 사용하여 머랭을 만들 때는 거품이 제대로 나지 않을 수 있으므로 신선한 달걀을 사용하는 게 좋고, 달걀흰자에 노른자가 조금이라도 섞여 있거나, 믹싱볼이나 핸드믹서에 기름 성분이 묻어있으면 거품이 만들어지지 않으니 조심해야 해요.

그럼, 머랭 만드는 요령을 차근차근 알려드릴게요.

달걀흰자 2개, 설탕 60g

1. 물기가 없는 깨끗한 믹싱볼에 달걀흰자만 따로 분리한 뒤, 설탕도 미리 계량해서 준비해요.
2. 핸드믹서로 고루 저어 거품을 내요.
3. 거품이 일면서 걸쭉한 상태가 되면 전체 설탕 중 ⅓을 넣고 핸드믹서로 계속 저어요.
4. 달걀흰자에 거품이 더 많이 일면 남은 설탕을 두 번에 나누어 넣어가며 충분히 거품을 올려요.
5. 핸드믹서를 들어 삼각뿔이 뾰족하게 생기면 OK.

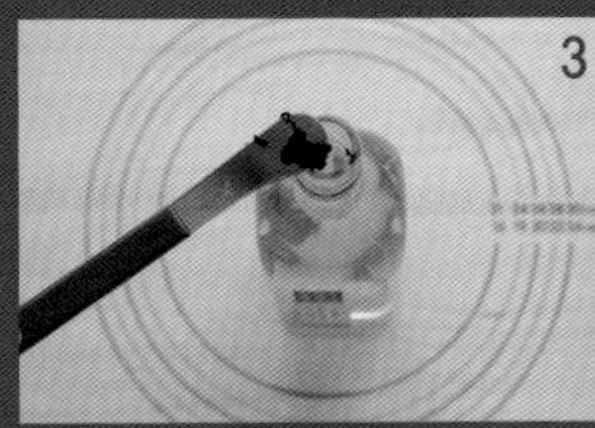

핸드믹서를 들었을 때 뾰족한 뿔이 단단히 서지 않으면 아직 거품이 충분히 일지 않은 것이므로 더 많이 저어야 해요. 하지만 뾰족한 뿔이 생겼는데도 계속 저으면 머랭에 응어리가 생겨 거품이 꺼질 수 있으므로 주의해야 한답니다.

2

FEBRUARY

용기내어 사랑을 고백해요

2월에는 초콜릿보다 더 달콤한 로맨스가 시작됩니다. 직접 만든 초콜릿과 쿠키, 케이크의 온기가
채 식기 전에 내 마음이 그에게 전해지길 간절히 바라며 예쁜 리본을 묶어 포장해요.
사랑한다는 말을 쑥스럽게 전하지 않아도 세상에서 하나뿐인 이 선물을 받는다면,
눈치 없는 그일지라도 내 마음을 금세 알아채지 않을까요?
누군가에게 마음을 담아 보낸다는 건 바로 이런 것.

NO! 버터

컵 티라미수
★☆☆

티라미수는 기분을 좋게 만들어준다는 의미의 이탈리아어인데요. 그윽한 커피 향, 쌉싸름한 코코아가루, 달콤한 크림치즈, 촉촉한 시트가 완벽한 균형을 이뤄 한입 베어 물면 정말로 기분이 좋아지는 달콤한 케이크예요. 이 좋은 기운으로 마음속에만 묻어두었던 짝사랑을 고백해보는 것은 어떨까요?

디저트컵 3개

제누와즈 1장, 무가당 코코아가루, 슈거파우더, 데코화이트(생략 가능)
크림치즈 무스 크림치즈 200g, 생크림 150g, 설탕 30g
커피 시럽 물 50g, 설탕 30g, 인스턴트 커피 1큰술

믹싱볼, 거품기, 체, 주걱, 디저트컵, 브러시, 스패튤러, 스텐실

180℃ 20~25분(제누와즈)

1시간 20분

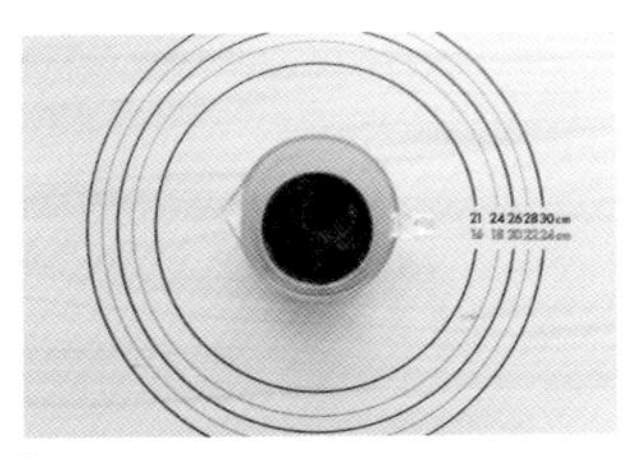

1 따뜻한 물에 설탕을 녹이고 커피 1큰술을 넣고 잘 섞어요.

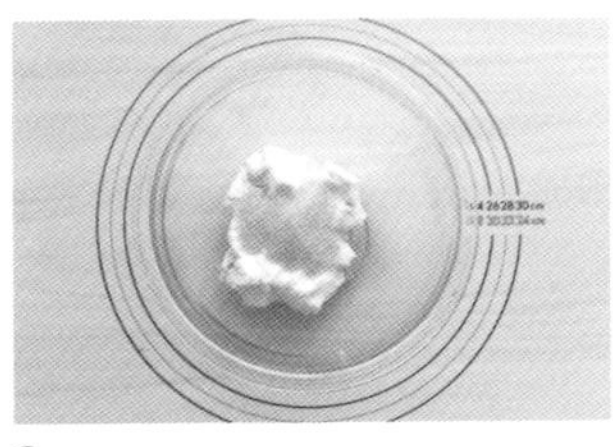

2 믹싱볼에 크림치즈와 설탕을 넣고 섞어요.

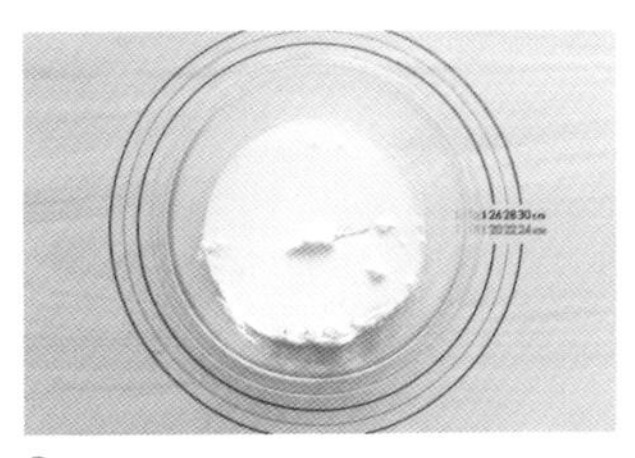

3 생크림을 넣고 섞어요.

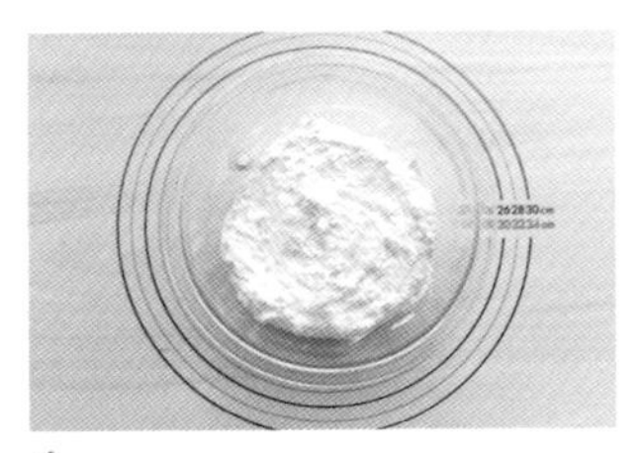

4 부드럽게 잘 섞이도록 휘핑해요.

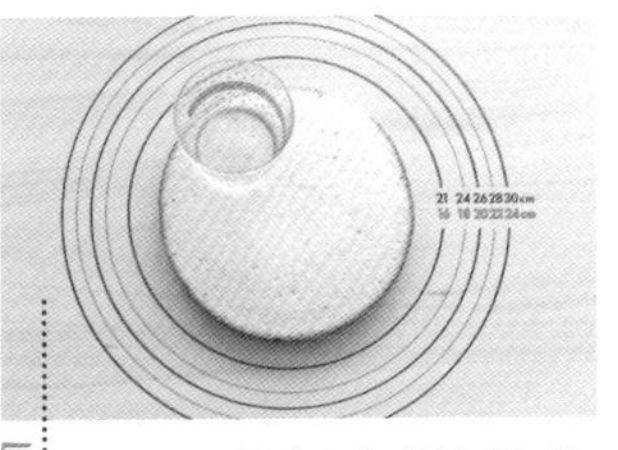

5 1~1.5cm 두께로 슬라이스 된 제누와즈를 디저트컵 밑부분으로 3개, 윗부분으로 3개씩 잘라요.

제누와즈 굽는 방법은 16페이지 참고.

6 컵 밑부분으로 자른 시트를 디저트컵에 넣고, 커피 시럽을 충분히 발라요.

7 시트 위에 만들어둔 크림치즈 무스를 1~1.5cm 높이로 채워요.

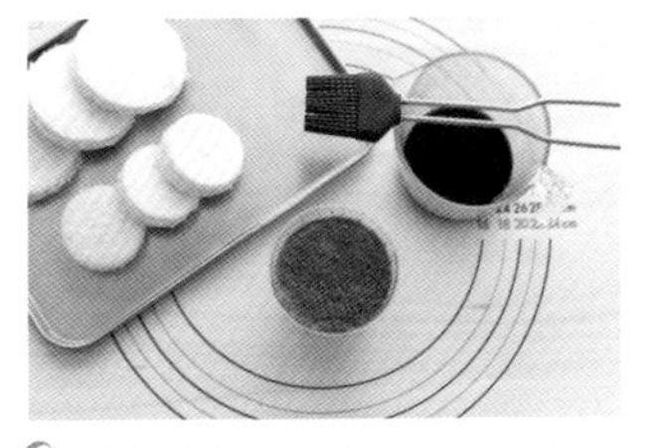

8 컵 윗부분으로 자른 시트를 올린 다음 다시 커피 시럽을 발라요.

9 크림치즈 무스를 컵의 윗면까지 가득 담고, 칼이나 스패튤러로 윗면을 평평하게 만들어요.

10 크림치즈 위에 데코화이트를 뿌려요.

데코화이트는 설탕의 한 종류로, 온도와 습도에 강해 잘 녹지 않아 티라미수 윗면을 장식하는 코코아가루와 슈거파우더가 녹는 걸 방지해요.

11 코코아가루를 골고루 얇게 뿌려요.

12 스텐실을 올리고, 슈거파우더를 살살 뿌린 뒤, 스텐실을 조심조심 떼어주면 완성.

**무스(mousse)는 거품이란 뜻의 프랑스어로, 거품처럼 부드러운 맛을 가진 케이크를 의미하죠.
젤라틴과 생크림, 크림치즈를 굳혀 만들기 때문에 케이크와 아이스크림의 중간 맛이라고 할 수 있어요!
차갑게 먹으면 더 맛있는 쿨 디저트랍니다.**

NO! 백밀가루
Mon Chat Mignon
Chat

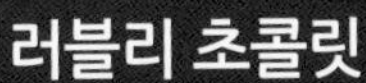

러블리 초콜릿

★☆☆

언젠가부터 저는 발렌타인데이가 가까워지면 어떤 초콜릿을 준비할까 행복한 고민에 빠져요. 올해엔 전사지를 이용해서 간단하면서도 귀여운 초콜릿을 만들어봅니다. 밋밋한 초콜릿의 화려한 대변신!

1.5cm
15개

전사지 1장, 다크 초콜릿 150g, 화이트 초콜릿 100g, 딸기맛 초콜릿 약간

가위, 초콜릿 몰드, 믹싱볼, 중탕용 볼

50분

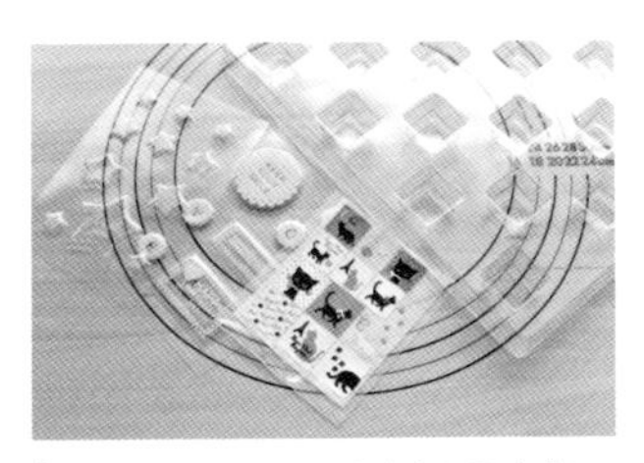

1 원하는 프린트의 전사지를 준비해요.

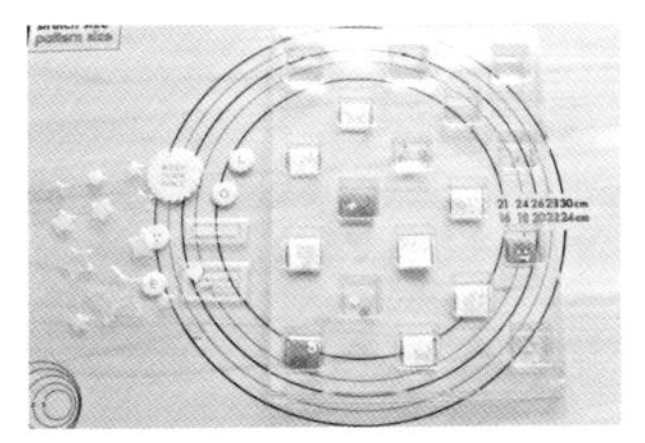

2 초콜릿 몰드에 맞도록 전사지를 잘라, 전사지의 반짝이는 부분이 밑으로 가도록 몰드에 올려요.

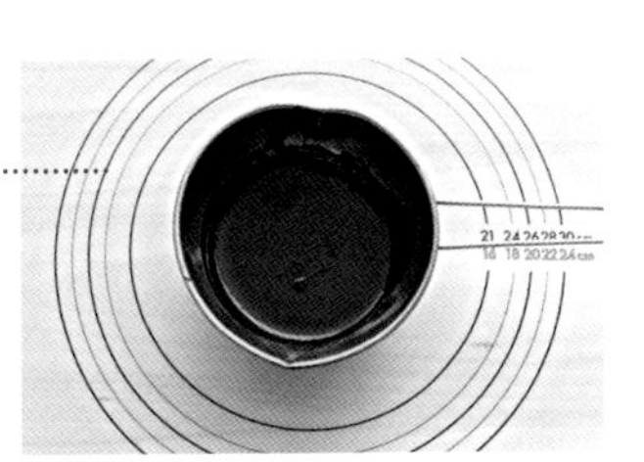

3 초콜릿 담은 그릇을 뜨거운 물 위에 얹어 중탕으로 녹여요.

화이트 초콜릿과 딸기맛 초콜릿도 같은 방법으로 녹여요.

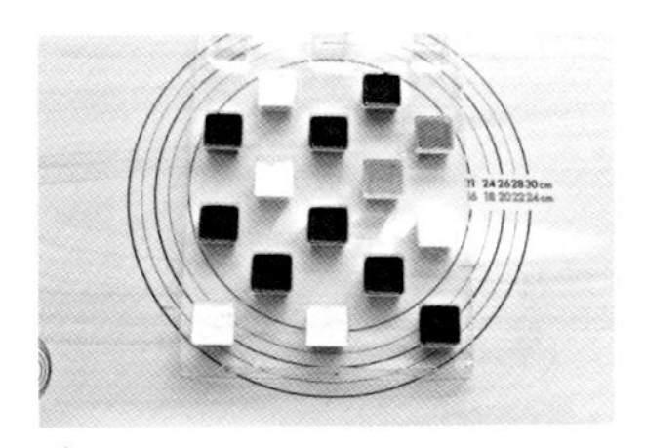

4 중탕으로 녹인 초콜릿을 몰드 안에 채운 뒤 평평하게 해준 다음 굳히고, 초콜릿이 다 굳으면 몰드를 뒤집어 틀에서 조심스레 분리해요.

동글이의 Tip

초콜릿 위의 그림은 전사지로, 설탕으로 만든 것이어서 먹어도 되는 일종의 판박이랍니다. 다양한 프린트의 전사지로 간단하면서도 색다른 초콜릿을 만들어보세요. 국내 베이킹 쇼핑몰은 물론, 아마존 같은 해외 쇼핑몰에서도 구입할 수 있어요.

레드벨벳 롤케이크

★★☆

보기만 해도 황홀해지는 레드벨벳 롤케이크예요. 이 강렬한 레드 케이크에 색소가 전혀 안 들어갔다는 사실이 믿어지세요? 입안으로 천천히 스미는 생크림의 부드러움과 달콤함은 지금 당장에라도 사랑에 빠질 것 같은 느낌이에요.

시트 달걀노른자 4개 + 흰설탕 40g, 달걀흰자 4개 + 흰설탕 40g, 우유 90g, 포도씨유 60g, 박력분 70g, 홍국 쌀가루 20g, 무가당 코코아가루 5g

크림 생크림 150g, 흰설탕 20g, 럼 1작은술(생략 가능)

믹싱볼, 거품기, 핸드믹서, 체, 주걱, 종이포일, 40X30cm 빵팬, 칼, 스패튤러

200℃ 12~13분

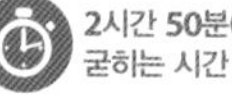

2시간 50분(냉장실 2시간 굳히는 시간 포함)

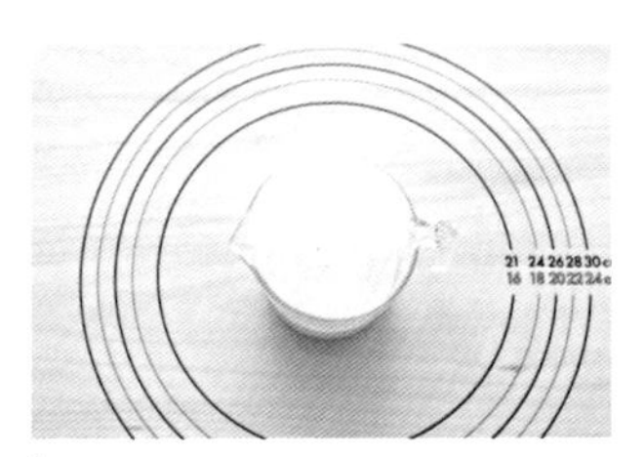

1 우유와 포도씨유를 섞은 뒤, 따뜻하게 데워 준비해요.

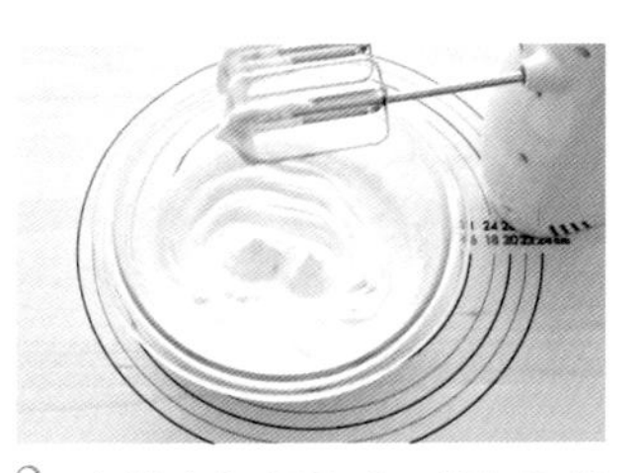

2 달걀흰자에 거품을 내고 설탕 40g을 세 번에 나누어 넣고 뿔이 설 정도의 단단한 머랭을 만들어요.

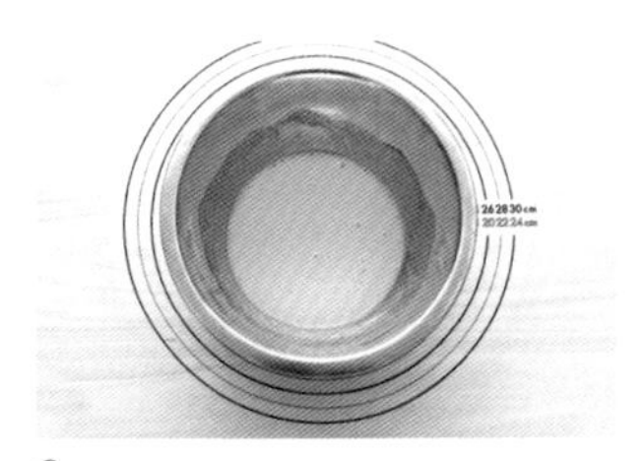

3 다른 볼에 달걀노른자와 설탕 40g을 넣고 미색이 될 때까지 휘핑해요.

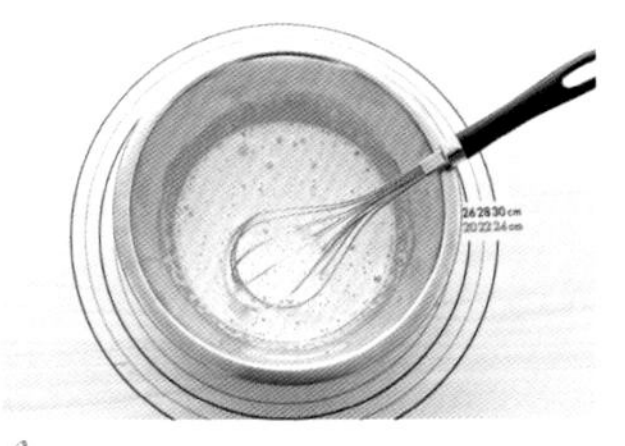

4 3에 1을 넣고 잘 섞어요.

5 미리 체 쳐둔 가루류를 넣고 가볍게 섞어요.

6 만들어둔 머랭을 세 번에 나누어 넣으며 잘 섞어요.

7 반죽이 주르륵 흐르는 정도가 되도록 섞어요.

반죽에 기포가 생기지 않도록 2~30cm 위에서 붓고, 스크래퍼나 주걱으로 윗면을 정리해요.

8 종이포일을 깐 오븐팬에 반죽을 붓고, 윗면을 평평하게 정리해요.

9 200도로 예열한 오븐에서 12~13분 굽고, 식히고 난 뒤 종이포일을 떼어내요.

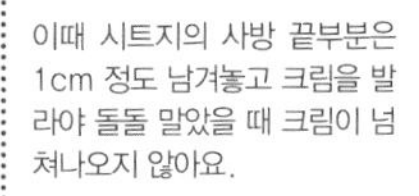

이때 시트지의 사방 끝부분은 1cm 정도 남겨놓고 크림을 발라야 돌돌 말았을 때 크림이 넘쳐나오지 않아요.

10 시트가 식는 사이, 생크림에 흰설탕과 럼을 넣고 단단하게 휘핑한 뒤, 새로 종이포일을 깔고 그 위에 시트를 올린 다음, 시트의 좌우 끝 부분을 사선으로 비스듬히 자른 뒤, 휘핑한 생크림을 발라요.

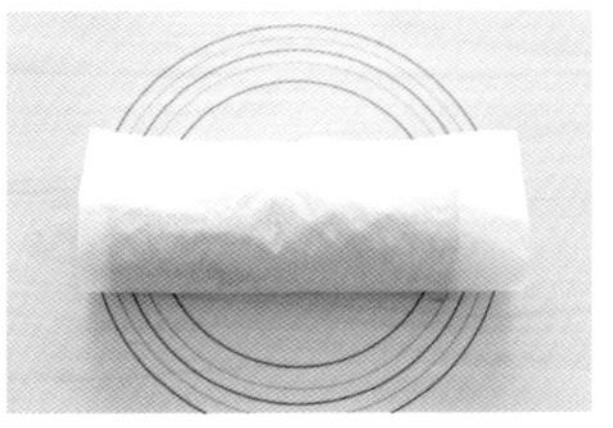

11 김밥 말듯이 돌돌 만 뒤, 종이포일로 감싸고, 냉장실에서 2시간 굳히면 완성.

동글이의 Tip

강렬한 레드 빛으로 여심을 사로잡는 레드벨벳 롤케이크! 색소 없이도 충분히 예쁜 컬러를 낼 수 있어요. 그 비결은 바로 홍국 쌀가루에 있답니다. 홍국 쌀가루란 누룩의 일종인 균을 배양해서 발효시킨 쌀이에요. 홍국균은 독성이 없으며 소화불량과 설사를 다스리고 소화기능까지 튼튼하게 한다니, 이제 붉은 색소 대신 홍국 쌀가루를 이용해보세요.

NO! 버터
NO! 오일
STUDIO M. BAGUETTE

퐁당 오 쇼콜라

★☆☆

한 숟가락 뜨면 뜨거운 초콜릿이 주르륵 흐르는 퐁당 오 쇼콜라. 따뜻하고 달콤해서 여름보다는 쌀쌀한 계절에 더욱 잘 어울리지요. 이름만큼이나 사랑스러운 맛!

수플레컵 2개

달걀 1개, 흑설탕 10g, 바닐라 익스트랙 약간, 다크 초콜릿 70g, 박력분 20g, 무가당 코코아가루 10g, 데코용 슈거파우더 약간, 딸기 약간

믹싱볼, 거품기, 체, 주걱, 수플레컵 또는 머핀컵, 오븐팬

180℃ 8~10분

20분

1 볼에 달걀, 흑설탕, 바닐라 익스트랙을 넣고 거품기로 잘 저어요.

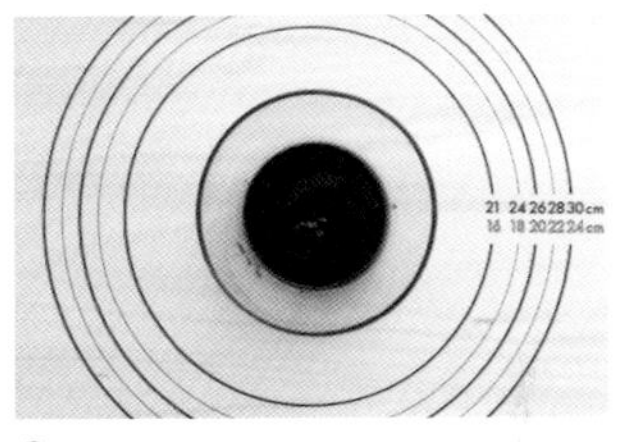

2 다크 초콜릿을 중탕으로 녹이거나 전자레인지에 돌려 녹여요.

3 1에 2를 넣고 재빨리 섞어요.

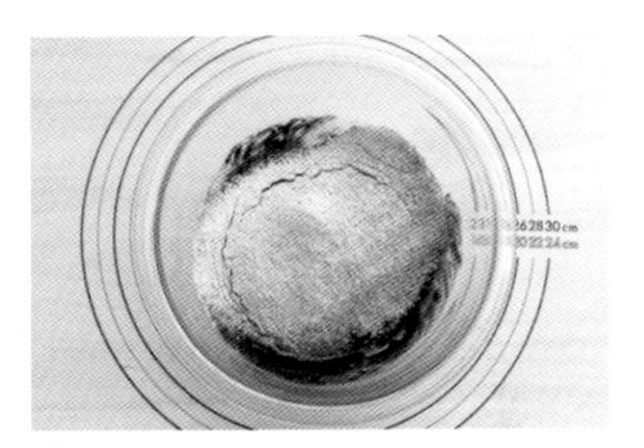

4 미리 체 쳐둔 박력분과 코코아가루를 넣은 뒤, 반죽이 매끈해지도록 스패튤러나 주걱으로 잘 섞어요.

5 수플레컵이나 머핀컵에 반죽을 70~80%가량 넣고, 180도로 예열한 오븐에서 8~10분간 구워요. 다 구워지면 그 위에 슈거파우더를 솔솔 뿌리고, 딸기를 올려 장식하면 완성.

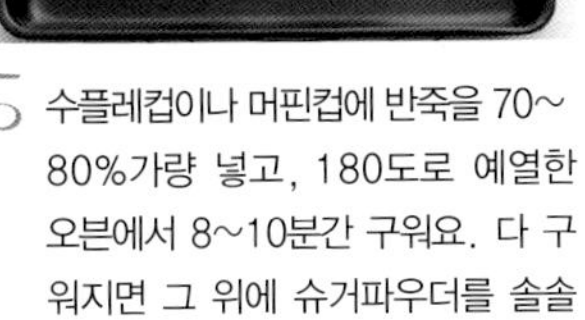

퐁당 오 쇼콜라는 초콜릿이 주르륵 흘러야 제맛이에요. 너무 오래 구우면 특유의 식감이 살지 않으니 윗면이 부풀었을 때, 젓가락이나 이쑤시개로 찔러보아 반죽이 묻어날 정도로만 구워요.
또, 오래 보관하면 초콜릿이 굳어버리니 만들자마자 뜨거울 때 바로 먹는 게 좋아요.

3

MARCH

싱그러운 봄의 시작

봄기운이 느껴지기 시작하는 3월. 겨우내 입었던 두껍고 투박한 외투는 이제 그만 벗고,
하늘하늘한 레이스 원피스를 입을 생각에 마음이 들썩여요.
커튼 사이로 따스한 햇살이 들어오고, 파릇파릇 새싹이 돋는 봄날에는
겨울의 텁텁한 공기를 단번에 바꿔줄 산뜻한 향기와 지친 입맛을 살려줄 새콤달콤함을 접시에 담아내요.
비 갠 봄 하늘같이 싱그러움이 물씬 풍기는 행복한 홈베이킹.

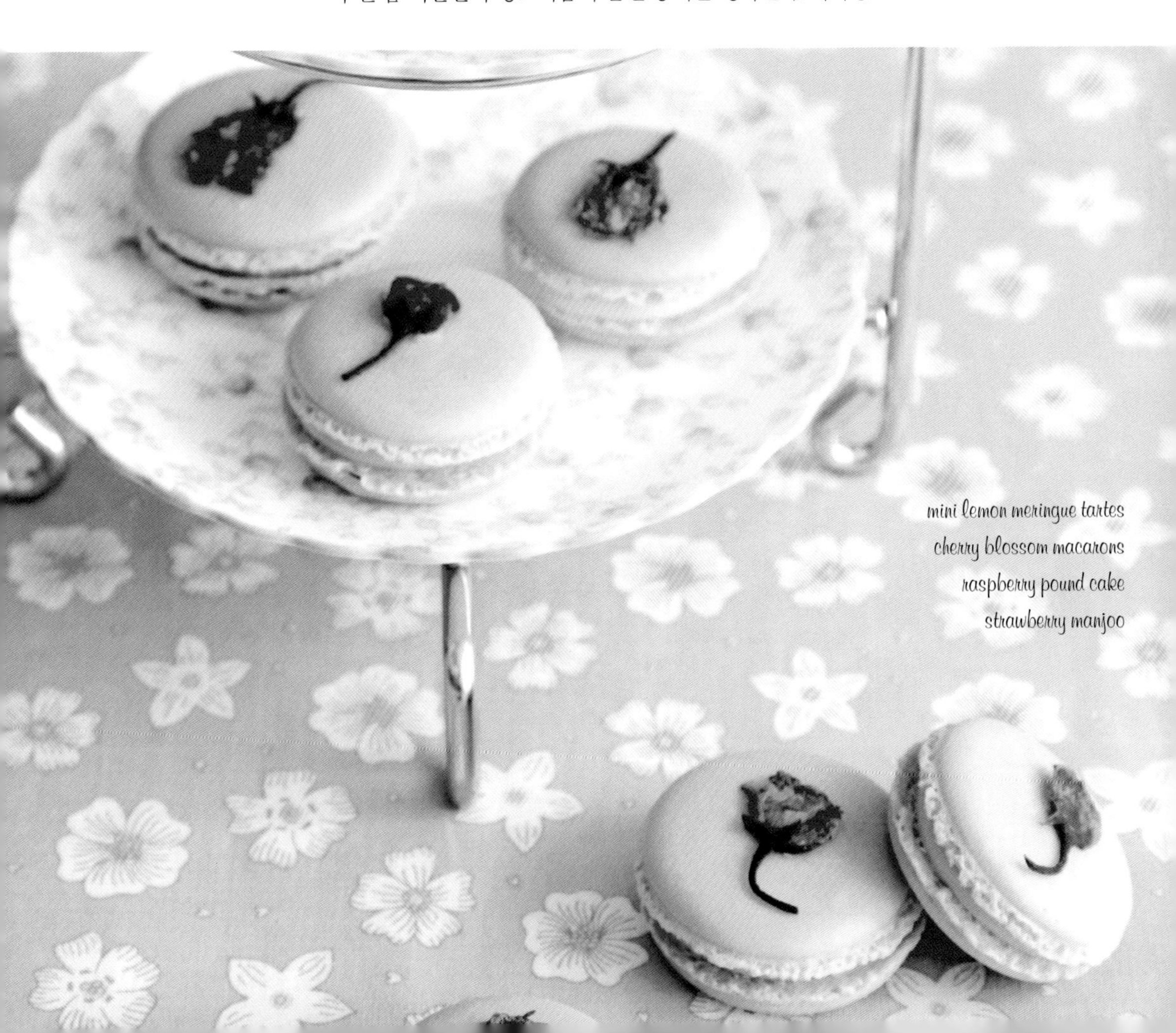

mini lemon meringue tartes
cherry blossom macarons
raspberry pound cake
strawberry manjoo

미니 레몬 머랭 타르트

★★☆

따뜻한 봄날에 어울리는 미니 레몬 머랭 타르트. 레몬은 향기만으로도 상큼함이 물씬 풍기는 과일이죠. 부드러운 머랭과 상큼한 레몬 필링의 만남이 기대되는 미니 레몬 머랭 타르트. 사랑하는 사람들에게 전하면 고급스럽고 감각 있는 선물이 될 거예요.

12개

타르트지 박력분 180g, 아몬드가루 20g, 슈거파우더 20g, 소금 2g, 포도씨유 20g, 차가운 물 30g

필링 크림치즈 250g, 설탕 50g, 레몬즙 1큰술, 달걀노른자 2개, 레몬 제스트 1개 분량

머랭 달걀흰자 2개, 설탕 50g, 바닐라 익스트랙 ¼작은술

믹싱볼, 핸드믹서, 체, 밀대, 원형 쿠키커터, 머핀틀, 포크, 원형깍지, 별 모양 깍지, 짤주머니, 가스 토치

180℃ 12분

1시간 20분

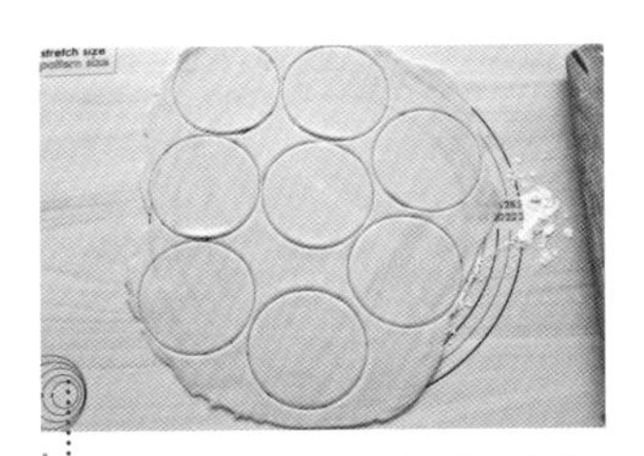

1 휴지시킨 타르트 반죽을 밀대로 0.2~0.3cm 두께로 밀고, 원형 쿠키커터를 이용해 모양을 내요.

타르트지 만드는 법은 17페이지 참고.

2 머핀틀에 반죽을 밀착시키고 바닥을 포크로 찍어 숨구멍을 만들어 180도로 예열한 오븐에서 12분간 구운 뒤, 틀에서 분리해 식혀요.

3 그 사이, 레몬을 깨끗이 씻고, 껍질은 제스터로 갈아 준비하고, 레몬즙을 짜요.

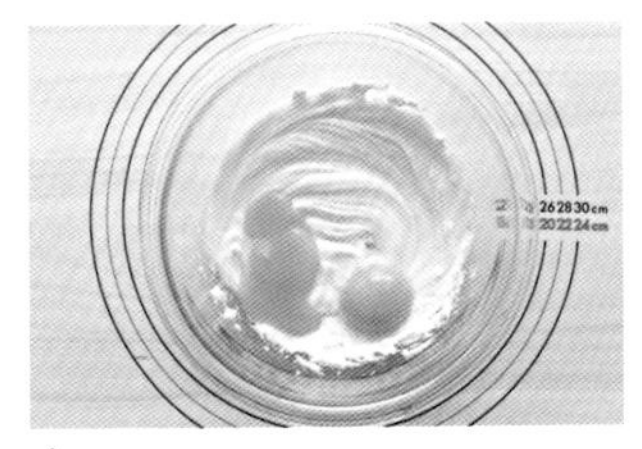

4 실온 상태의 크림치즈에 설탕을 넣어 부드럽게 풀어주고, 달걀노른자를 넣고 고루 섞어요.

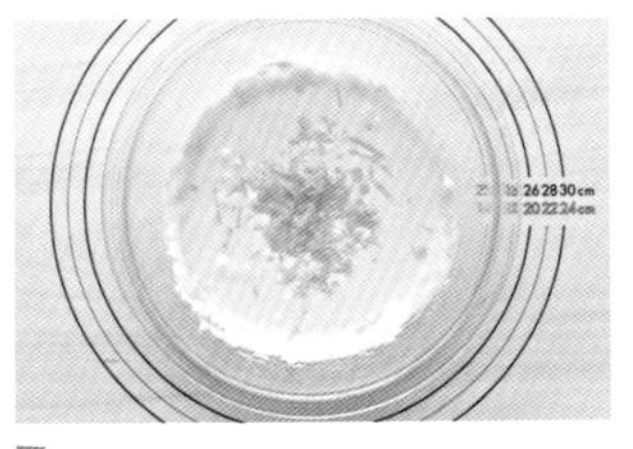

5 레몬즙과 레몬 제스트를 넣고 섞어요.

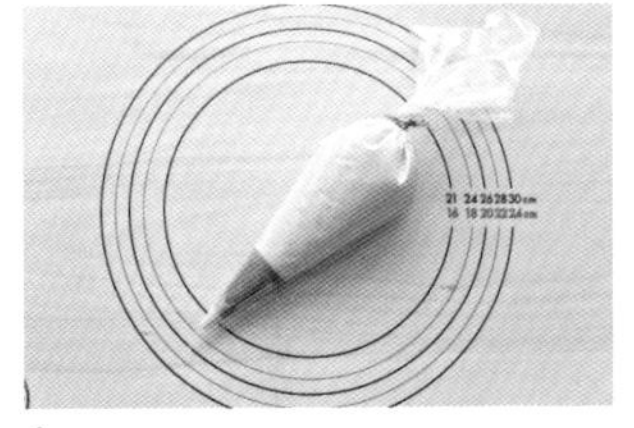

6 원형깍지를 끼운 짤주머니에 크림치즈 필링을 담아요.

7 식혀둔 타르트에 필링을 채워 넣고, 냉장실에서 차갑게 보관해요.

8 다른 볼에 달걀흰자를 넣고 거품기로 단단하게 머랭을 올려요.

중간에 바닐라 익스트랙을 넣으면 달걀 특유의 비린향을 제거할 수 있어요.

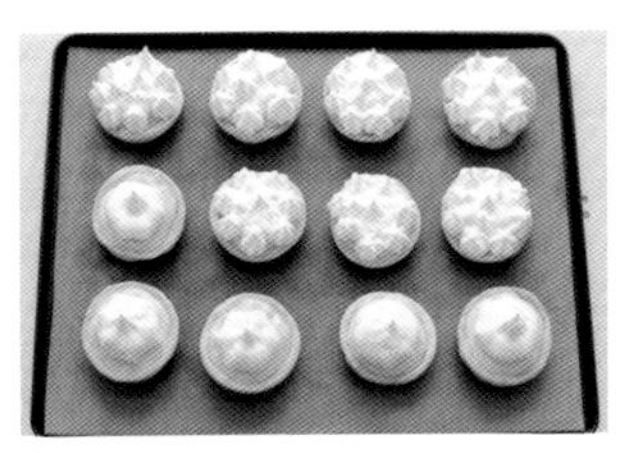

9 머랭을 모양 깍지를 끼운 짤주머니에 담아 짜면서 타르트 위에 자연스럽게 올려요. 190도로 예열한 오븐에서 4~5분 굽거나, 가스 토치를 이용해 머랭을 그을리면 완성.

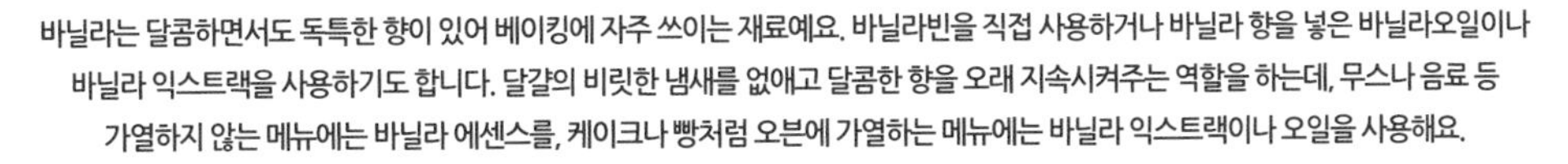

바닐라는 달콤하면서도 독특한 향이 있어 베이킹에 자주 쓰이는 재료예요. 바닐라빈을 직접 사용하거나 바닐라 향을 넣은 바닐라오일이나 바닐라 익스트랙을 사용하기도 합니다. 달걀의 비릿한 냄새를 없애고 달콤한 향을 오래 지속시켜주는 역할을 하는데, 무스나 음료 등 가열하지 않는 메뉴에는 바닐라 에센스를, 케이크나 빵처럼 오븐에 가열하는 메뉴에는 바닐라 익스트랙이나 오일을 사용해요.

벚꽃 마카롱

★★☆

핑크빛 사랑을 꿈꾸는 계절, 겨우내 말라붙었던 벚나무에 여린 핑크빛 꽃이 뒤덮이면 내 마음도 온통 핑크빛으로 물들어요. 한없이 달콤하고 따뜻할 것만 같은 봄의 햇살을 벚꽃 마카롱과 함께해요.

10~12개

꼬끄 달걀흰자 32g, 흰설탕 27g, 아몬드가루 39g, 슈거파우더 43g, 딸기가루 4g
화이트 가나슈 화이트 코팅 초콜릿 50g, 생크림 50g, 벚꽃 리큐르 1작은술, 버터 1작은술 **데코** 벚꽃 절임, 화이트 초콜릿 약간

믹싱볼, 핸드믹서, 체, 주걱, 냄비, 1cm 원형깍지, 짤주머니, 종이포일, 오븐팬, 식힘망

150℃ 12~14분

1시간 10분

1 달걀흰자에 거품이 생기도록 휘핑한 뒤, 설탕을 세 번에 나누어 넣어요.

2 핸드믹서를 이용해서 단단한 뿔이 설 정도의 머랭을 만들어요.

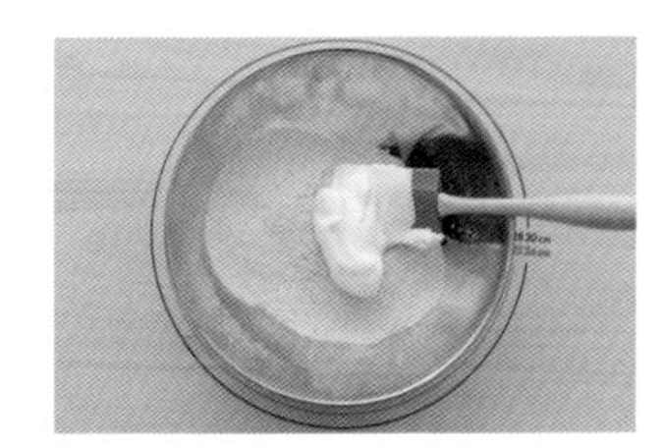

3 미리 체 쳐둔 아몬드가루, 슈거파우더, 딸기가루에 머랭을 세 번에 나누어 넣는데, 먼저 ⅓만 넣고 주걱으로 안에서 바깥으로 뒤집듯이 크게 원을 그리며 고루 섞어요.

4 나머지 머랭도 차례로 넣고 반죽에 윤기가 생길 정도로 고루 섞어요.

주걱으로 볼 가장자리에 있는 반죽을 누르면서, 머랭을 가라 앉히는 작업을 마카로나쥬라고 하는데, 이 과정이 매우 중요하답니다.

5 반죽에 윤기가 돌고, 떨어뜨렸을 때 계단 형태가 유지되면 OK.

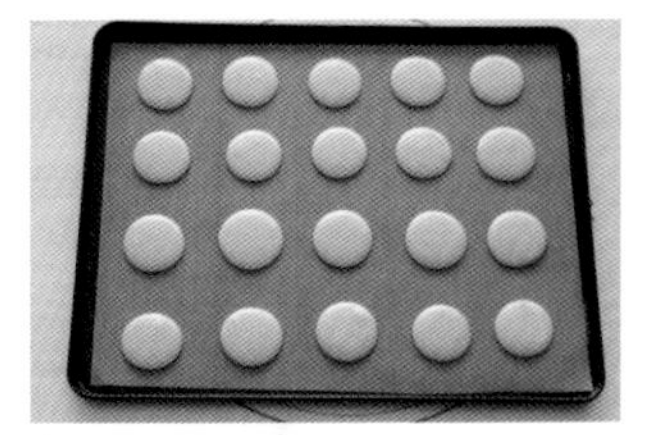

6 1cm 원형깍지를 끼운 짤주머니에 반죽을 담고, 종이포일이나 시트를 깐 오븐팬에 지름 4cm 정도로 짜요.

7 윗면을 만졌을 때 묻어나는 것이 없도록 실온에서 30분간 건조한 뒤, 150도로 예열한 오븐에서 12~14분간 구워요.

8 그 사이 생크림에 화이트 초콜릿을 넣고 끓이면서 녹여요.

9 벚꽃 리큐르와 버터를 살짝 넣고 잘 섞어요.

버터는 가나슈가 잘 굳도록 하기 위해 넣어주는데 생략해도 무방해요.

10 구워진 마카롱 꼬끄를 비슷한 크기끼리 짝 맞추고, 화이트 가나슈를 짤주머니에 담아 한쪽 면에 짜서 샌딩해요.

11 마카롱의 윗면에 화이트 초콜릿을 살짝 묻혀, 말린 벚꽃을 올려주면 완성.

벚꽃 절임은 물에 담가 염분을 제거한 뒤, 키친타월에 올려 수분을 말려 사용해요.
벚꽃 절임은 아마존이나 라쿠텐 같은 해외 사이트에서 구입할 수 있어요.

라즈베리 파운드케이크

★★☆

루비처럼 빛나는 새빨간 라즈베리가 왠지 모르게 산뜻한 봄날과 어울려요. 촉촉한 생크림 파운드케이크에 새콤달콤한 라즈베리가 듬뿍! 눈과 입이 행복해지는 어여쁜 케이크랍니다.

파운드케이크 달걀 3개, 설탕 95g, 박력분 90g, 아몬드가루 20g, 베이킹파우더 2g, 바닐라 익스트랙 1작은술, 생크림 120g
산딸기 글레이즈 산딸기 퓌레 160g, 설탕 90g
아이싱 슈거파우더 120g, 레몬즙 3작은술
그 외 데코용 산딸기 약간, 다진 피스타치오 또는 녹차 쿠키 크런치 약간

믹싱볼, 슬림 파운드틀, 냄비, 거품기, 체, 주걱, 오븐팬, 식힘망, 브러시, 숟가락

170℃ 20~25분

1시간 20분

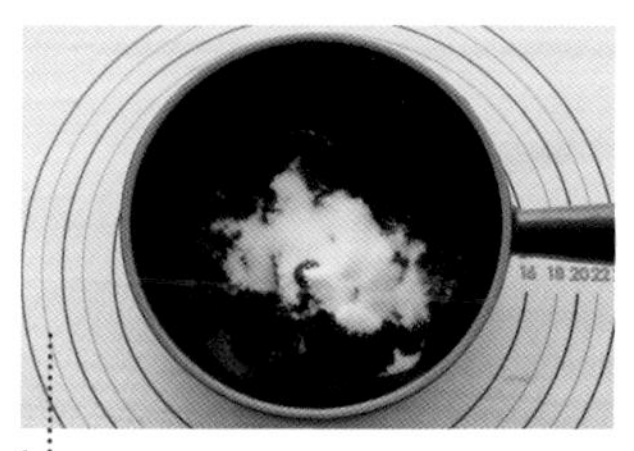

1 산딸기 퓌레 160g에 설탕 90g을 넣고 약한 불에서 5분간 조려요.

⅔는 케이크 윗면을 발라줄 거라 미리 덜어놓고, 나머지 ⅓은 반죽 안에 필링으로 채워 넣을거라 잼 정도의 농도가 될 때까지 끓여요.

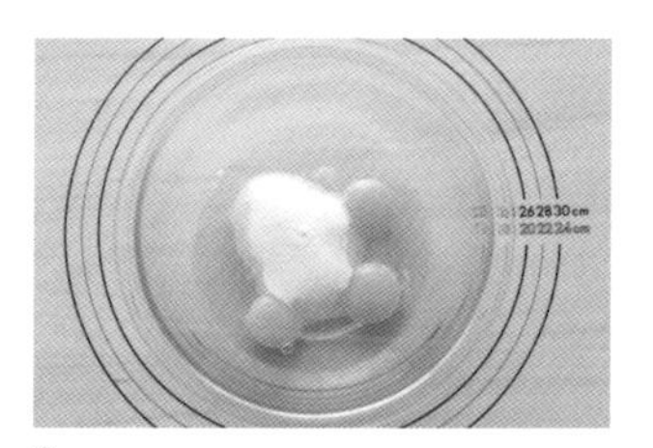

2 볼에 달걀, 설탕, 소금을 넣고 설탕이 녹을 때까지 잘 저어요.

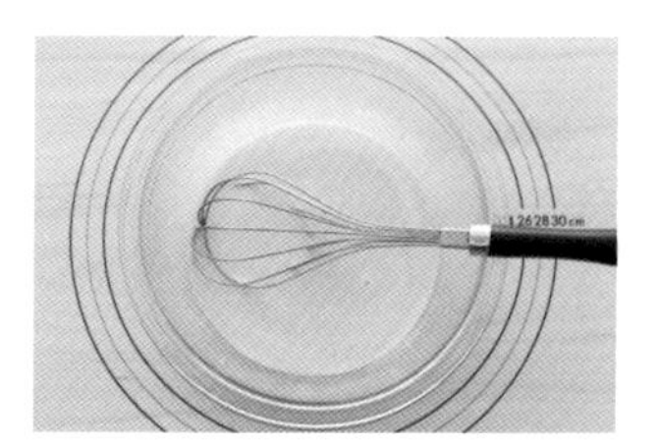

3 바닐라 익스트랙과 생크림을 붓고 1분간 저어요.

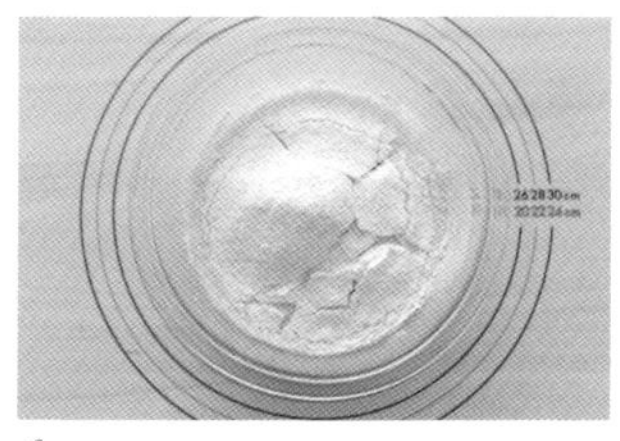

4 미리 체 쳐둔 가루류를 넣고 잘 섞어요.

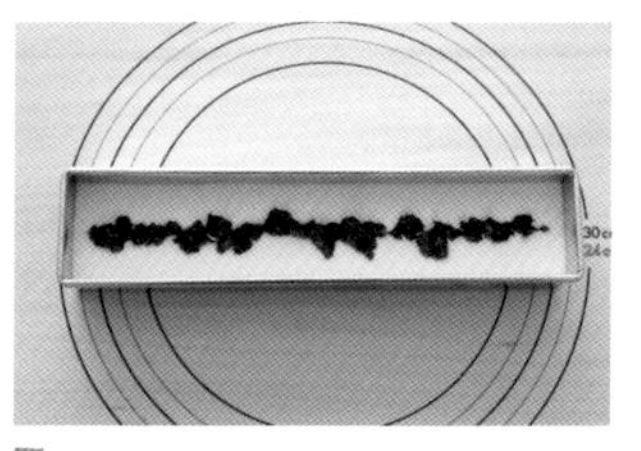

5 파운드틀에 반죽을 반 정도 채운 다음, 1에서 되직하게 끓인 산딸기 퓌레를 넣어요.

6 팬의 90% 정도 반죽을 채우고, 윗면을 평평하게 해요.

7 170도로 예열한 오븐에서 20~25분간 구운 뒤, 틀에서 분리하고, 부풀어 오른 부분이 바닥으로 가게 뒤집어서 식힘망 위에서 완전히 식혀요.

8 1에서 만들어둔 산딸기 글레이즈를 골고루 발라요.

9 슈거파우더에 레몬즙을 넣고 아이싱을 만들어요.

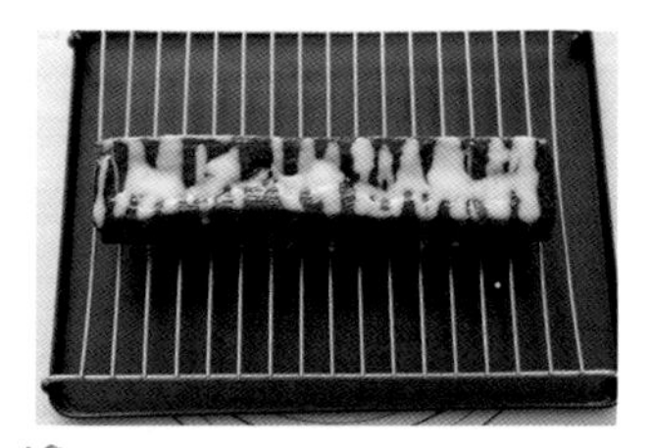

10 산딸기 글레이즈가 어느 정도 굳으면, 숟가락을 이용해 아이싱을 뿌려요.

11 산딸기와 다진 피스타치오 또는 녹차 쿠키 크런치로 장식하면 완성.

산딸기 글레이즈 위에 뿌려줄 아이싱은 너무 묽으면 모양이 살지 않아요.
살짝 뻑뻑하다 느껴질 정도로 되직해야 자연스럽게 흘러내리는 듯한 모양이 나고, 금세 굳는답니다.

딸기 만주
★★☆

어른 아이 할 것 없이 누구나 좋아하는 만주. 곱고 부드러운 앙금에 다진 견과류를 가득 넣어 자꾸만 손이 가죠. 만주는 틀을 이용해 만들기도 하고, 병아리나 밤 등 다양한 모양으로 빚어도 재미있지만, 오늘은 봄에 어울리는 딸기로 변신!

15개

달걀 50g, 설탕 50g, 소금 2g, 올리고당 10g, 포도씨유 10g, 백앙금 300g, 다진 견과류 80g
백련초 반죽 박력분 120g, 백련초가루 8g, 베이킹파우더 2g
녹차 반죽 박력분 30g, 녹차가루 2g

믹싱볼, 거품기, 체, 랩, 꽃잎 모양 쿠키커터, 쟁반, 테프론 시트, 오븐팬

180℃ 15분

1시간(냉장실 30분 휴지 포함)

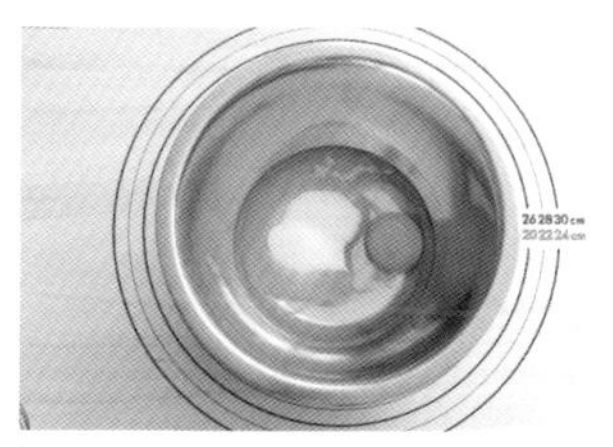

1 볼에 달걀, 설탕, 소금, 포도씨유, 올리고당을 넣고, 설탕이 녹을 때까지 잘 섞어요.

2 1의 반죽을 4:1로 나눈 뒤, 각각의 볼에 백련초가루와 녹차가루를 넣고 잘 섞어요.

3 랩을 씌워 냉장실에서 30분 휴지시켜요.

4 그 사이, 백앙금에 다진 견과류를 섞어 20g씩 나눠 동그랗게 빚어요.

견과류는 기름 없는 팬에 볶으면 훨씬 더 고소해요.

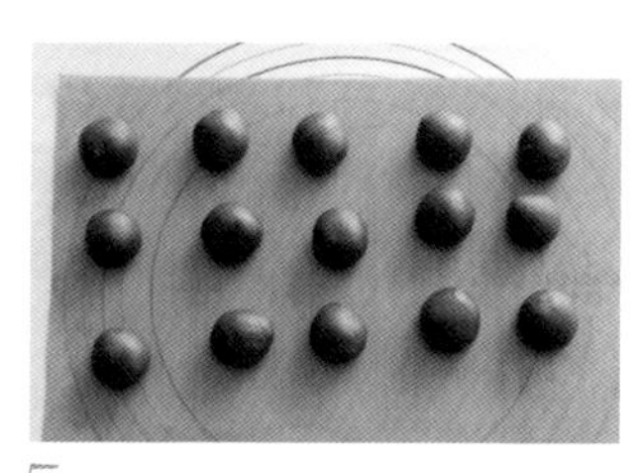

5 백련초 반죽을 10g씩 나눠요.

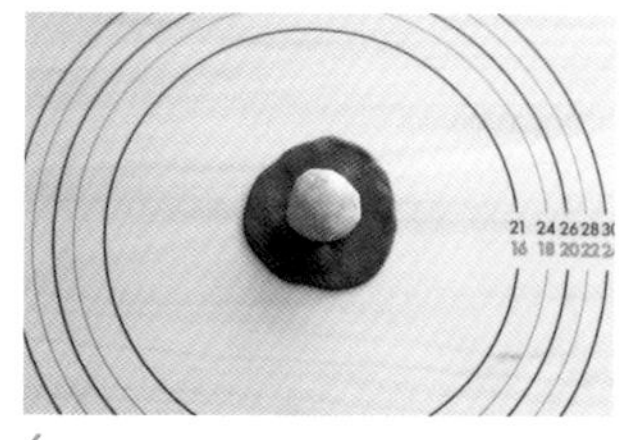

6 백련초 반죽 안에 앙금을 넣어요.

젓가락으로 잎 가운데를 콕 찍어주면 쉽게 붙어요.

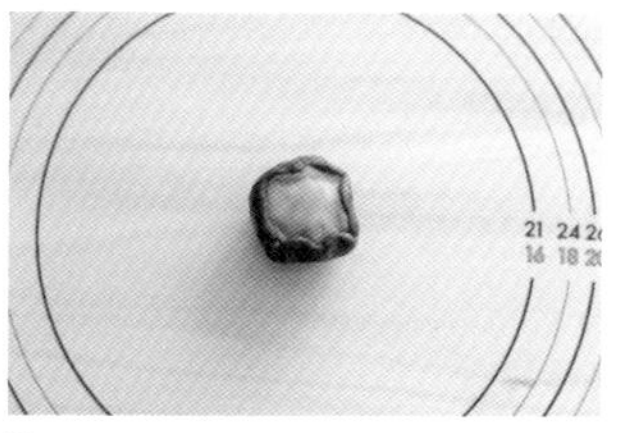

7 반죽을 살살 밀어가며 앙금을 채운 뒤, 꼬집듯 붙여주고, 손바닥으로 굴려 딸기 모양을 만들어요.

8 녹차 반죽을 밀대로 얇게 밀고, 쿠키커터를 이용해 잎 모양을 찍어요.

9 물을 살짝 바르고, 백련초 반죽에 녹차 반죽을 붙여요.

10 검은깨를 붙이고, 180도로 예열한 오븐에서 15분간 구우면 완성.

+딸기 만주를 굽고 난 직후에는 색이 좀 옅은 편이지만, 밀봉한 채로 하루 정도 지나면 색이 진해져요.
+반죽에 검은깨를 붙일 때에는 물을 살짝 묻히면 쉽게 붙일 수 있어요.

4

APRIL

아름다운 신부에게 바치는 브라이덜 샤워 & 웨딩 쿠키

'변치 않는 사랑'이라는 꽃말의 리시안셔스가 만개하는 4월.
가장 먼저 결혼하는 친구를 위해 브라이덜 샤워를 준비해 보세요. 아름답고 사랑스러운 신부의 느낌을
그대로 옮긴 쿠키와 케이크로 결혼 전 친구들과 여는 마지막 파티를 로맨틱하게 즐길 수 있어요.
신부를 축복하는 마음을 담아 소곤소곤 즐기는 흥겨운 파티!

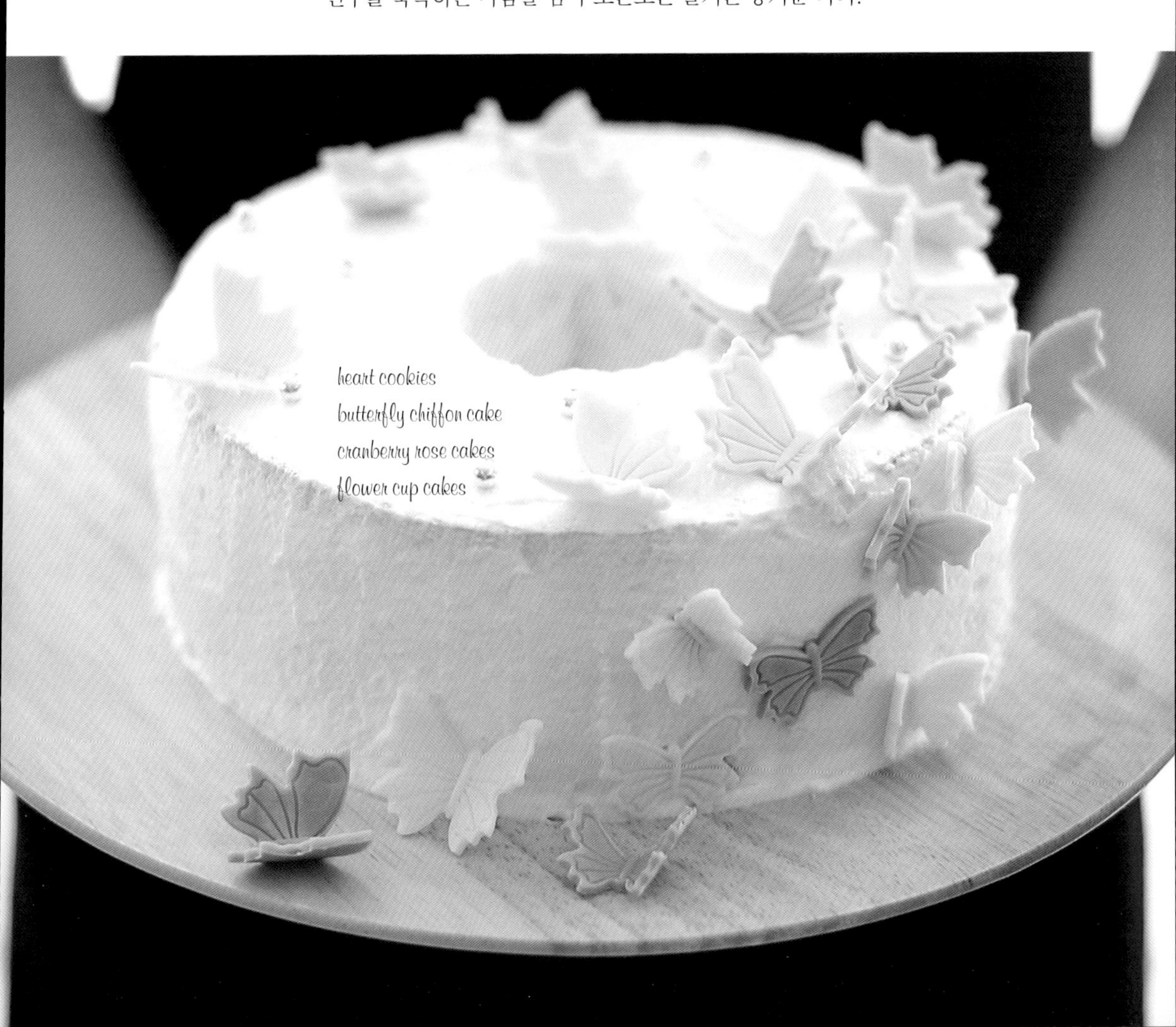

heart cookies
butterfly chiffon cake
cranberry rose cakes
flower cup cakes

NO!
버터
NO!
색소
LOVE
LOVE
LOVE
LOVE
LOVE
LOVE
LOVE
LOVE
LOVE
LOVE
LOVE
LOVE
LOVE
LOVE
LOVE

하트 쿠키

★☆☆

만들기도 쉽지만 모양도 예뻐서 선물하기 좋은 아이템이랍니다. 달콤하고 쌉싸름한 초코 맛과 향긋한 딸기 맛이 오묘하게 어울려요. 주위의 소중한 사람에게 전해보세요. 인기만점 선물이 될 거예요.

20개

달걀 1개, 포도씨유 30g, 슈거파우더 50g, 덧가루용 밀가루 약간
초코 반죽 박력분 50g, 아몬드가루 10g, 무가당 코코아가루 5g
딸기 반죽 박력분 50g, 아몬드가루 10g, 딸기가루 5g

믹싱볼, 거품기, 체, 주걱, 랩, 쿠킹포일, 하트 모양 쿠키커터, 쿠키스탬프, 오븐팬

170℃ 9~10분

50분

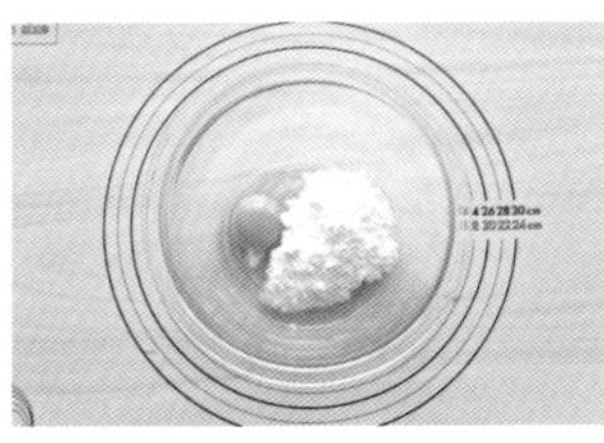

1 믹싱볼에 포도씨유, 달걀, 슈거파우더를 넣고 잘 섞어요.

2 1의 반죽을 반으로 나누어 2개의 볼에 담은 뒤, 각각의 볼에 초코 반죽 재료와 딸기 반죽 재료를 넣고 날가루가 보이지 않을 때까지 자르듯이 섞어요.

3 각각의 반죽을 뭉쳐 랩을 씌워 냉장실에서 30분간 휴지시켜요.

4 작업대에 덧가루를 살짝 뿌리고, 휴지시킨 반죽을 밀대로 0.3~0.4cm 두께로 평평하게 밀고, 크기가 다른 하트 모양 쿠키커터로 모양을 찍어요.

가운데 구멍이 나도록 크기가 다른 쿠키커터로 모양을 찍고, 쿠키스탬프로 장식해요.

5 색깔이 다른 반죽을 서로 끼워 넣은 뒤 오븐팬에 올리고, 170도로 예열한 오븐에서 약 9~10분간 구워요.

윗색이 많이 나지 않도록 7분 정도 구웠을 때 오븐을 열어보고, 포일을 덮고 마저 구워요.

반죽을 밀대로 밀기 전 작업대에 덧가루를 뿌리는 이유는 바닥이나 틀에 들러붙는 것을 방지하기 위함이에요. 하지만 밀가루를 너무 많이 뿌리면 쿠키를 구워도 밀가루가 남아 쿠키 맛에 영향을 주기때문에 가능한 최소량만 조금씩 뿌리는 게 좋아요.

버터플라이 쉬폰케이크

★★☆

쉬폰케이크는 실크같이 부드럽다고 해서 붙여진 이름이에요. 달걀흰자와 수분이 많이 들어가 가볍고 촉촉한 케이크에 부드러운 생크림을 발라 한층 더 고급스러워졌죠. 마치 구름처럼 폭신폭신한 케이크. 사랑스런 나비 장식으로 한껏 분위기를 살려보세요.

달걀노른자 3개, 꿀 45g, 포도씨유 40g, 떠먹는 플레인 요거트 60g, 우유 30g, 박력분 85g, 베이킹파우더 5g

머랭 달걀흰자 4개, 설탕 50g

장식 생크림 150g, 폰던트 50g, 색소 약간, 아라잔 약간

믹싱볼, 거품기, 핸드믹서, 체, 주걱, 쉬폰틀, 분무기, 오븐팬, 스패튤러, 나비 모양 쿠키커터, 쿠킹포일

160℃ 35분

1시간 10분

1 달걀흰자를 가볍게 풀어 거품이 올라오면 분량의 설탕을 세 번에 나눠 넣으며 단단하면서 부드러운 머랭을 만들어요.

2 다른 볼에 달걀노른자와 꿀을 넣고 뽀얗게 되도록 휘핑하다 플레인 요거트와 포도씨유를 넣고 부드럽게 섞어요.

3 미리 체 쳐둔 가루류를 넣고 덩어리지지 않도록 잘 섞어요.

4 반죽에 머랭을 ⅓만 덜어 재빨리 섞어요.

5 이렇게 세 번에 나누어 머랭을 골고루 섞어요.

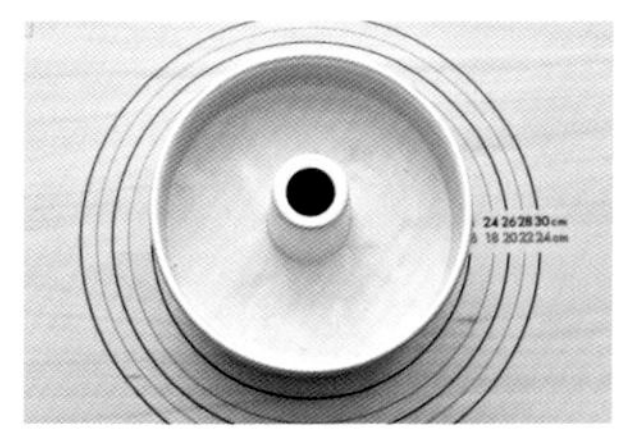

6 분무기로 물을 충분히 뿌려준 쉬폰틀에 반죽을 담고, 바닥에 탕탕 두세 번 내리쳐서 기포를 빼고, 160도로 예열한 오븐에서 35분간 구운 뒤, 오븐에서 꺼내자마자 뒤집어서 식혀요.

7 그 사이, 폰던트를 밀대로 얇게 밀어 나비 모양 커터로 찍어 모양을 내요.

8 쿠킹포일을 반으로 접고 그 위에 나비를 얹어 굳혀줍니다.

9 한 김 식은 쉬폰은 바깥에서 안쪽으로 살살 모은 뒤 스패튤러로 돌려 틀에서 빼내요.

10 생크림을 90% 정도로 단단하고 윤이 나게 휘핑해요.

11 쉬폰케이크에 칼이나 스패튤러로 생크림을 발라요.

12 생크림을 적당량 윗면에 얹어 시계방향으로 돌려가며 평평하게 정리한 뒤, 옆면도 같은 방법으로 정리하고, 케이크 받침 위로 옮겨요. 만들어둔 폰던트 나비를 붙이고, 아라잔으로 장식하면 완성.

폰던트는 슈가크래프트 반죽을 말하는데요. 베이킹 쇼핑몰에서 구입할 수도 있고, 집에서 간단히 만들 수도 있어요. 필요한 재료는 마시멜로우 200g, 물 1큰술, 슈거파우더 450g. 우선 마시멜로우를 볼에 담아 물 1큰술을 흩뿌리고 전자레인지에 30초씩 두세 번 돌려 진득하게 녹인 뒤, 슈거파우더를 넣어가며 손으로 치대 반죽하면 돼요. 랩을 씌워 하루 정도 냉장실에서 숙성시키면 완성.

크랜베리 로즈케이크

★☆☆

부드럽고 촉촉한 미니 케이크예요. 새콤달콤한 크랜베리가 콕콕 씹혀 티푸드로 아주 좋아요. 커피는 물론 우유나 홍차, 녹차 등과도 잘 어울려요.

건크랜베리 30g, 달걀 1개, 설탕 80g, 박력분 220g, 아몬드가루 40g, 소금 한꼬집, 우유 150g, 포도씨유 60g, 베이킹파우더 4g, 바닐라 익스트랙 약간, 백련초가루 5g(생략 가능)

믹싱볼, 작은 볼, 거품기, 체, 주걱, 브러시, 장미팬

180℃ 20~25분 40분

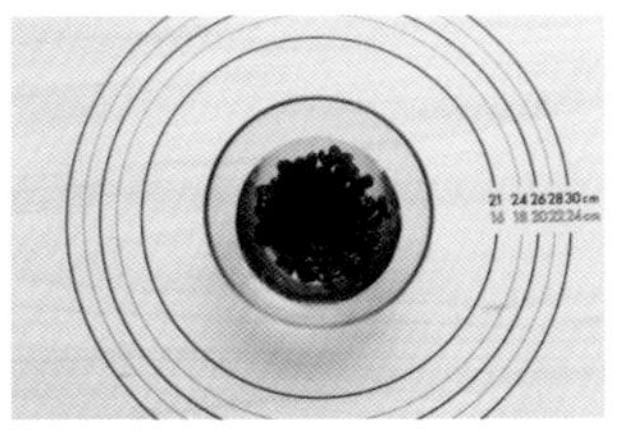

1 건크랜베리를 잘게 잘라 따뜻한 물에서 10분간 불려요.

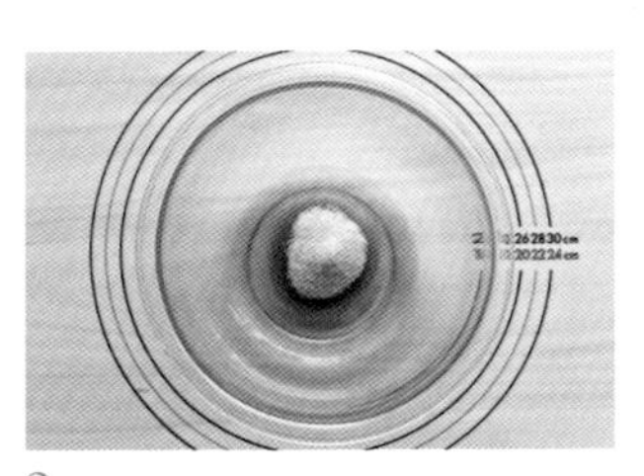

2 그 사이 믹싱볼에 포도씨유와 설탕을 넣고 잘 저어요.

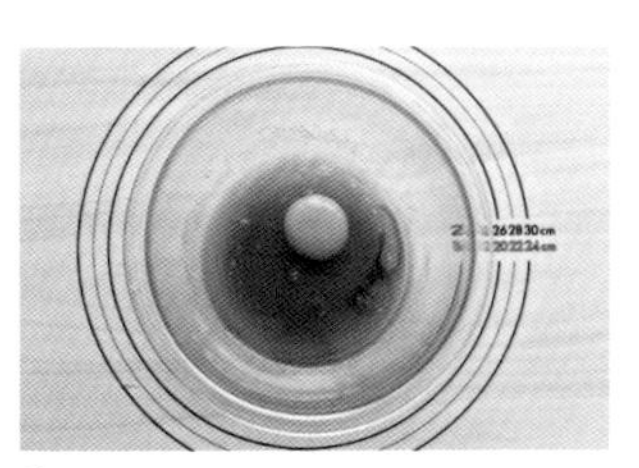

3 달걀과 바닐라 익스트랙을 넣고 섞어요.

4 분량의 우유를 넣고 고루 섞어요.

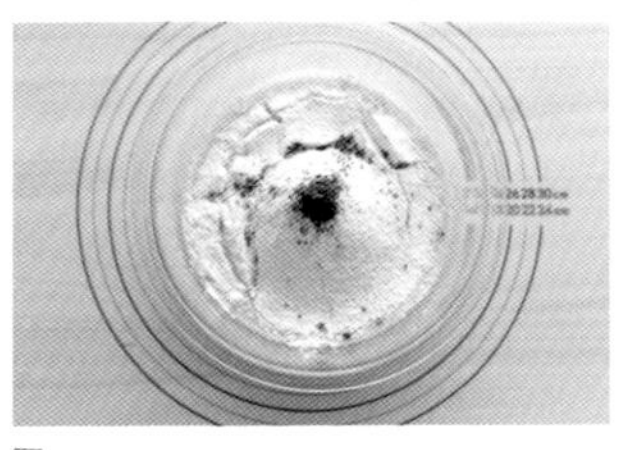

5 미리 체 쳐둔 가루류를 넣고 섞어요.

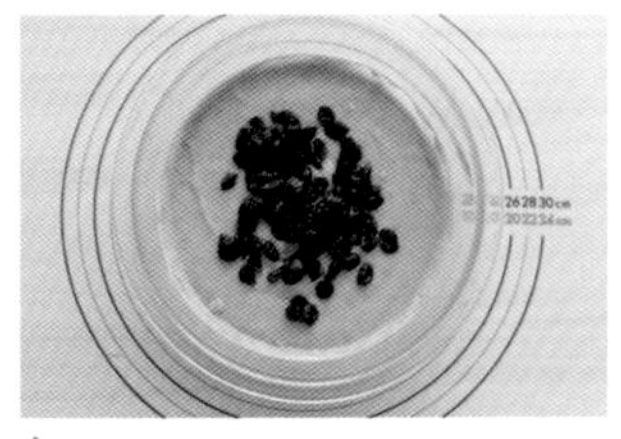

6 물에 불린 크랜베리의 물기를 꼭 짜고 반죽에 넣어 섞어요.

7 팬에 포도씨유를 살짝 바르고, 반죽을 80%가량 담고, 기포가 없어지도록 바닥에 두세 번 탕탕 내리쳐요. 180도로 예열한 오븐에서 20~25분간 구우면 완성.

모양 틀을 이용할 경우, 브러시로 포도씨유를 틀 안쪽에 꼼꼼히 바르고 반죽을 넣어요. 일반 원형틀이나 사각틀은 종이포일이나 유산지를 깔아요. 그래야 케이크가 망가지지 않고 틀에서 잘 빠진답니다.

플라워 컵케이크

★★★

보기만 해도 황홀해지는 플라워 컵케이크. 가장 친한 단짝 친구의 결혼식을 앞두고 브라이덜 샤워를 준비합니다. 세상에서 가장 아름다운 그녀를 닮아 청초하고 사랑스런 컵케이크! 오늘만큼은 버터의 유혹도 뿌리칠 수 없을 듯.

6개

달걀 2개, 흑설탕 40g, 포도씨유 30g, 으깬 바나나 70g, 다크 초콜릿 100g, 박력 쌀가루 60g, 무가당 코코아가루 7g, 베이킹파우더 2g

버터크림 무가염 버터 450g, 달걀흰자 120g, 물 50g, 백설탕 140g, 바닐라 익스트랙 약간

믹싱볼, 거품기, 체, 유산지, 머핀틀, 중탕용 볼, 믹서, 짤주머니, 모양깍지

180℃ 15~20분

2시간

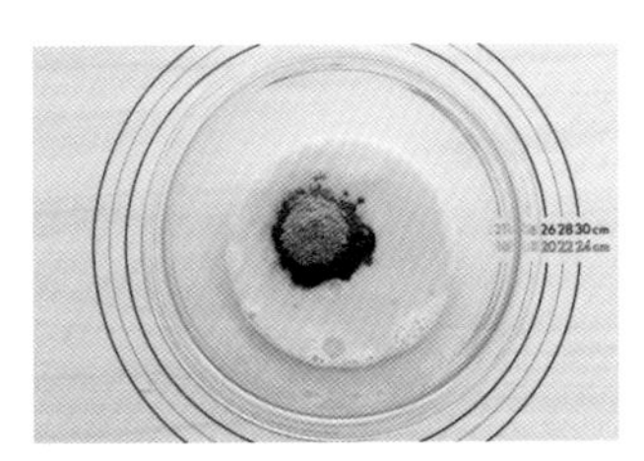

1 달걀을 멍울 없이 잘 푼 뒤, 분량의 설탕을 넣고 휘핑해요.

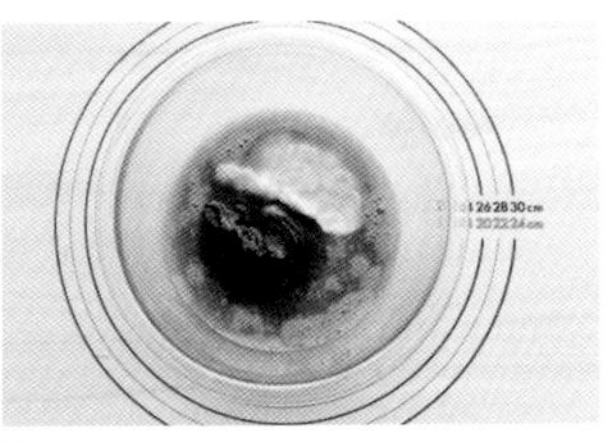

2 설탕이 녹으면, 포도씨유와 미리 녹여둔 다크 초콜릿, 으깬 바나나를 넣고 골고루 섞어요.

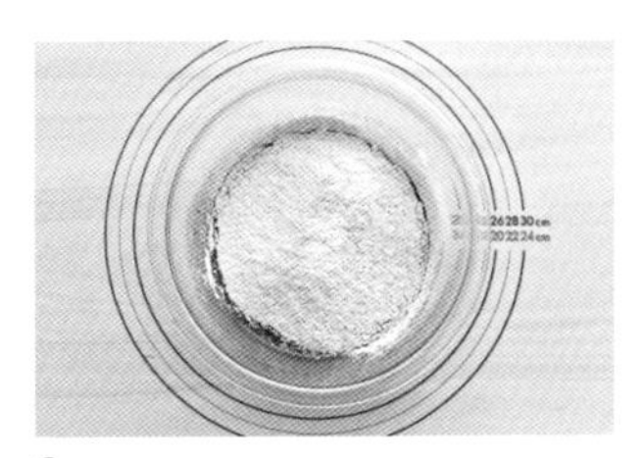

3 미리 체 쳐둔 가루류를 넣고 잘 섞어요.

4 유산지를 깐 머핀틀에 반죽을 넣고, 180도로 예열한 오븐에서 15~20분간 구운 뒤, 식힘망에서 충분히 식혀요.

5 그 사이, 물 50g에 백설탕을 넣고 118도까지 끓여요. 이때 절대 젓지 말고 그대로 둡니다.

6 분량의 버터를 말랑말랑해지도록 미리 실온에 둔 뒤, 잘게 잘라요.

7 달걀흰자에 뽀얗게 거품이 오도록 믹서로 돌린 뒤, 끓여둔 설탕 시럽을 흘려넣으며 머랭을 만들어요. 이때 바닐라 익스트랙도 함께 넣어요.

8 단단하고 윤기나는 머랭이 만들어지면 말랑한 버터를 넣어가며 휘핑해요.

9 머랭과 버터가 분리되는 듯해도 계속 휘핑하면 부드러운 버터크림이 완성돼요.

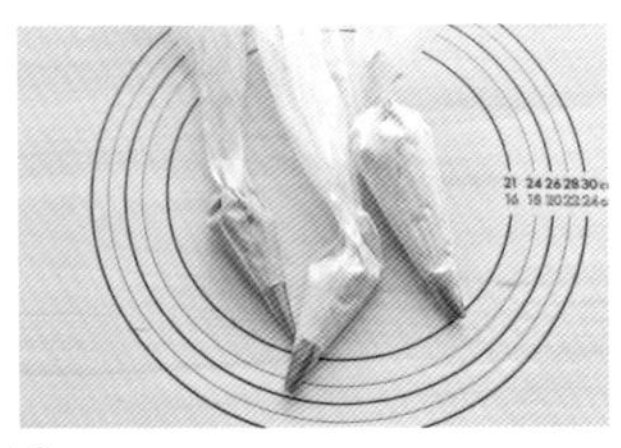

10 녹차가루, 백련초가루 또는 천연색소를 이용해서 원하는 컬러의 버터크림을 만든 뒤, 모양깍지를 낀 짤주머니에 담아요.

11 식혀둔 머핀의 윗면에 버터크림을 발라요.

12 깍지팁 104번을 낀 짤주머니에 연한 핑크빛 버터크림을 넣고 지그재그로 꽃잎을 짜요.

13 2단으로 돌려가며 꽃잎을 가지런히 짜요.

14 가장 작은 사이즈의 원형깍지에 녹색 버터크림을 넣고 꽃술을 만들어요.

15 깍지팁 81번을 낀 짤주머니에 연한 녹색 버터크림을 넣고 수직으로 세워 꽃잎을 만들어요.

16 가운데에 비어보이는 부분에 꽃술을 조금 더 채워주면 스카비오사 플라워 머핀 완성.

손의 온도로 인해 버터크림이 금세 녹을 수 있으므로, 장갑을 끼고 작업하면 좋아요.

Plus tip

홈메이드 바닐라 익스트랙

homemade vanilla extract

바닐라 향료는 베이킹에 참 자주 쓰이죠. 바닐라는 특유의 달콤하고 독특한 향을 갖고 있어 밀가루 냄새나 달걀의 비린내를 없애주는 역할을 하지요. 바닐라빈을 직접 긁어 사용하거나 바닐라 향을 넣은 오일이나 에센스를 사용하기도 해요. 럼이나 보드카에 넣고 숙성시켜 만든 바닐라 익스트랙도 자주 이용하지요. 집에서 만든 홈메이드 바닐라 익스트랙은 보관이 매우 중요한데, 잘 밀봉한 다음, 빛이 통하지 않도록 검은 비닐이나 쿠킹포일을 씌워 싱크대나 서랍장 안쪽 깊은 곳에 보관하는 게 좋아요.

럼이나 보트카 1병, 바닐라빈 8~10개

1. 보드카나 럼, 진을 준비해요.
2. 바닐라 빈의 껍질을 길게 반으로 잘라 안에 있는 빈을 칼로 긁어요.
3. 보드카를 1잔 정도 따라 버리고 긁은 빈을 넣어요.
4. 바닐라 빈 껍질도 넣은 다음, 뚜껑을 꼭 닫아 밀봉해요.
5. 빛이 들지 않는 곳에서 1개월 이상 보관한 뒤, 왼쪽처럼 진한 색이 우러나면 OK.

보드카 100ml당 바닐라빈 1개씩 넣으면 적당해요. 보통 보드카나 진 1병이 700ml이니 바닐라 빈은 7개, 혹은 넉넉하게 10개 정도 넣으면 됩니다. 바닐라빈은 베이킹 쇼핑몰이나 해외 사이트에서 구입할 수 있어요.

5

감사할 일 많은 가정의 달

어린이날을 시작으로 어버이날, 스승의 날 그리고 성년의 날까지 행사가 참 많은 5월.
가족과 주변 사람들의 소중한 의미를 돌아볼 수 있는 특별한 날의 연속이죠.
평소에 부끄럽고 쑥스러워 감춰두기만 했던 감사의 마음을 당당히 표현해보세요.

카네이션 앙금 쿠키

어버이날과 스승의 날이 있는 5월! 직접 만든 카네이션 쿠키로 감사의 마음을 전해보세요. 정성 가득한 선물에 감동하지 않을 분이 있을까요? 달콤한 앙금으로 만들어 누구나 부담 없이 즐길 수 있어요.

15개

백옥앙금 500g, 달걀노른자 1개, 아몬드가루 80g, 우유 10g, 백련초가루 1큰술, 말차가루 1작은술

믹싱볼, 체, 주걱, 원형깍지, 카네이션 깍지, 나뭇잎 깍지, 종이포일, 오븐팬

150℃ 25~30분

50분

1 믹싱볼에 백앙금, 달걀노른자, 아몬드가루를 넣고 잘 섞어요.

우유를 조금씩 넣어가며 농도를 맞춰요.

2 반죽한 앙금의 ⅙을 덜어 말차가루나 녹차가루를 넣어 잘 섞고, 나머지에는 백련초가루를 넣어 잘 섞어요.

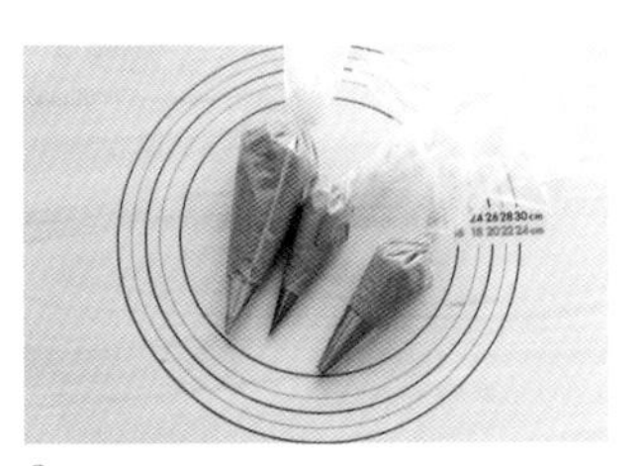

3 녹차 반죽은 나뭇잎 모양 깍지를 끼운 짤주머니에 넣고, 백련초 반죽은 ¼은 원형깍지를 낀 짤주머니에, 나머지 ¾은 카네이션 깍지를 끼운 짤주머니에 넣어요.

4 종이포일 위에 원형깍지를 끼운 짤주머니로 반죽을 봉긋하게 짜서 꽃 봉우리를 만들어요.

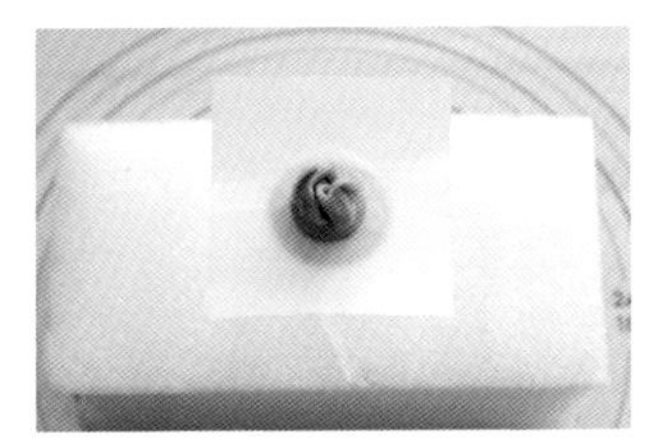

5 카네이션 깍지를 끼운 짤주머니로 지그재그로 움직이며 카네이션 잎을 만들어요.

6 처음에는 세워서 짜다가 점점 꽃잎을 눕혀서 짜요.

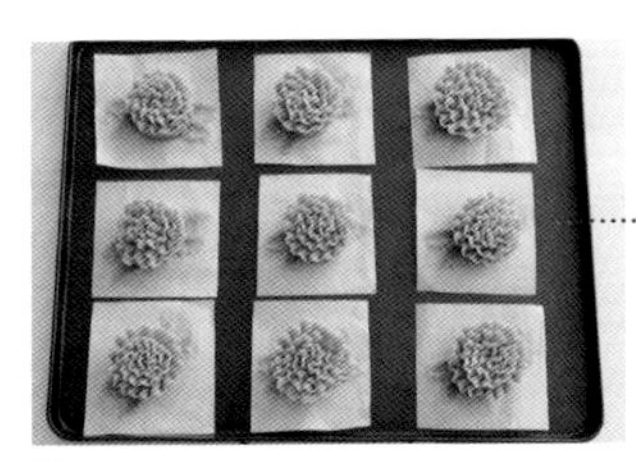

7 카네이션 꽃이 완성되면, 오븐팬에 종이포일째 올리고, 나뭇잎을 짠 뒤, 150도로 예열한 오븐에서 25~30분간 구우면 완성.

이때 나뭇잎은 카네이션에 바싹 붙여서 짜야 구웠을 때 예쁘게 붙어있어요.

카네이션 앙금쿠키는 색소 대신 천연 분말을 이용했기 때문에 색이 그리 진하지 않아요.
너무 오래 구우면 끝부분부터 갈색으로 변색될 수 있으므로, 굽기 시작하고 10분 정도 후에 쿠킹포일을 덧대고 마저 구워요.

카네이션 컵케이크

★☆☆

어버이날을 맞아 부모님께 근사한 케이크를 선물하고 싶은데, 베이킹이 서툴러 어떻게 장식을 해야 할지 막막하기만 하다고요? 꽃 짜기가 서툰 분들도 예쁘게 장식할 수 있는 머랭 카네이션을 이용해보세요. 나도 모르게 어깨가 으쓱해질 거예요.

5개

콩가루 머핀 박력 쌀가루 80g, 볶은 콩가루 40g, 설탕 35g, 베이킹파우더 4g, 소금 한꼬집, 두유 120g, 다진 호두 한줌
프로스팅 크림치즈 120g, 슈거파우더 30g, 레몬즙 ½작은술
데코 머랭 카네이션 5개

믹싱볼, 거품기, 체, 유산지, 머핀틀, 원형깍지, 짤주머니, 식힘망

170℃ 20~25분

1시간

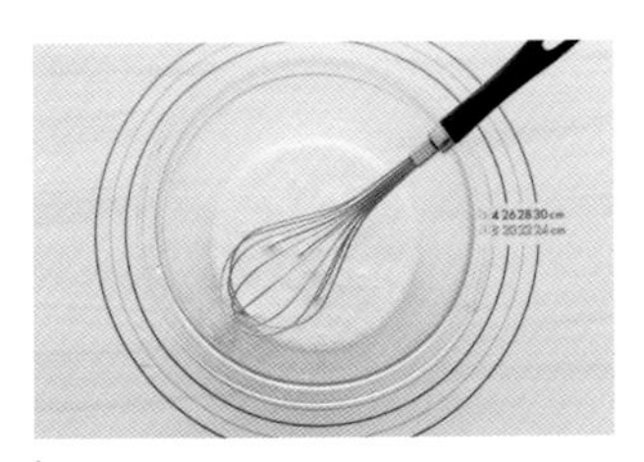

1 두유에 설탕을 넣고 잘 섞어요.

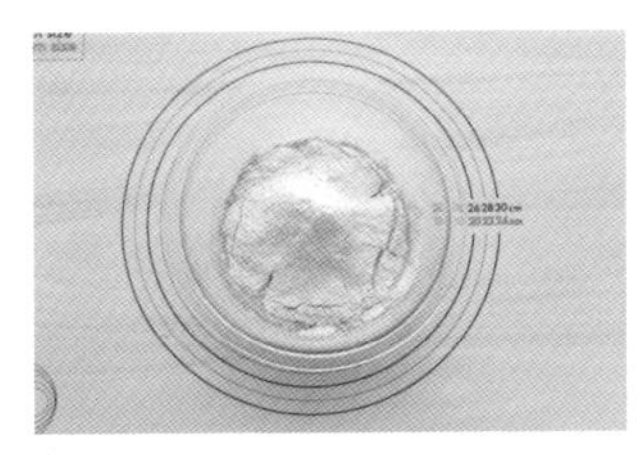

2 미리 체 쳐둔 가루류를 넣고 골고루 섞어요.

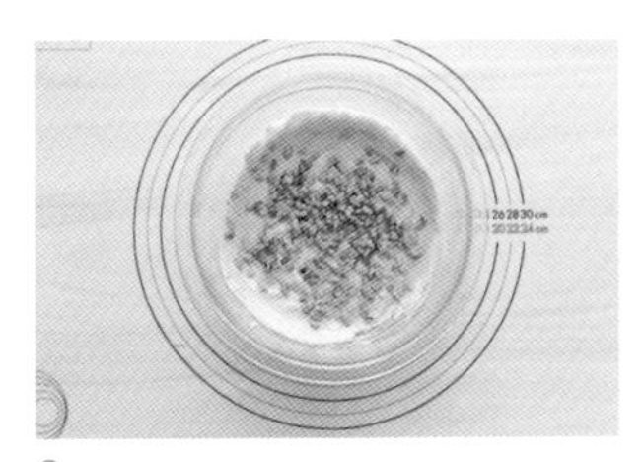

3 다진 호두를 넣어요.

4 유산지를 깐 머핀틀에 80%가량 반죽을 채우고, 170도로 예열한 오븐에서 20~25분간 구워요.

5 그 사이 머랭 카네이션을 준비해요.

6 다 구워진 머핀을 식힘망 위에서 충분히 식혀요.

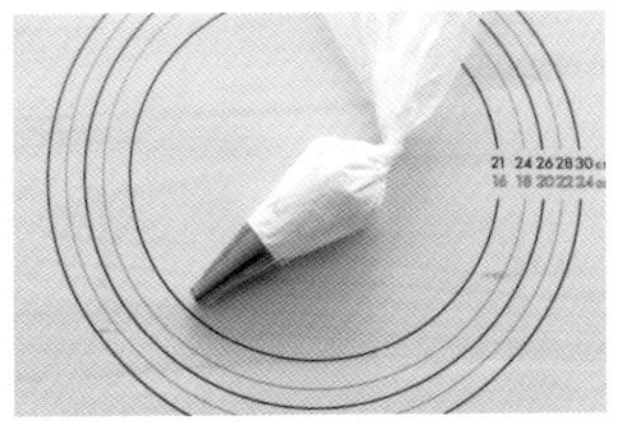

7 머핀이 식는 동안, 실온의 크림치즈에 슈거파우더와 레몬즙을 넣고 부드럽게 풀어 원형깍지를 끼운 짤주머니에 넣어요.

8 꽃잎처럼 크림치즈 프로스팅을 머핀 위에 짜요.

9 카네이션 머랭을 올려주면 완성.

+ 프로스팅은 쿠키나 컵케이크 등의 표면에 맛과 모양을 내기 위해 바르는 크림을 일컫는데요. 버터에 슈가파우더를 넣어 만들기도 하고, 크림치즈에 슈거파우더와 레몬즙을 넣어 만들기도 해요. 쿠키나 머핀에 프로스팅을 올릴 때에는 충분히 식힌 후 발라야 맛과 모양이 살아요.

+ 머랭 카네이션은 베이킹 쇼핑몰에서 손쉽게 구입할 수 있어요. 설탕과 야자유, 젤라틴 등으로 만들어진 당류가공품으로 먹을 수 있는 제품이지만, 주로 장식용으로 많이 쓰입니다.

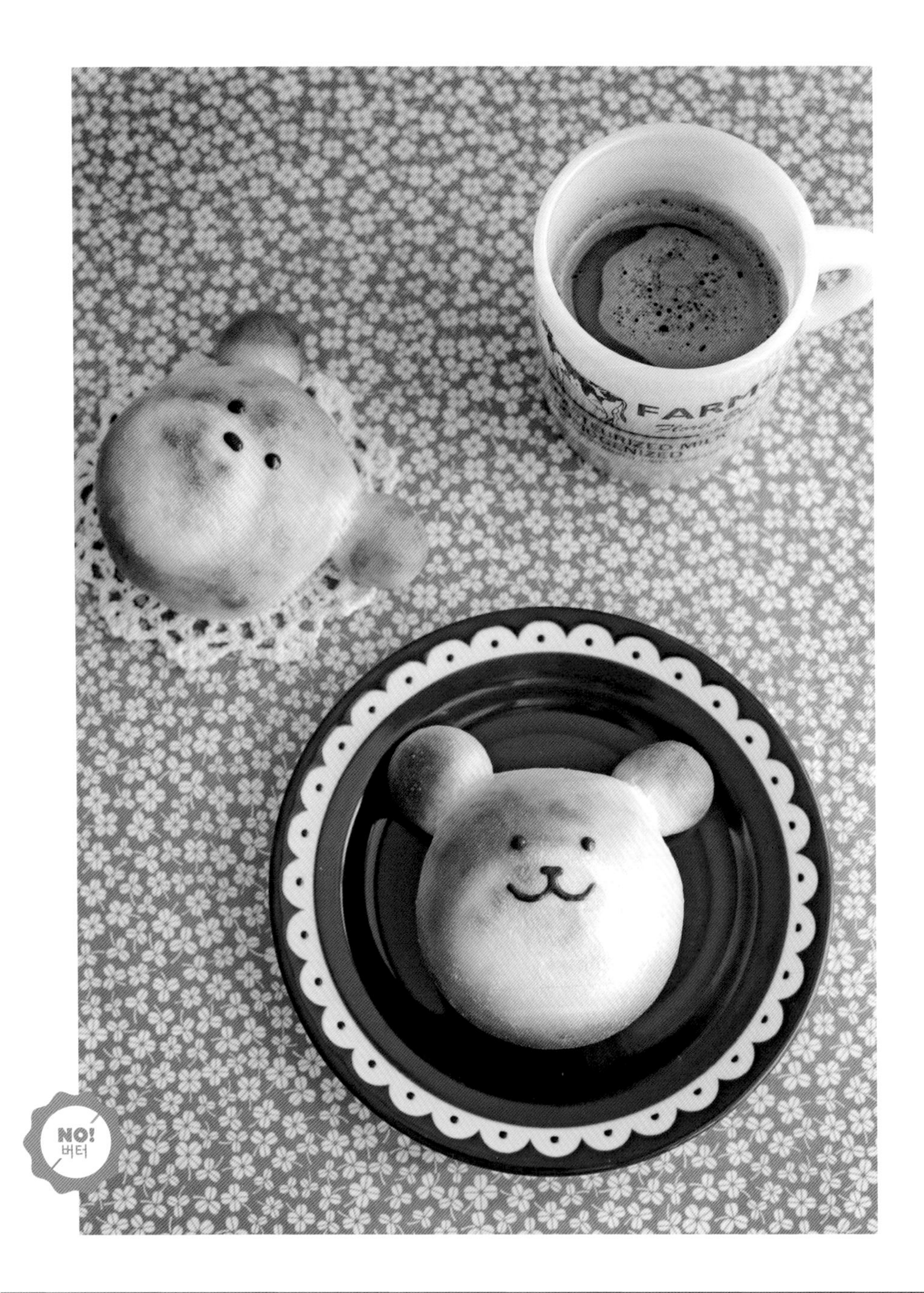

곰돌이 단팥빵

★★☆

어른들에게는 따뜻한 추억을, 아이들에게는 영양 만점 간식의 즐거움을 주는 단팥빵.
귀여운 곰돌이 모양이 팥을 싫어하는 아이들의 눈길도 사로잡을 거예요.

5개

강력분 160g, 박력분 50g, 소금 3g, 인스턴트 드라이이스트 5g,
달걀 1개, 포도씨유 10g, 설탕 20g, 우유 70g, 팥앙금 200g,
다진 호두 한줌, 초코펜

제빵기, 비닐이나 면보, 밀대, 테프론 시트,
오븐팬, 쿠킹포일, 식힘망

190℃ 12~15분

3시간

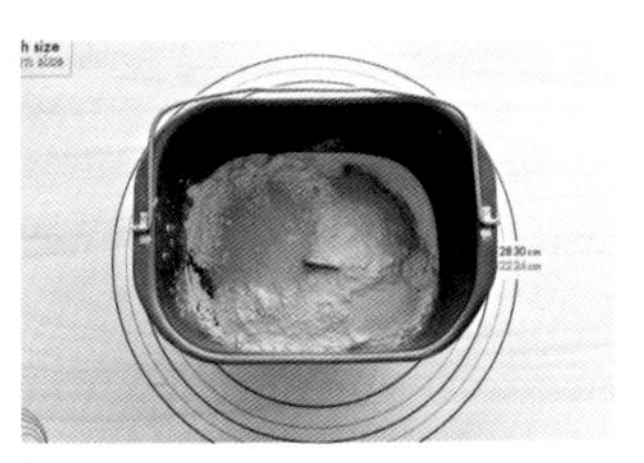

1 제빵기에 반죽 재료를 넣고 반죽과 1차 발효까지 끝내요.

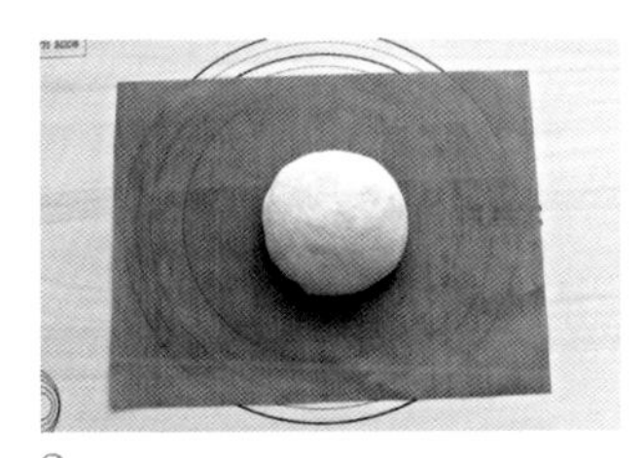

2 1차 발효가 끝난 반죽을 손으로 지그시 눌러 가스를 빼요.

3 반죽을 6개로 분할해서 둥글린 후 비닐이나 젖은 면보를 덮어 10분간 중간 발효해요.

총 5개의 단팥빵을 만들거지만 귀 부분을 만들어야 하니 반죽은 6등분해요.

4 팥앙금에 다진 호두를 넣고 40g씩 나누어 둥글려요.

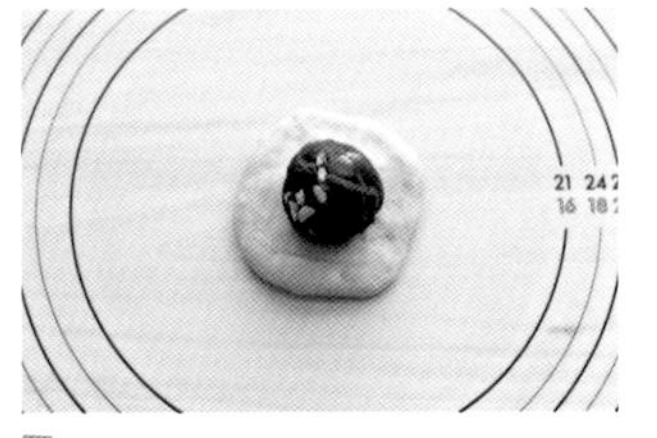

5 중간 발효가 끝난 각각의 반죽을 밀대로 평평하게 밀고, 팥앙금을 올려요.

6 동그랗게 오므려서 꼭꼭 집어 줍니다.

7 5개의 반죽을 똑같은 방법으로 팥앙금을 넣고 오므린 다음, 나머지 반죽 1개를 10등분한 뒤 둥글려서 귀를 만들어요. 비닐이나 젖은 면보를 덮어 40분간 2차 발효해요.

8 2차 발효 후, 쿠킹포일을 동그랗게 잘라 오일을 살짝 묻히고, 위의 사진처럼 붙인 뒤, 반죽에 달걀물을 꼼꼼히 발라요. 그런 다음 190도로 예열한 오븐에서 12~15분간 구워요.

9 완전히 식으면 초코펜으로 눈과 코를 그려주면 귀여운 곰돌이 단팥빵 완성.

반죽에 쿠킹포일을 붙일 때, 오일을 살짝 묻혀서 붙이면 포일이 잘 달라붙어 있지만, 너무 많이 묻히면 다 구웠을 때 얼룩이 생길 수 있고, 너무 적게 묻히면 오븐 내의 열풍으로 포일이 날아갈 수 있으니, 조심해야 해요.

NO!
버터

아몬드 분유 쿠키

보는 것만으로도 웃음이 절로 나는 아몬드를 품은 소년소녀 쿠키예요. 주변에 선물할 일이 생길 때마다 자주 만드는 쿠키 중 하나랍니다. 분유 향기 폴폴! 달콤하고 고소해서 아이들은 물론, 어른들 입맛도 사로잡아요.

14~15개

박력분 70g, 아몬드가루 30g, 탈지분유 30g, 포도씨유 15g, 우유 20g, 황설탕 20g, 통아몬드 15알

믹싱볼, 거품기, 체, 밀대, 젓가락, 빨대, 테프론 시트, 소년소녀 모양 쿠키커터, 오븐팬

170℃ 8~10분

25분

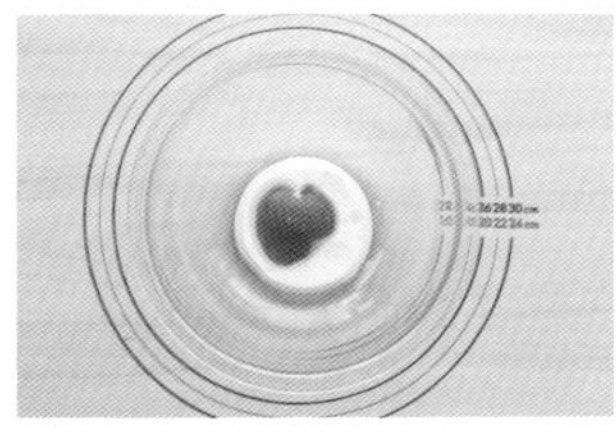

1 믹싱볼에 포도씨유, 우유, 설탕을 넣고 잘 섞어요.

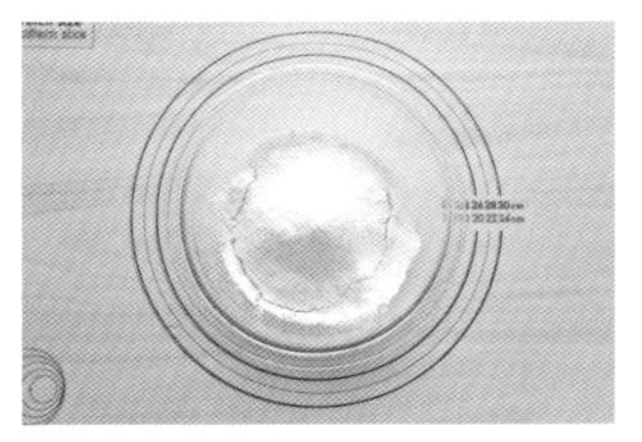

2 미리 체 쳐둔 가루류를 넣고 잘 섞어 한데 뭉쳐요.

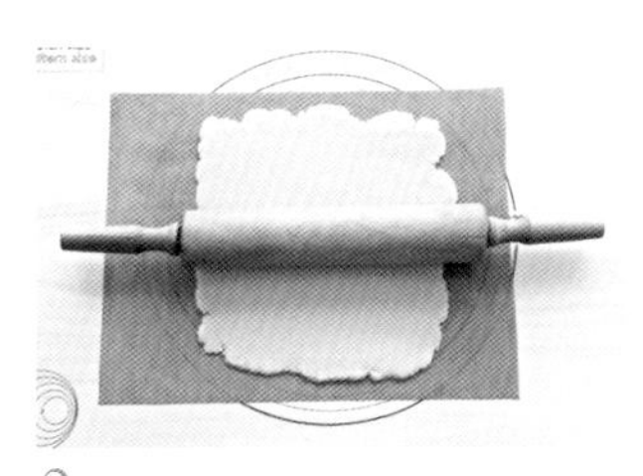

3 밀대로 0.3~0.4cm 두께로 평평하게 밀어요.

4 쿠키커터로 모양을 찍어요.

5 젓가락 끝과 빨대를 이용해서 눈과 입을 찍고, 가운데에 아몬드를 하나씩 올려요.

6 반죽의 팔을 조심스레 안으로 접고, 170도로 예열한 오븐에서 8~10분간 구우면 완성.

맛도 좋지만, 귀여운 모양에 한번 더 반하는 쿠키예요. 아몬드 대신 헤이즐넛이나 반으로 자른 피칸, 호두 등을 올려도 좋고, 알록달록한 M&M's 초콜릿을 하나씩 올려도 예뻐요.

6

JUNE

두근두근 설레는 야외 피크닉

파란불 신호등처럼 그대의 맘이 열리고, 가벼운 속삭임이 바람결에 묻어오면 실없이 웃음만이 흘러…
들을 때마다 마음이 두근거리는 노랫말이에요. 이 노래처럼 기분 좋은 바람이 귓가에 팔랑이는 풋풋한 6월에는
사랑하는 사람과 함께 피크닉을 떠나요. 내가 좋아하는 포카치아도 만들고, 그가 좋아하는 피자 빵도 만들어서요.
커다란 나무 밑 그늘에 앉아 여유를 즐기는 상상만으로도 참 행복해져요.

It's time to let go

NO!
버터

NO!
설탕

NO! 백밀가루

올리브 포카치아
★★☆

포카치아는 이탈리아 사람들이 가장 즐겨먹는 빵이에요. 버터 대신 식물성오일을 넣은데다 설탕을 넣지 않았기 때문에 맛이 담백해요. 신의 선물이라고도 불리는 올리브를 듬뿍 올려 맛은 물론 건강에도 좋아요.

25X25cm 사각팬 1개

통밀가루 400g, 소금 8g, 인스턴트 드라이이스트 3g, 물 280g, 올리브유 30g, 양파 1개, 블랙올리브, 그린올리브, 파슬리가루, 바질가루 적당량, 크러쉬드 레드 페퍼 약간, 덧가루용 밀가루 약간

제빵기, 체, 사각팬, 랩이나 면보, 오븐팬

190℃ 20분

2시간 40분

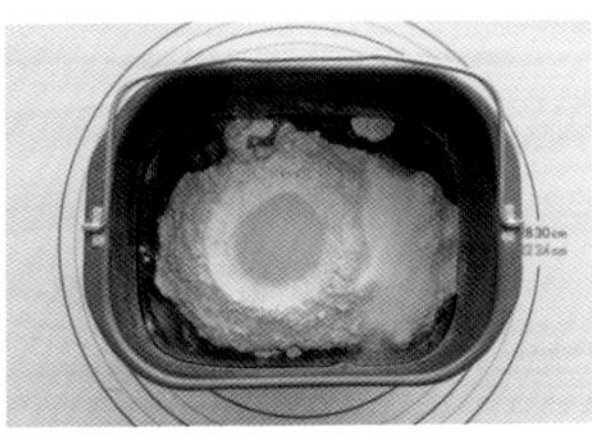

1 제빵기에 실온의 물과 올리브유, 소금을 넣은 다음, 통밀가루와 인스턴트 드라이이스트를 넣고 반죽해요.

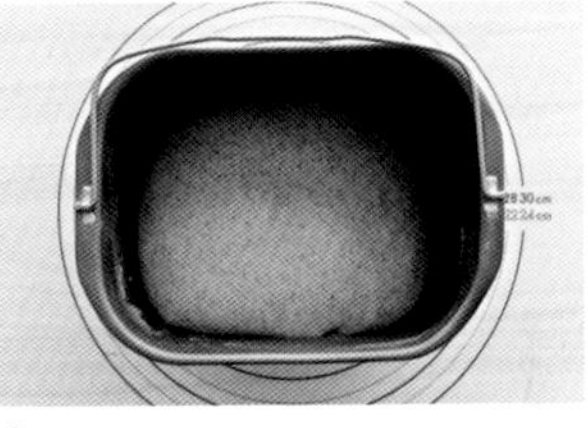

2 반죽이 처음 부피의 2~3배 정도로 부풀 때까지 약 1시간가량 발효를 해요.

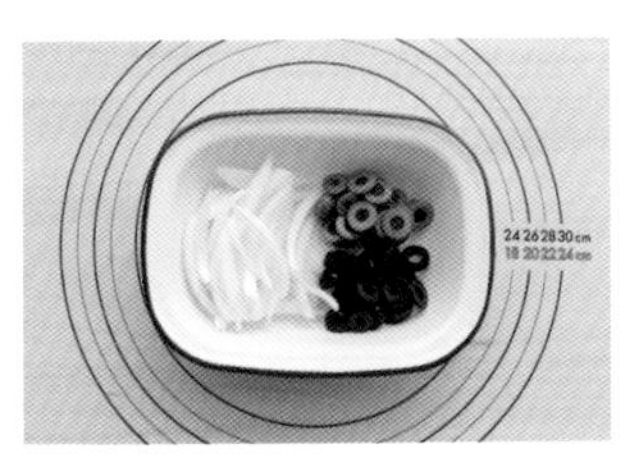

3 그 사이 양파와 올리브를 먹기 좋은 크기로 손질해요.

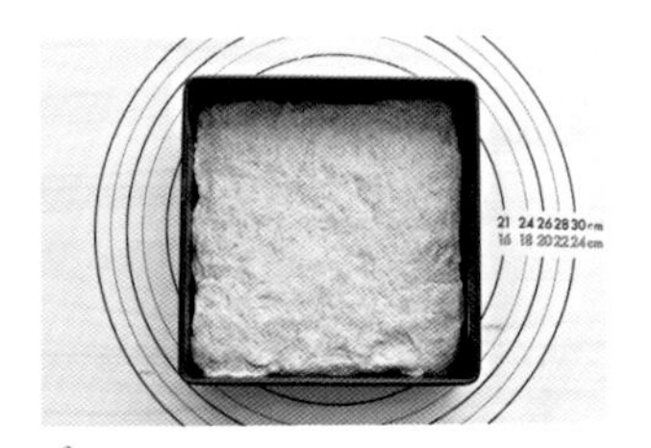

4 덧가루를 뿌려가며 반죽의 모양을 가다듬어 사각팬에 담아요.

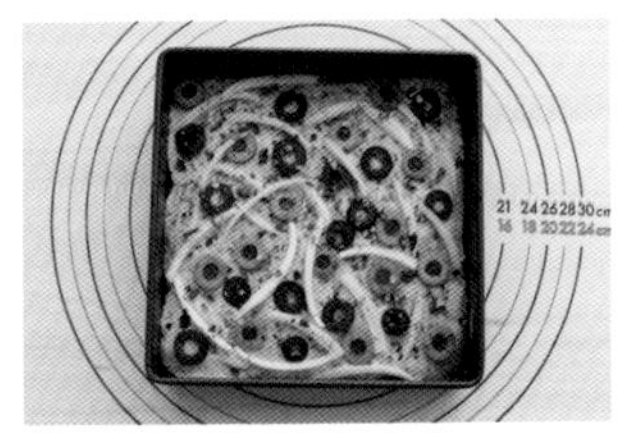

5 반죽 표면에 분량 외의 올리브유를 살짝 뿌리고, 그 위에 양파와 올리브, 허브가루, 레드 페퍼를 뿌린 다음 랩을 씌워 약 1시간가량 2차 발효를 해요. 190도로 예열한 오븐에서 20분간 구우면 완성.

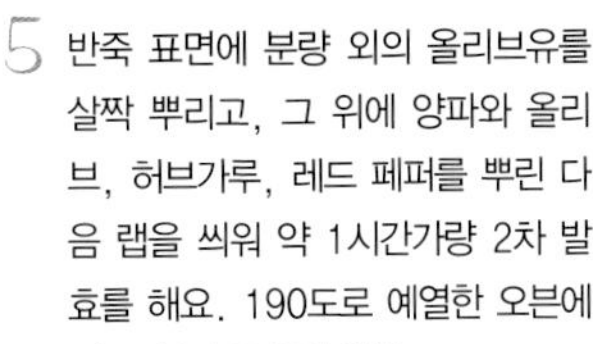

포카치아는 1차 발효된 반죽 위에 토핑을 원하는대로 얹어 색다르게 먹을 수 있어서 좋아요. 파프리카나 햄을 다져서 올리거나, 새우나 불고기 등을 올려도 맛있어요. 썬드라이드 토마토와 허브류를 이용하면 건강에 좋은 포카치아를 만들 수 있고요.

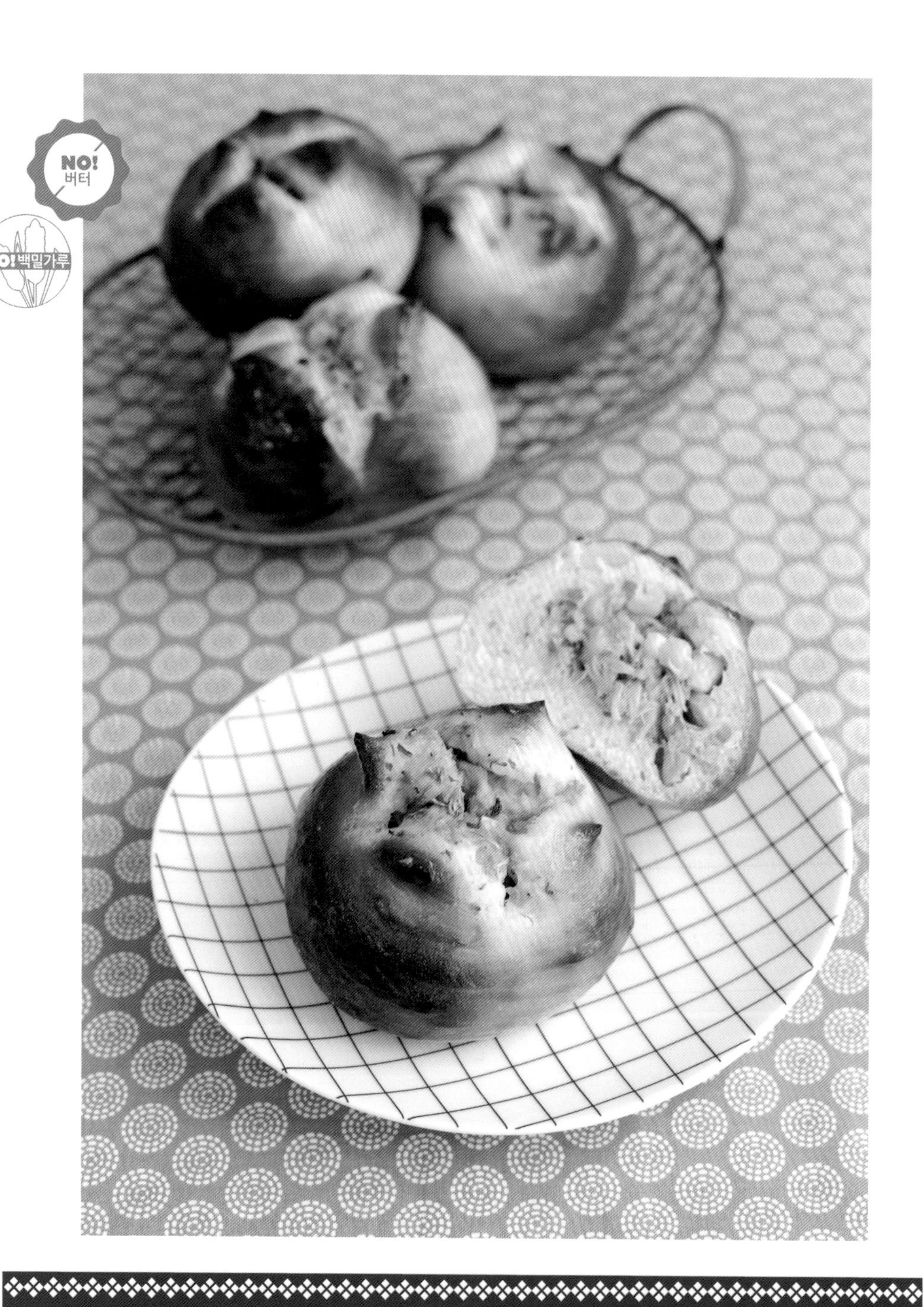

참치 쌀 빵

★★☆

참치 통조림을 이용한 영양 간식, 참치 쌀 빵이에요. 참치가 들어가 자칫 느끼하지 않을까 하는 걱정은 잠시 접어도 좋아요! 햇살 좋은 야외로 떠나는 피크닉 메뉴로 제격!

5개

강력 쌀가루 200g, 인스턴트 드라이이스트 4g, 소금 3g, 설탕 20g, 포도씨유 10g, 달걀 1개, 물 70g

충전물 참치 통조림 1개(150g), 스위트콘 60g, 마요네즈 30g, 소금 한꼬집, 후춧가루 약간, 파슬리가루 약간

제빵기, 체, 밀대, 랩, 믹싱볼, 테프론 시트, 오븐팬, 브러시, 가위

180℃ 16~18분

2시간

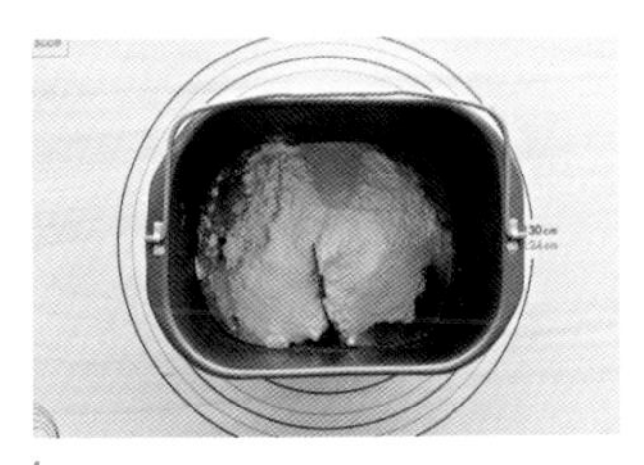

1 제빵기에 반죽 재료를 넣고 매끈해지도록 반죽을 해요.

2 1차 발효없이 반죽을 꺼내 5등분으로 나누어 동글리기를 하고 랩을 씌워 15분간 휴지시켜요.

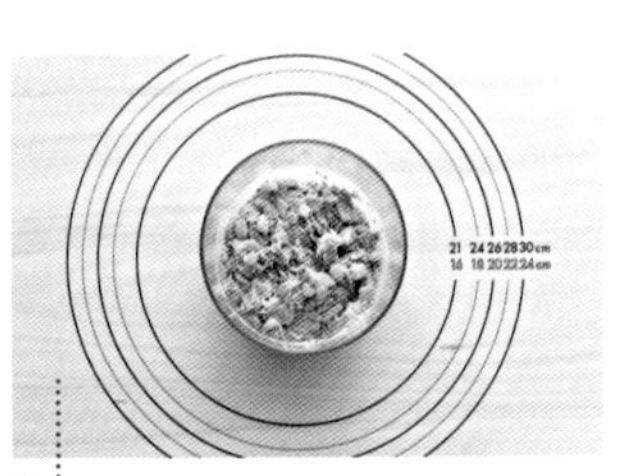

3 그 사이 참치 통조림을 개봉해 기름을 제거하고 스위트콘, 마요네즈, 소금, 후춧가루를 넣어 잘 섞어요.

이때 입맛에 따라 다진 양파를 넣어도 좋아요.

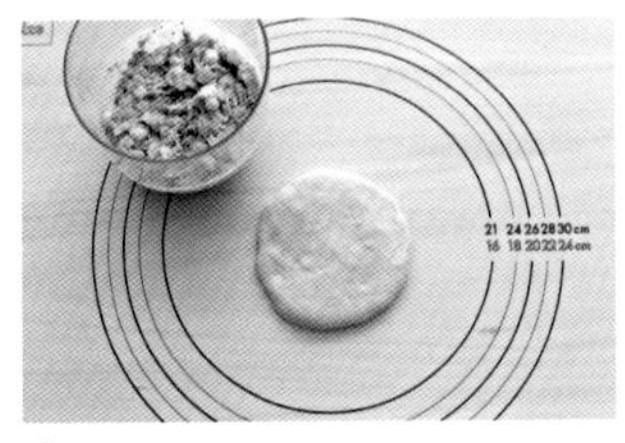

4 밀대로 각각의 반죽을 밀어요.

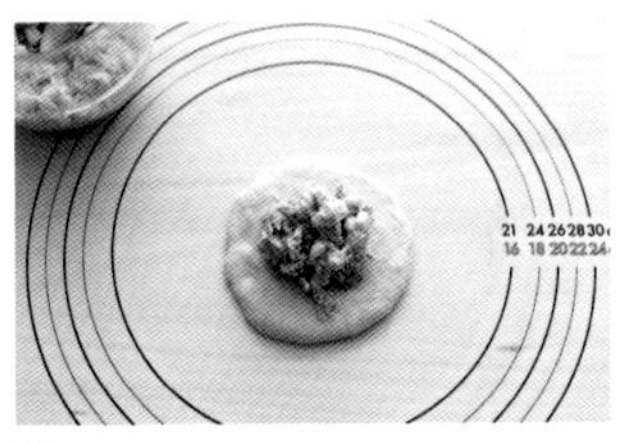

5 반죽 가운데에 충전물을 올려요.

6 반죽이 맞닿는 부분을 꼬집듯 오므리고 둥글려요.

숟가락을 이용해 충전물을 최대한 많이 넣고 반죽을 조심히 오므려요.

7 이음매 부분이 바닥으로 가도록 시트를 깐 오븐팬에 여유있게 올려요.

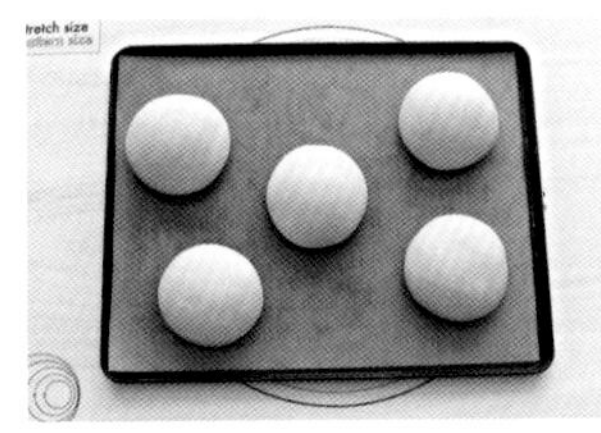

8 반죽의 겉면이 마르지 않도록 랩을 씌워 40분간 발효를 해요.

9 달걀물을 바르고 십(+)자로 가위집을 낸 뒤, 180도로 예열한 오븐에서 16~18분간 구우면 완성.

반죽에 달걀물을 바르는 이유는 표면이 노릇노릇 먹음직스럽고 광택이 돌게끔 하기 위해서인데요.
보통 달걀노른자와 물의 비율은 1:2가 적당해요.

NO! 버터

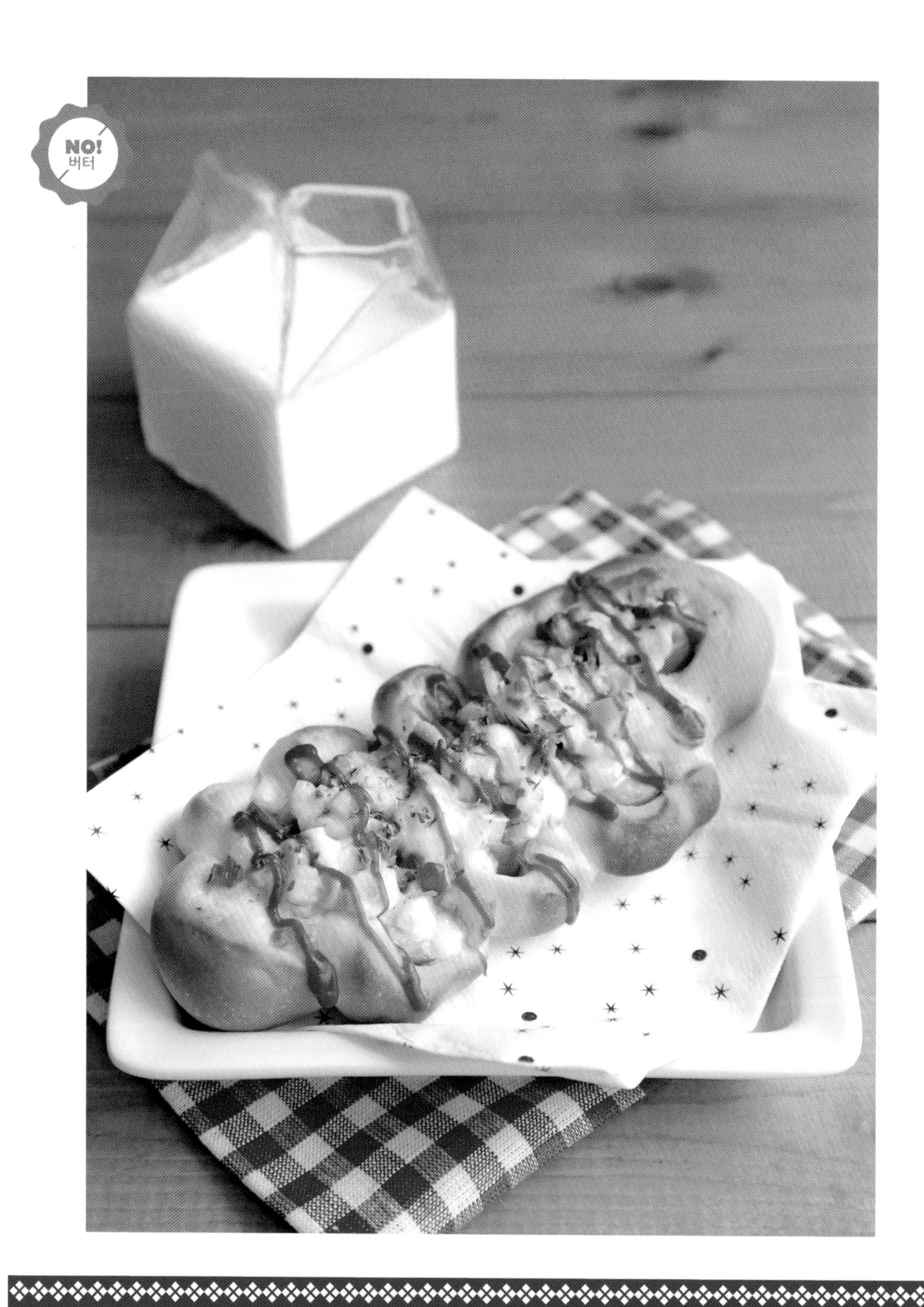

소시지 피자 빵

★★☆

느지막이 일어난 휴일 아침, 영화 속에 등장하는 주인공처럼 느긋하고 우아하게 브런치로 즐기기 좋은 메뉴예요. 우유나 주스 한 잔만 곁들여도 훌륭한 한 끼 식사가 된답니다.

6개

강력분 250g, 우유 50g, 물 55g, 달걀 1개, 설탕 35g, 소금 3g, 포도씨유 40g, 인스턴트 드라이이스트 5g, 소시지 6개

토핑 스위트콘 ½캔, 파프리카 ½개, 양파 ½개, 파슬리가루 1큰술, 마요네즈 3큰술, 후춧가루 약간, 피자치즈 120g

제빵기, 랩이나 면보, 칼, 믹싱볼, 테프론 시트, 오븐팬

180℃ 12~15분

2시간 50분

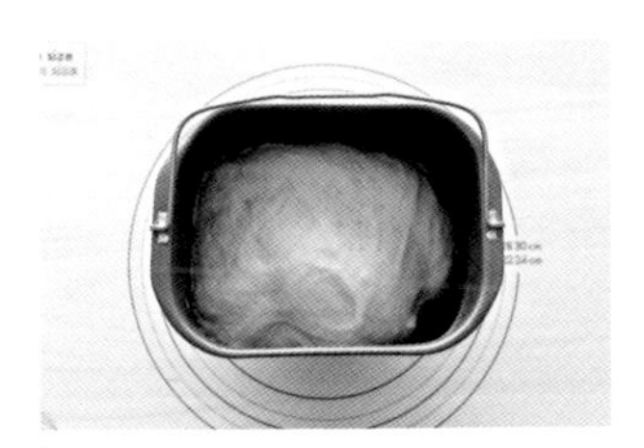

1 제빵기에 반죽 재료를 모두 넣고 1차 발효까지 끝내요.

2 1차 발효가 끝난 반죽을 6등분으로 나누어 둥글린 뒤, 젖은 면보나 랩을 씌워 15분간 휴지시켜요.

3 그 사이 소시지는 끓는 물에 살짝 데친 후 물기를 제거해요.

4 스위트콘에 다진 양파, 다진 파프리카, 마요네즈, 후춧가루, 파슬리가루를 넣고 잘 섞어요.

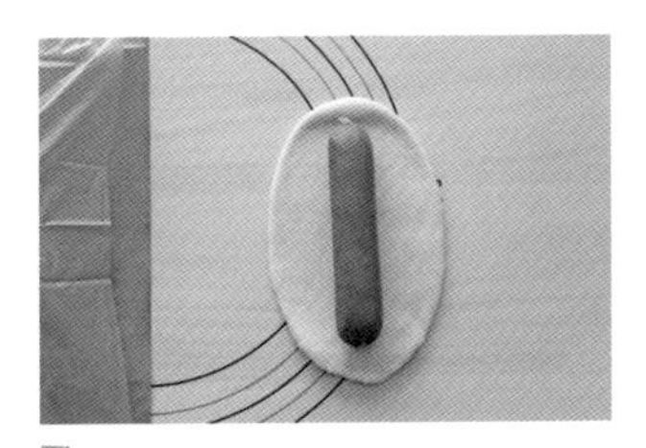

5 휴지가 끝난 반죽을 밀대로 밀고, 그 위에 소시지를 올려요.

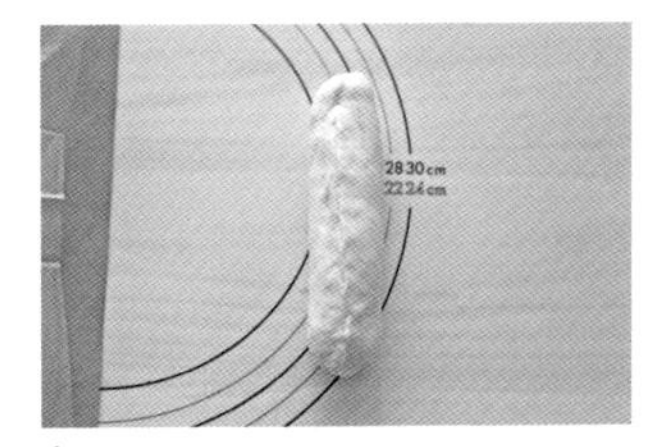

6 반죽이 맞닿는 부분은 꾹꾹 꼬집어줍니다.

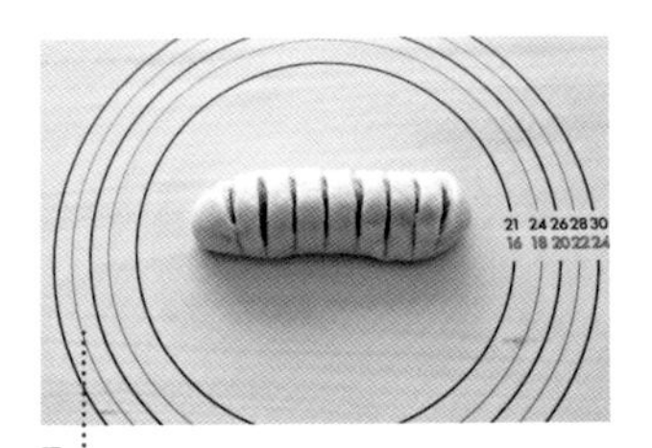

7 칼집 8개를 깊숙히 내요.

소시지는 다 잘릴 만큼, 반죽은 잘리지 않을 정도면 OK.

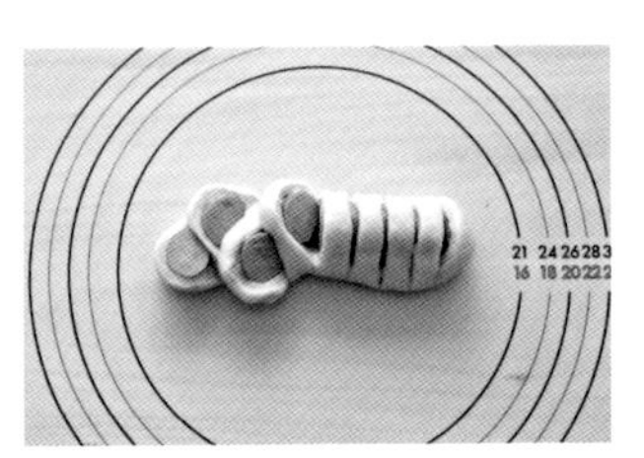

8 자른 반죽을 하나씩 반대 방향으로 빼요.

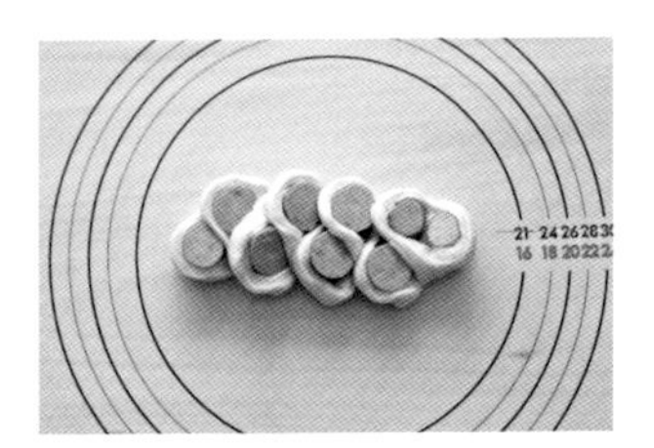

9 칼집을 8번 넣어 반죽이 9개 되어야 모양이 예쁘게 나와요.

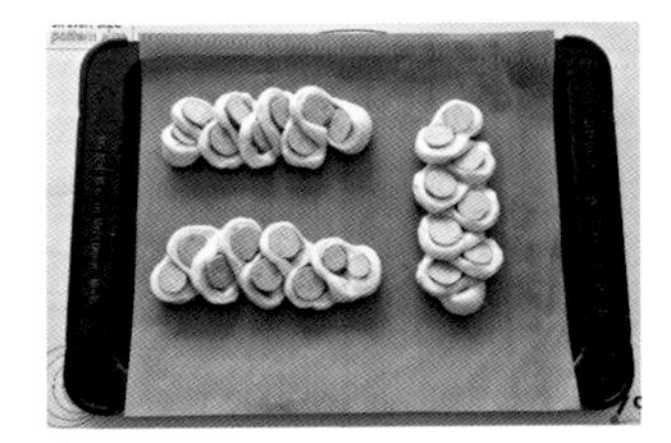

10 오븐팬에 여유있게 올리고, 겉면이 마르지 않도록 랩을 씌워 40분간 2차 발효를 해요.

11 토핑과 피자치즈를 듬뿍 올려요.

12 180도로 예열한 오븐에서 12~15분간 구운 뒤 케첩이나 머스터드를 뿌리면 완성.

보기 좋은 떡이 맛도 좋다는 속담이 있죠? 케첩이나 머스터드를 예쁘고 먹음직스럽게 짜려면 약국에서 파는 물약통을 이용하면 좋아요. 일반 케첩통에 비해 입구가 좁아 지그재그로 쉽게 짤 수 있어요.

NO! 버터

NO! 오일

마들렌 샌드

★☆☆

마르셀 프루스트의 소설 〈잃어버린 시간을 찾아서〉에서 주인공이 홍차에 마들렌을 적셔 먹는 순간 무의식적인 과거의 기억을 떠올리게 되죠. 책에서 마들렌을 통통하게 생긴 관능적이고 풍성한 주름을 지닌 쿠키라고 표현했는데요. 예전에 재미있게 봤던 드라마 〈내 이름은 김삼순〉에서도 파티시에인 주인공 김삼순이 엉성한 영어로 다니엘 헤니에게 'Madeleine is sexy cookie'라고 했던 대사가 기억나요. 마들렌을 왜 관능적이고 섹시한 쿠키라고 할까요? 궁금하다면 지금 바로 만들어보세요!

자이언트 마들렌 4개

마들렌 달걀 2개, 설탕 40g, 박력분 100g, 베이킹파우더 4g, 생크림 100g, 바닐라 익스트랙 약간

샌딩용 크림 생크림 100g, 설탕 20g

토핑 블루베리, 딸기, 키위 등의 과일 적당량

믹싱볼, 거품기, 체, 랩, 마들렌팬, 모양깍지, 짤주머니, 식힘망, 칼

165℃ 15분

1시간 (냉장실 30분 휴지 포함)

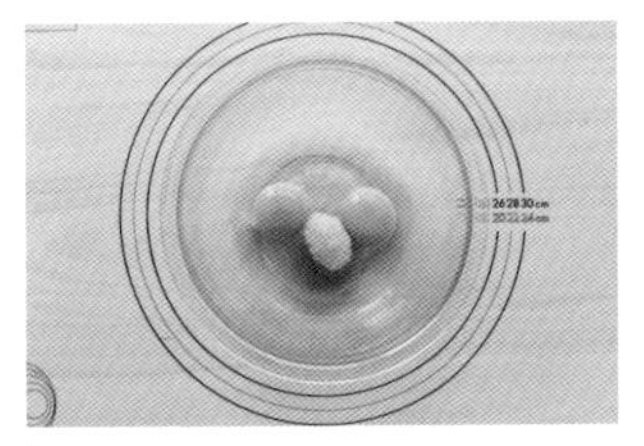

1 볼에 달걀과 설탕을 넣고 잘 섞어요.

2 체 친 가루류를 넣고 날가루가 보이지 않을 정도로 섞어요.

3 생크림과 바닐라 익스트랙을 넣고 잘 섞어요.

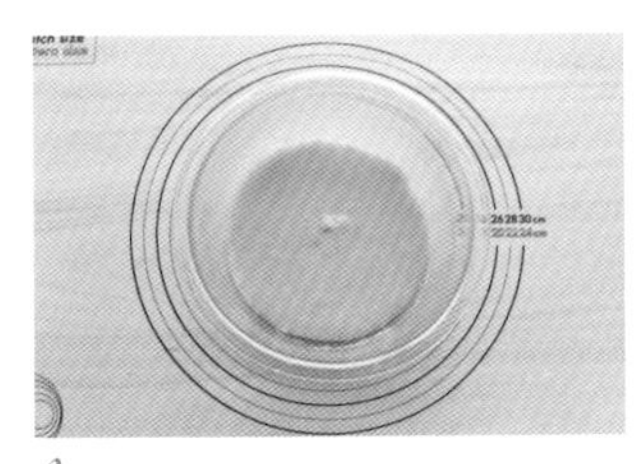

4 랩을 씌워 냉장실에서 30분간 휴지시켜요.

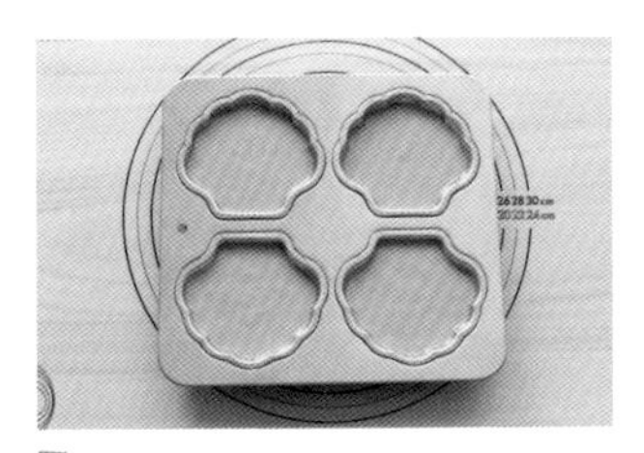

5 마들렌팬의 80% 정도 반죽을 채우고, 165도로 예열한 오븐에서 15분간 구워요.

6 그 사이, 과일을 깎아 적당한 크기로 잘라 준비해요.

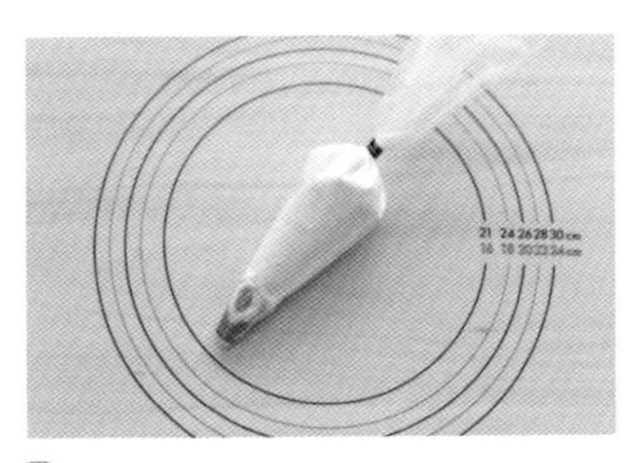

7 생크림에 설탕을 넣어 단단하게 휘핑한 뒤 모양깍지를 낀 짤주머니에 담아요.

8 한 김 식힌 마들렌을 반으로 나누고, 아랫면에 휘핑한 생크림을 올려요.

9 과일을 올리고, 그 위에 마들렌을 덮어주면 완성.

마들렌 사이에 샌딩할 생크림을 휘핑할 때는 얼음물 위에 볼을 올리고 저으면 거품이 훨씬 더 풍성하게 잘 올라온답니다.

7

JULY

상큼함이 가득한 여름날

비 내리는 날을 썩 좋아하진 않지만, 가끔은 후덥지근한 더위를 식혀주는 여름비가
기다려지기도 해요. 비가 그친 뒤, 나뭇잎에 맺혀있는 보석 같은 물방울을 보면
그렇게 싱그러울 수가 없거든요. 테라스에 앉아 달콤한 쿠키 한 조각, 푸딩 한 스푼을 입에 넣으면
한여름의 무더위도 행복하게 떨쳐버릴 수 있어요.

NO!
버터

NO!
오일

얼그레이 다쿠아즈

★☆☆

겉은 바삭하지만 속은 부드럽고 푹신푹신한 프랑스 구움 과자예요. 마카롱과 함께 대표적인 머랭 쿠키 중 하나죠. 다쿠아즈는 속에 버터크림이나 생크림, 가나슈, 잼 등을 샌딩해도 좋고, 딸기나 블루베리 등 생과일을 넣어도 맛있어요! 특히, 비교적 간단한 재료에, 만드는 방법도 쉬워 베이킹을 자주 안하는 분들도 쉽게 만들 수 있는 쿠키랍니다.

12~15개

달걀흰자 3개, 설탕 30g, 아몬드가루 80g, 슈거파우더 50g, 박력분 20g, 얼그레이 4g, 바닐라 익스트랙 약간, 여분의 슈거파우더 약간

가나슈 다크 코팅 초콜릿 100g, 생크림 50g

믹싱볼, 핸드믹서, 체, 주걱, 원형깍지, 짤주머니, 테프론 시트, 오븐팬, 식힘망

180℃ 13분

50분

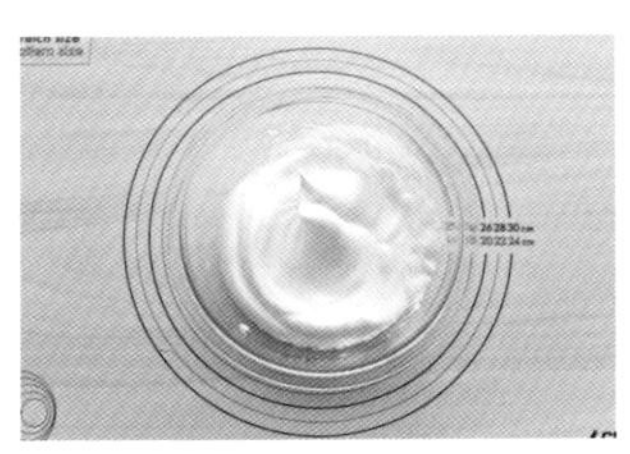

1 달걀흰자를 핸드믹서로 거품을 내다가 분량의 설탕을 세 번에 나누어 넣으면서 단단한 뿔이 생길 정도의 머랭을 만들어요.

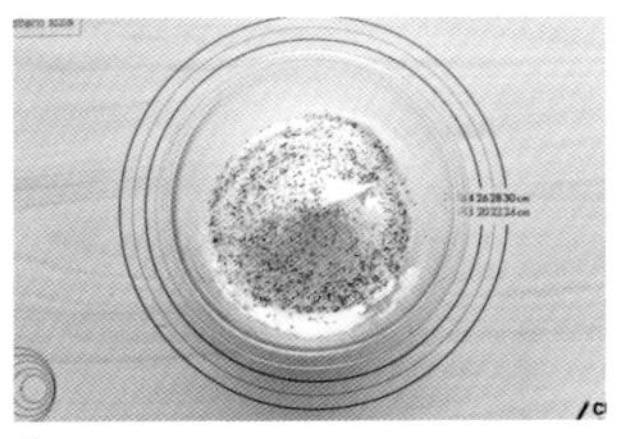

2 미리 체 쳐둔 가루류와 얼그레이를 넣고 가볍게, 재빨리 섞어요.

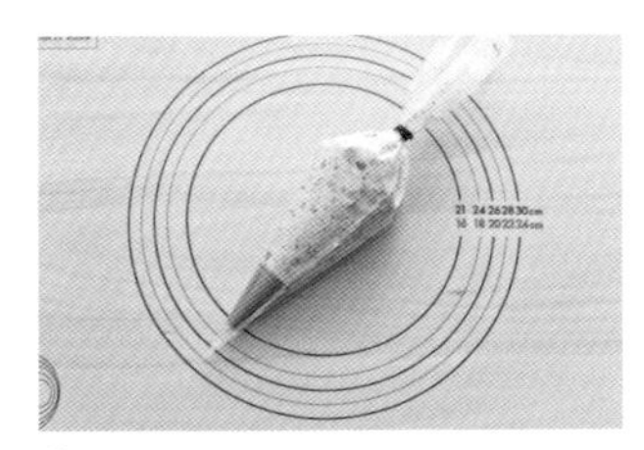

3 반죽을 원형깍지를 긴 짤주머니에 넣어요.

4 시트를 깐 오븐팬에 500원짜리 동전 크기로 반죽을 짜고 여분의 슈거파우더를 체에 담아 두 번 뿌려요.

5 180도로 예열한 오븐에 13분간 구워요.

6 다 구워지면 식힘망에서 충분히 식힌 뒤, 생크림과 초콜릿을 냄비에 담아 끓인 가나슈를 다쿠아즈의 한쪽 면에 바르고 샌딩해요.

동글이의 Tip

+ 가나슈 대신 버터크림이나 땅콩크림도 잘 어울리고, 딸기잼이나 블루베리잼, 휘핑한 생크림을 곁들여도 맛있어요.
+ 커버처 초콜릿은 중탕으로 녹일 때, 초콜릿의 온도를 올렸다 내렸다 마지막에 다시 살짝 올려주면서 안정화시키는 템퍼링 작업이 필요한데, 코팅 초콜릿은 템퍼링 작업이 없어도 윤기가 돌고 부드러우니 코팅 초콜릿을 이용하면 더 편리해요.

NO! 버터
NO! 백밀가루
NO! 오일

감자 푸딩

★☆☆

감자가 이렇게 맛있고 달콤하게 변신할 줄이야! 담백하고 영양도 풍부한 감자를 이용한 감자 푸딩이랍니다. 편식하는 아이들에게 감자를 먹이기 위한 가장 좋은 방법!

푸딩병 4개

감자 80g, 우유 150g, 생크림 60g, 달걀 1개, 달걀노른자 1개, 설탕 45g

믹싱볼, 거품기, 블렌더, 푸딩병, 오븐팬

100℃ 30분

50분

1 감자는 껍질을 벗겨 블렌더에 곱게 갈아요.

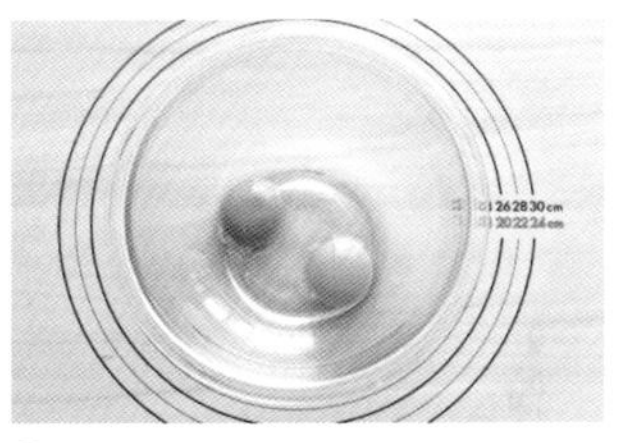

2 믹싱볼에 달걀 1개와 노른자 1개를 넣고 멍울이 없도록 잘 풀어요.

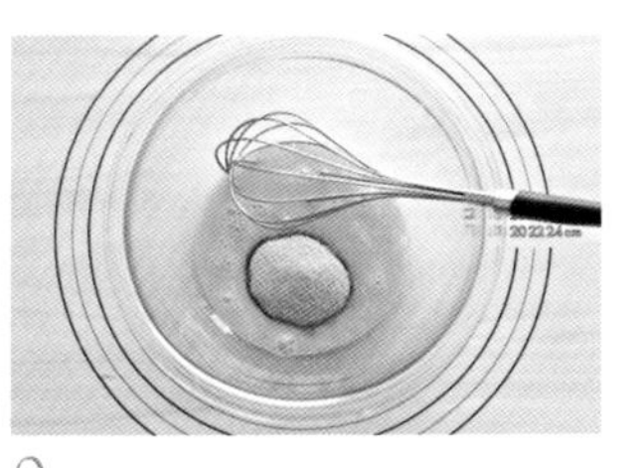

3 분량의 설탕을 넣고 저어요.

4 갈아둔 감자를 넣고 잘 섞어요.

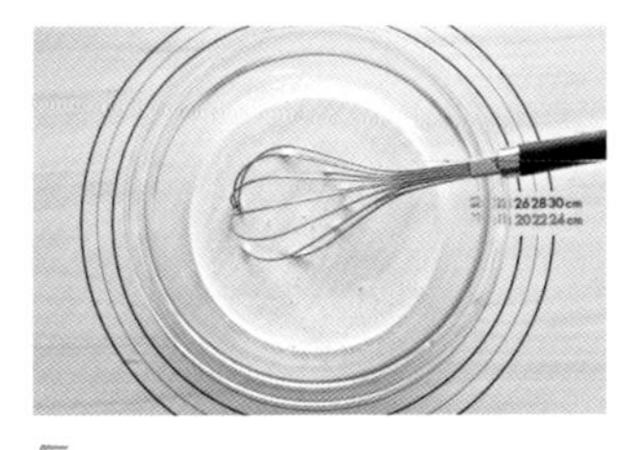

5 우유와 생크림을 넣고 잘 섞어요.

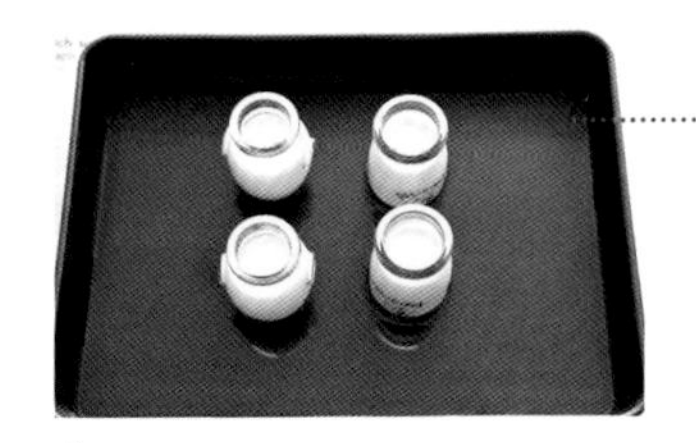

6 푸딩병에 담아 100도로 예열한 오븐에서 중탕으로 30분간 구우면 완성.

중탕이란 높이가 있는 오븐팬에 물을 ⅔ 정도 채우고 푸딩병을 넣어 예열된 오븐에서 굽는 방법이에요.

동글이의 Tip

감자 푸딩은 따뜻할 때 먹는 것보다 차갑게 해서 먹는게 더 맛있는데요. 감자 푸딩에는 달걀과 생크림, 우유가 들어 있어, 가능한 빨리 먹는 게 좋아요. 바로 먹지 않을 땐 밀봉해서 냉장 보관해야 한답니다.

NO!
버터

NO! 백밀가루

NO!
설탕

NO!
오일

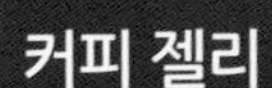

커피 젤리

★☆☆

무더운 여름처럼 오븐 돌리기가 두려운 계절에는 보들보들 시원한 젤리를 즐겨요. 입안 가득 부드럽게 퍼지는 은은한 커피 향에 이글이글 타오르는 한여름의 무더위도 시원하게 떨쳐버릴 수 있어요.

8개

우유 200g, 아가베 시럽 20g, 판 젤라틴 4장,
커피 액기스(인스턴트 커피 2큰술+뜨거운 물 약간)

믹싱볼, 거품기, 중탕용 볼, 젤리 몰드

2시간 10분(냉장실에서 굳히는 시간 포함)

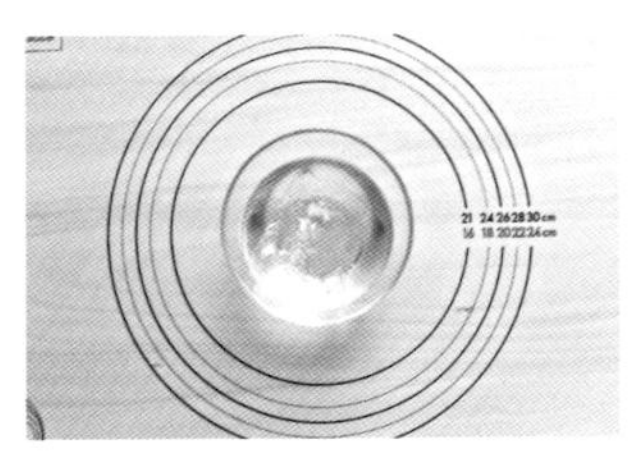

1 판 젤라틴을 차가운 물에 담가 5분 이상 불려요.

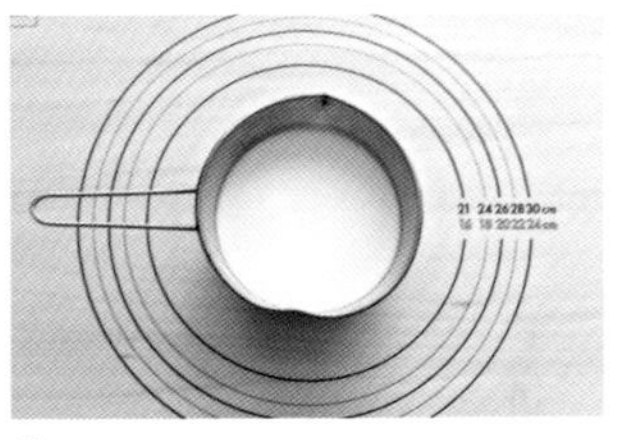

2 중탕용 볼에 우유와 아가베 시럽을 넣고 불에 올려 따뜻할 정도로만 데워요.

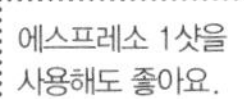

에스프레소 1샷을 사용해도 좋아요.

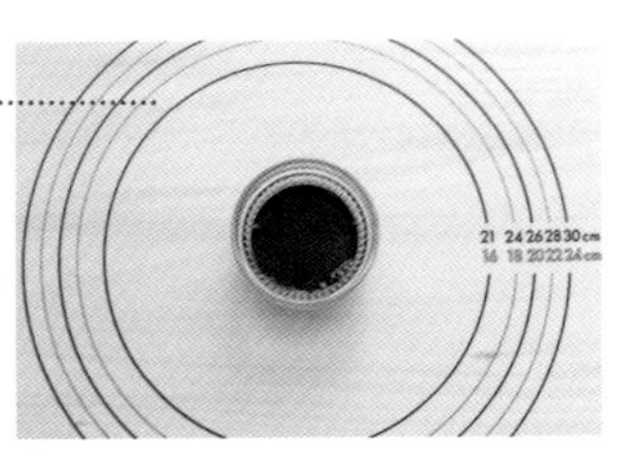

3 커피 2큰술을 뜨거운 물에 넣고 녹여 액기스를 만들어요.

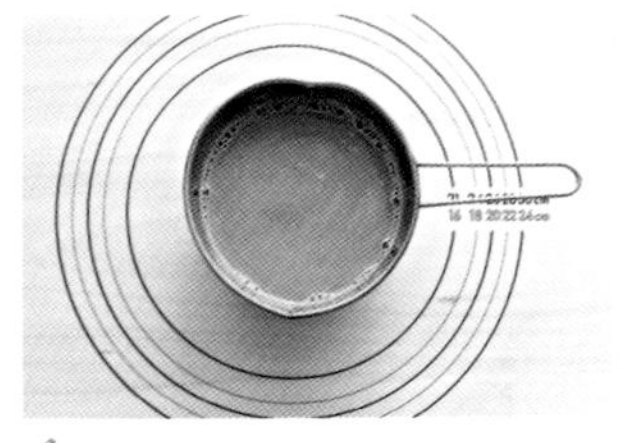

4 따뜻하게 데운 우유에 커피 액기스와 불려서 물기를 짠 판 젤라틴을 넣고 섞어요.

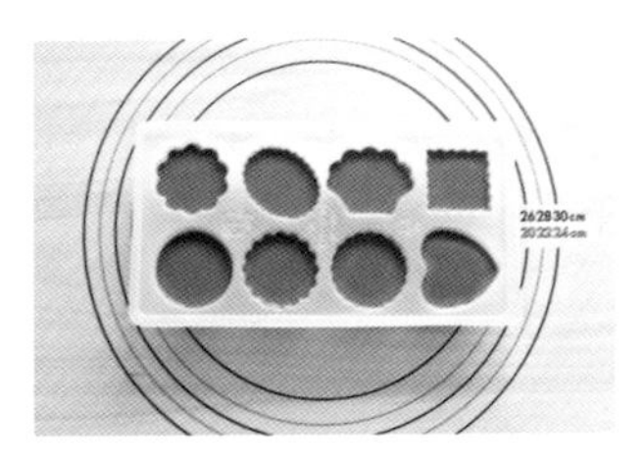

5 젤리 몰드에 물 스프레이를 몇 번 뿌린 다음, 내용물을 넣고 냉장실에서 2시간 이상 굳히면 완성.

모양 틀을 이용해서 젤리를 만들 때는 노르딕 틀이던 실리콘 틀이던 플라스틱 틀이던 내용물을 붓기 전에 물 스프레이를 충분히 뿌려야 쉽게 잘 떨어져요.

NO!
버터

햄 치즈 스콘

★☆☆

설탕과 버터를 넣지 않아도 참 맛있는 햄치즈 스콘. 포곤포곤, 보들보들 입안에서 사르륵 사라지는 식감이랄까요? 남자들은 달콤한 빵이나 쿠키를 별로 안 좋아하기도 하지요. 햄치즈 스콘은 이런 남자들과 아이들을 위한 빵이에요.

6개

박력분 160g, 소금 2g, 베이킹파우더 4g, 옥수수전분 30g, 포도씨유 20g, 생크림 120g, 햄 50g, 파마산 치즈가루 50g, 후춧가루 약간, 파슬리, 바질, 로즈마리 등의 허브가루 약간

믹싱볼, 거품기, 체, 주걱, 랩, 테프론 시트, 오븐팬, 스크래퍼

180℃ 15~18분

1시간(냉장실 휴지 포함)

1 포도씨유에 소금을 넣고 잘 섞어요.

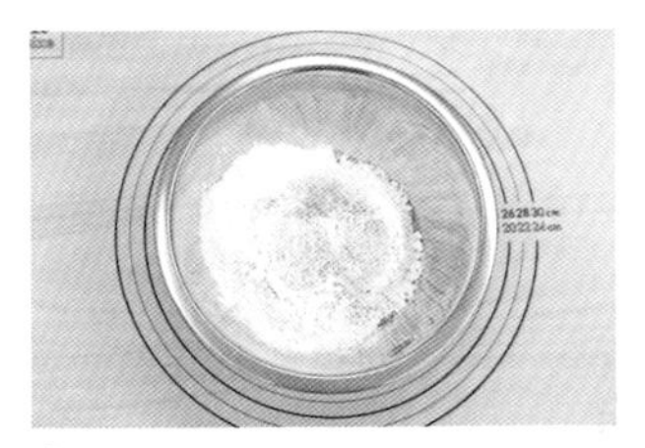

2 미리 체 친 가루류와 후춧가루를 넣고 주걱으로 서걱서걱 섞어요.

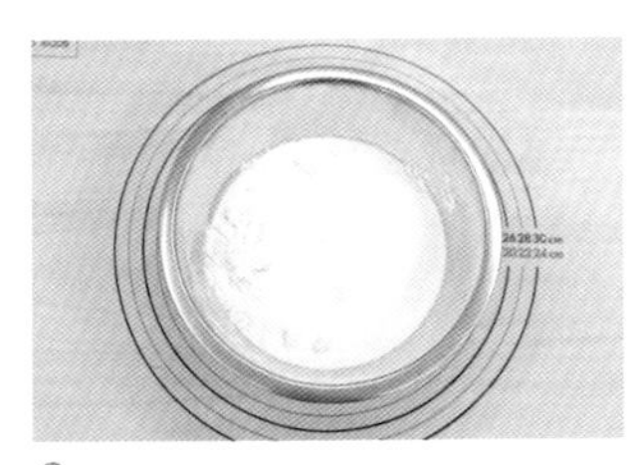

3 생크림을 넣고 섞어요.

4 잘게 다져놓은 햄, 파마산 치즈가루, 허브가루를 넣고 잘 섞어요.

5 한데 뭉쳐 랩을 씌우고 냉장실에서 30분간 휴지시켜요.

6 스크래퍼로 알맞은 크기로 자르고, 180도로 예열한 오븐에서 15~18분간 구우면 완성.

스콘은 반죽에 끈기가 생기지 않도록 서걱서걱 가볍게 반죽하는 게 포인트예요.
밀가루는 단백질 함량이 낮아 글루텐이 덜 형성되는 박력분을 사용하는 것이 좋답니다.

8

한여름 밤 시원한 맥주와 즐기는 스낵

주룩주룩 장대같이 내리던 장맛비가 그치고 새파란 하늘과 쨍쨍한 햇살이 반겨주는 8월.
가만히 있어도 땀방울이 맺히고 오븐을 돌리기엔 너무나도 더운 날씨지만,
한낮의 열기가 식기 시작하는 저녁 무렵, 공원에 앉아 시원하게 마시는 맥주 한잔의 즐거움은
여름에만 느낄 수 있는 낭만이에요. 여기 맥주와 함께할 수 있는 고소한 스낵을 소개합니다.

NO!
버터
NO!백밀가루
LE CHAT NOIR

베이컨 칩

★☆☆

한낮의 열기가 채 가시지 않은 해 질 무렵의 어느 여름날, 공원에서 차가운 맥주 한 캔을 마시는 즐거움이란! 시원한 맥주 한잔 간절해질 때, 가볍게 함께 하기 좋은 베이컨 칩이에요. 하나하나 먹다 보면 중독되는 맛!

15cm
13~15개

호밀가루 200g, 베이컨 4줄, 달걀 1개, 설탕 15g, 소금 약간, 베이킹파우더 ½작은술, 우유 20g, 포도씨유 25g, 마늘가루 1큰술, 허브가루 1큰술, 파마산 치즈가루 1큰술

프라이팬, 칼, 믹싱볼, 거품기, 체, 주걱, 테프론 시트, 피자칼, 오븐팬

180℃ 8~10분

50분
(냉장실 30분 휴지 포함)

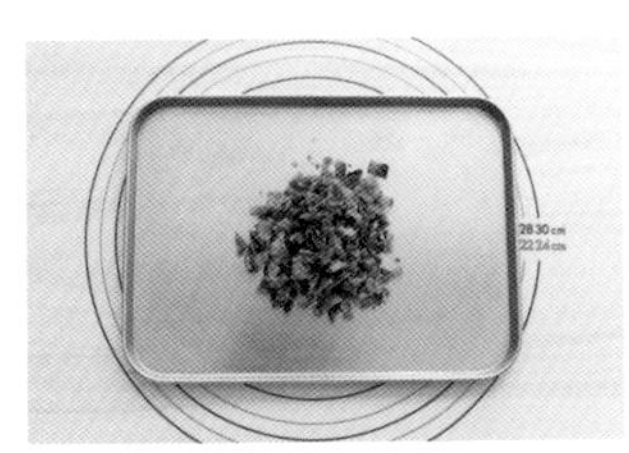

1 베이컨을 바삭하게 튀기듯 구워서 기름을 제거한 뒤 잘게 다져요.

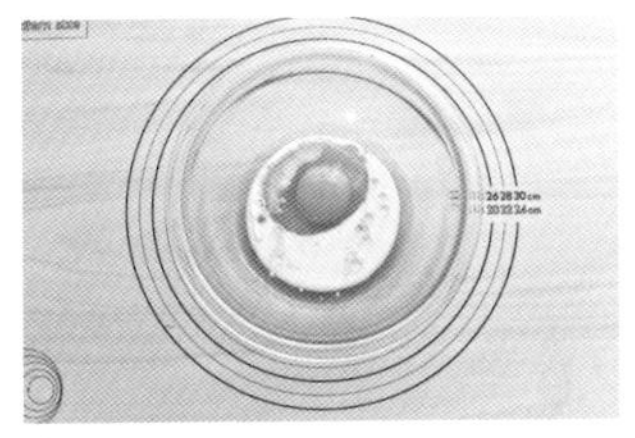

2 믹싱볼에 달걀, 우유, 포도씨유를 넣고 잘 섞어요.

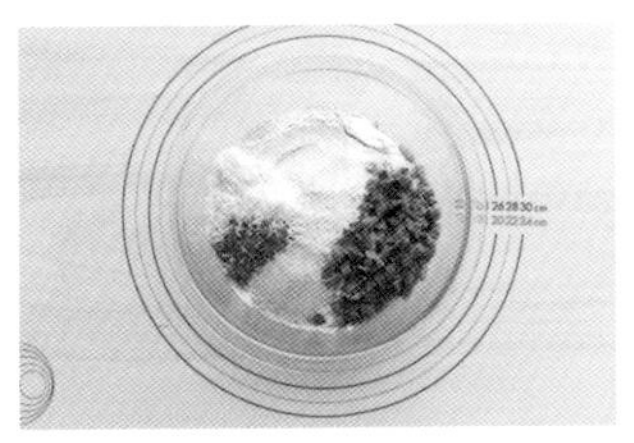

3 호밀가루, 다진 베이컨, 설탕, 소금, 베이킹파우더, 마늘가루, 허브가루, 파마산 치즈가루를 넣어요.

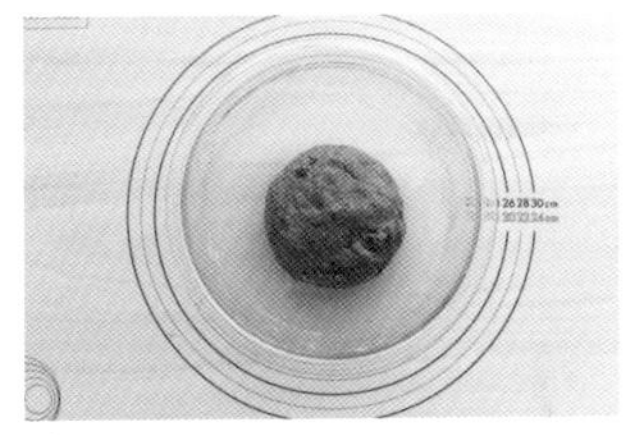

4 한데 잘 섞어서 둥글려준 다음 냉장실에서 30분간 휴지시켜요.

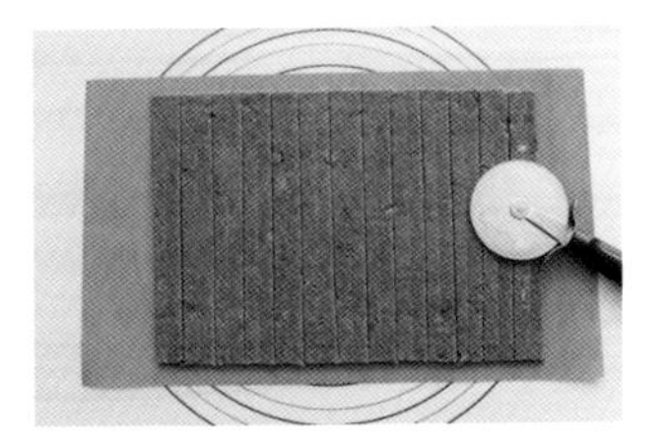

5 시트 위에 반죽을 올리고, 밀대로 최대한 얇게 밀고 피자칼로 길게 잘라요.

6 시트를 깐 오븐팬에 올리고, 반죽의 표면에 우유를 바른 다음, 180도로 예열한 오븐에서 8~10분간 구우면 완성.

베이컨의 고소한 맛과 마늘가루, 허브가루, 치즈가루가 오묘하게 조화를 이뤄 간단하면서도 근사한 맥주 안주가 완성돼요. 기호에 따라 칠리소스나 토마토소스를 곁들여도 좋아요.

NO!
버터
NO!
설탕
CURRY

호밀 커리 쿠키
★☆☆

유난히 커리를 좋아하는 남편을 위해 쿠키에 커리를 넣어봤어요. 결과는 대만족! 구수한 호밀과 감칠맛 나는 커리가 참 잘 어울려요.

6cm
22~24개

박력분 50g, 호밀가루 100g, 소금 한꼬집, 포도씨유 30g, 아가베 시럽 15g, 꿀 15g, 커리 분말 1작은술, 계핏가루 1작은술, 물 2큰술

믹싱볼, 거품기, 체, 주걱, 랩이나 지퍼팩, 밀대, 원형 쿠키커터, 쿠키 스탬프, 테프론 시트, 오븐팬

180℃ 8~10분

50분
(냉장실 30분 휴지 포함)

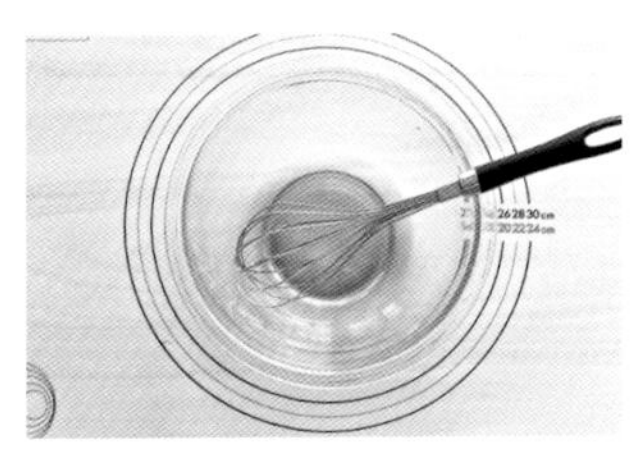

1 믹싱볼에 포도씨유, 아가베 시럽, 꿀을 넣고 잘 섞어요.

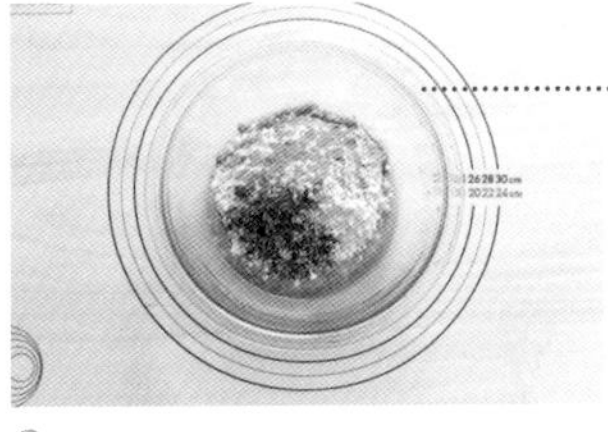

2 미리 체 쳐둔 가루류를 넣고 잘 섞어요.

반죽의 정도에 따라 물 2큰술을 조금씩 따가라며 넣어요.

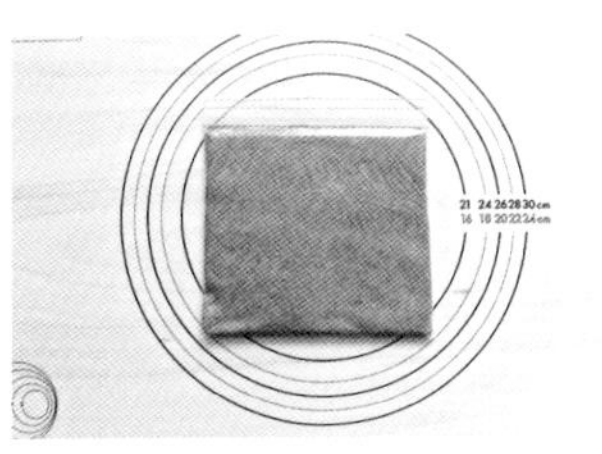

3 랩에 감싸거나 지퍼팩에 넣어 냉장실에서 30분간 휴지시켜요.

4 반죽을 밀대로 최대한 얇게 밀어요.

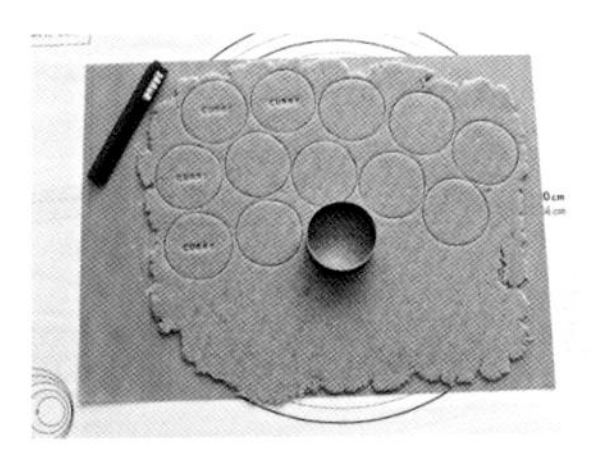

5 쿠키커터와 쿠키 스탬프를 이용해서 모양을 내요.

6 180도로 예열한 오븐에서 8~10분간 구우면 완성.

커리의 주성분인 강황에는 커큐민이라는 성분이 다량 함유되어 있는데, 암 예방이나 치료에 도움을 줄 뿐 아니라, 뇌 신경세포 손상을 막아주는 기능이 있어 알츠하이머를 예방하는 데에도 효과가 있어요.

미니 소시지롤

★★☆

소시지빵의 주인공은 빵이 아니라 소시지죠? 탱글탱글 짭쪼름한 소시지가 통째로 들어가 맥주 안주로도 참 잘 어울려요.

9개

강력분 300g, 설탕 20g, 소금 3g, 우유 150g, 포도씨유 15g, 인스턴트 드라이이스트 6g, 미니 소시지 9개, 파슬리가루 약간

제빵기, 젖은 면보, 냄비, 체, 브러시, 테프론 시트, 오븐팬

180℃ 12~14분

2시간 30분

1 제빵기에 우유, 설탕, 소금, 포도씨유, 밀가루를 넣고 그 위에 이스트를 올린 뒤 반죽을 시작해요.

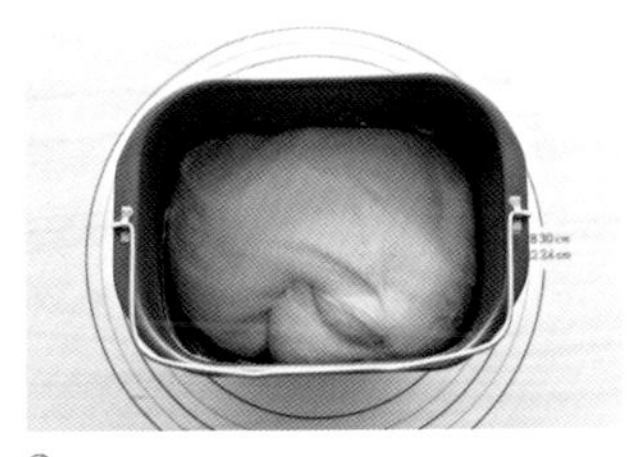

2 반죽이 1.5~2배가량 부풀도록 제빵기 안에서 1차 발효까지 마쳐요.

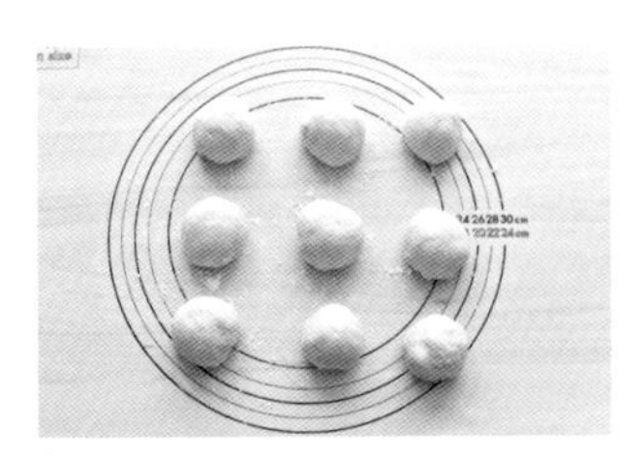

3 1차 발효가 끝난 반죽을 9등분으로 나누어 둥글린 뒤, 젖은 면보를 씌워 15분간 중간 발효를 해요.

4 그 사이, 소시지를 끓는 물에 데친 뒤 물기를 빼요.

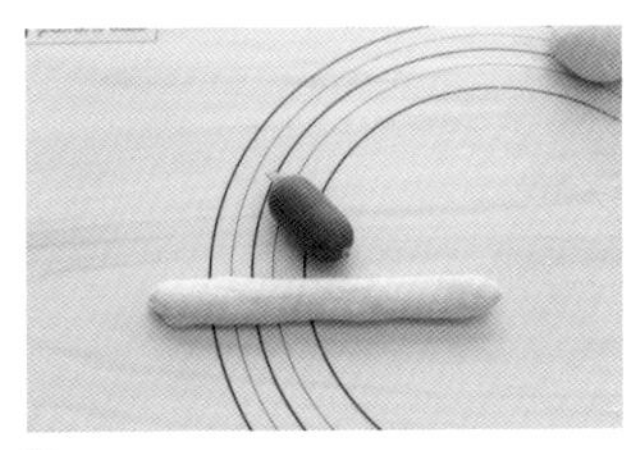

5 중간 발효가 끝난 반죽을 손바닥으로 길게 밀고 소시지에 돌돌 말아요.

6 시트를 깐 오븐팬 위에 가지런히 올린 뒤, 비닐이나 젖은 면보를 덮어 20~25분간 2차 발효를 해요.

7 2차 발효가 끝난 반죽에 우유를 얇게 바르고 그 위에 파슬리가루를 솔솔 뿌린 뒤, 180도로 예열한 오븐에서 12~14분간 구우면 완성.

집에서 만든 빵은 빨리 굳는 편이라, 식으면 바로 밀봉하고, 나중에 먹을 건 냉동 보관해요.
냉동 보관된 빵은 자연해동한 다음, 전자레인지에서 10~20초 정도 데워 드세요.

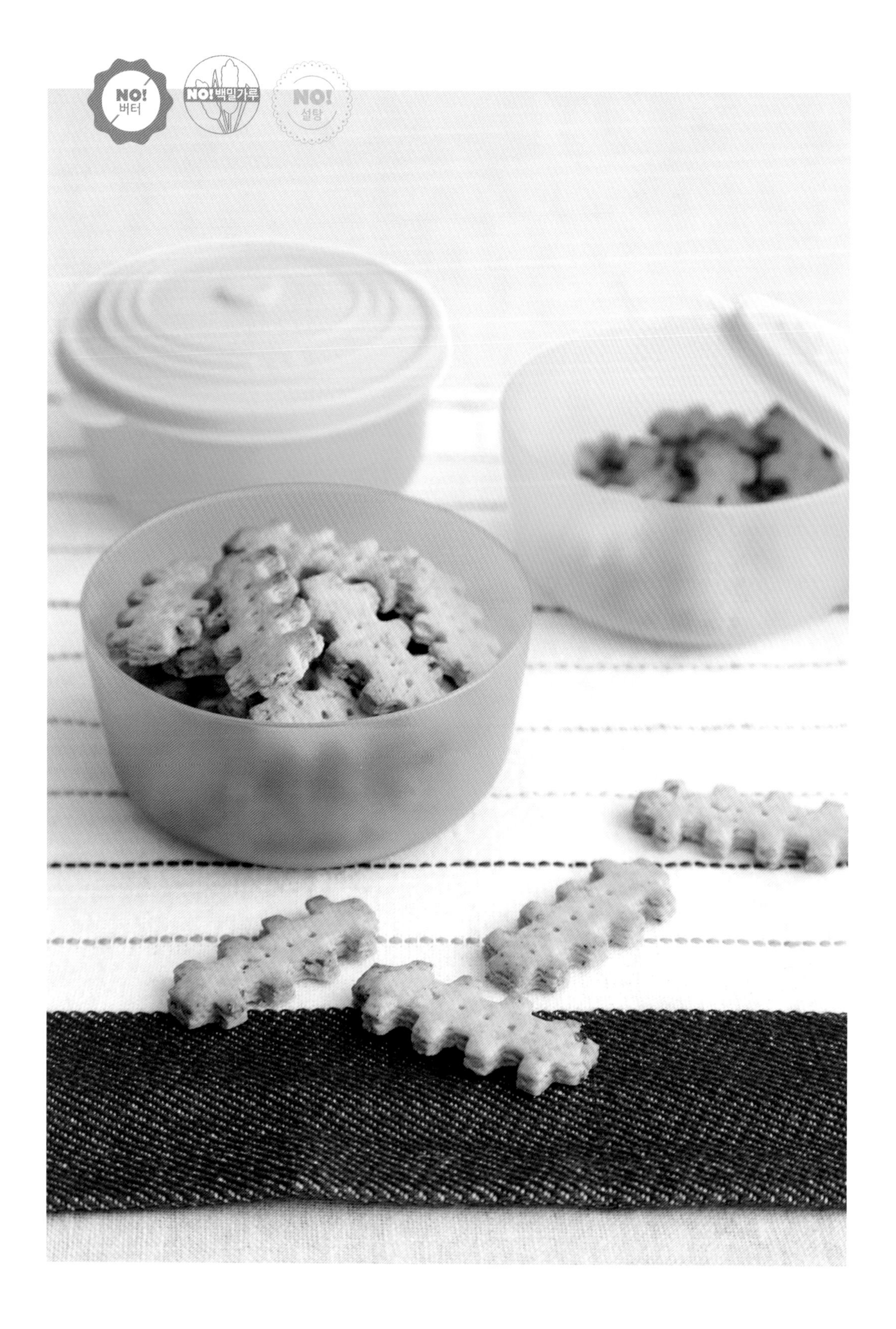
NO!
버터
NO! 백밀가루
NO!
설탕

채소 크래커

★☆☆

감칠맛이 나면서도 짭조름하고 부담 없이 먹을 수 있는 건강 간식을 찾는다면 채소 크래커를 추천해요. 쌀가루와 양파가루, 채소 후리가케가 들어가서 남녀노소 누구나 자꾸자꾸 손 가게끔 만드는 크래커죠. 시원한 맥주 한잔 생각날 때 안주로 먹기에 참 좋아요.

4x2cm
40~50개

박력 쌀가루 150g, 베이킹파우더 2g, 소금 1g, 올리고당 30g, 연유 10g, 포도씨유 30g, 양파가루 8g, 채소 후리가케 4g

믹싱볼, 거품기, 체, 랩, 밀대, 쿠키커터, 테프론 시트, 오븐팬

190℃ 10~12분

50분
(냉장실 30분 휴지 포함)

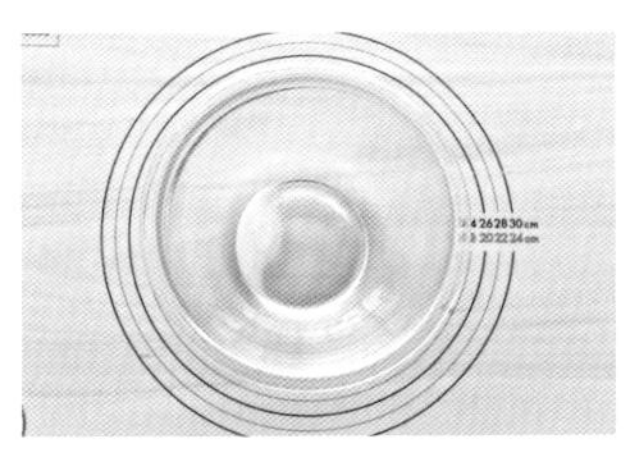

1 믹싱볼에 포도씨유, 연유, 올리고당을 넣고 잘 섞어요.

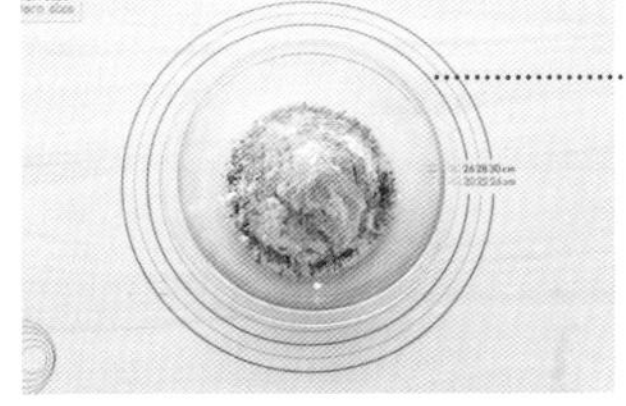

2 미리 체 쳐둔 가루류와 후리가케를 넣어요.

반죽의 정도에 따라 물을 1큰술 넣어도 좋아요.

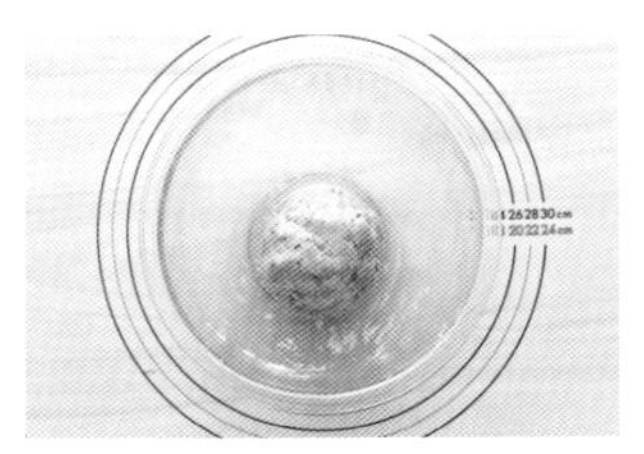

3 한 덩이가 되도록 반죽한 뒤, 랩을 씌워 냉장실에서 30분간 휴지시켜요.

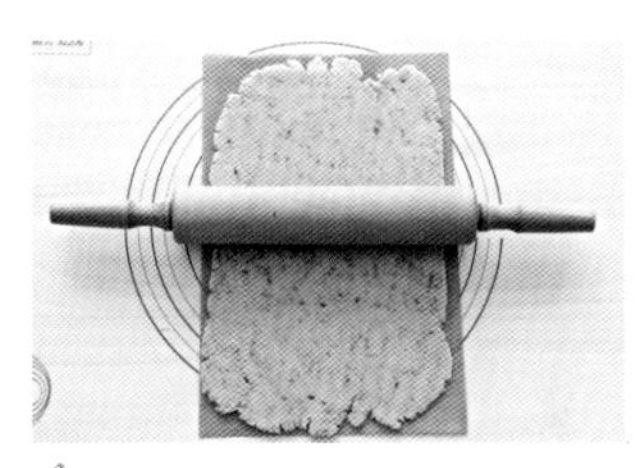

4 밀대로 0.3cm 두께로 밀어요.

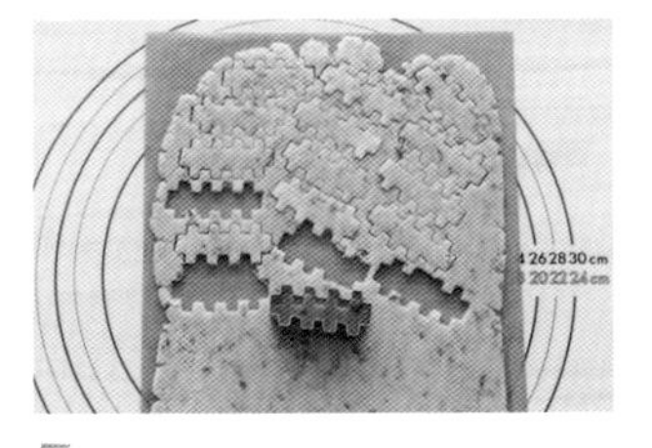

5 쿠키커터를 이용해 모양을 내요.

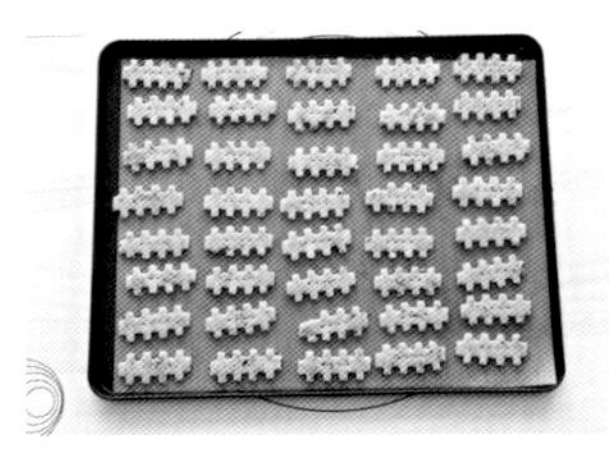

6 시트를 깐 오븐팬에 올리고, 190도로 예열한 오븐에서 10~12분간 구우면 완성.

동글이의 Tip

채소 후리가케 대신 당근과 파 등을 곱게 다져 프라이팬에서 수분이 날아가도록 볶아서 넣어도 좋아요. 이때 식용유는 두르지 말고, 타지 않게 약한 불에서 바삭하게 볶아줍니다.

9

SEPTEMBER

명절 선물도 이젠 직접 만들어요

여름내 싱그러웠던 진녹색의 나뭇잎이 어느새 빨갛게 물들기 시작하는 9월.
더운 날씨 탓에 잠시 멀리했던 오븐을 슬슬 가동해봅니다. 가을의 서막을 알리는 추석이 다가오면
홈베이커들의 장바구니엔 가을이 선사하는 자연 재료들로 가득 차지요.
소중한 가족과 계절이 주는 행복감을 마주하며 즐기는 디저트 한 입!

월병

★☆☆

견과류가 듬뿍 들어가 고소하면서도 달지 않아 온 가족이 먹기에 좋은 월병. 추석이 다가오면 넉넉히 만들어 가까운 사람들과 나눠먹곤 한답니다. 화려하지 않아도 소박하고 푸짐해서 더 정겨워요.

8개

달걀 1개, 설탕 40g, 꿀 15g, 포도씨유 20g, 소금 한꼬집,
박력분 150g, 아몬드가루 20g
앙금 200g, 다진 호두 80g, 덧가루용 밀가루 약간, 달걀물 약간

믹싱볼, 거품기, 체, 주걱, 월병프레스,
테프론 시트, 오븐팬, 브러시

170℃ 15분

50분
(냉장실 30분 휴지 포함)

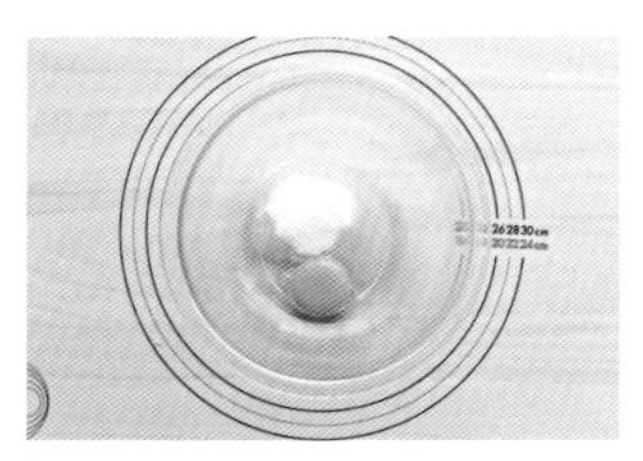

1 볼에 달걀, 설탕, 소금을 넣고 잘 섞어요.

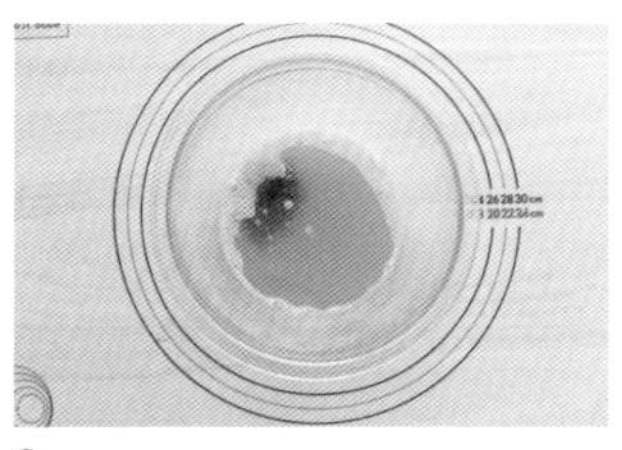

2 분량의 꿀과 포도씨유를 넣고 잘 섞어요.

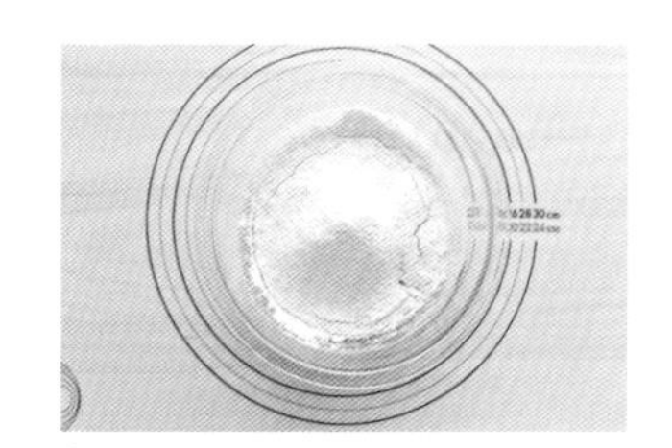

3 미리 체 쳐둔 박력분과 아몬드가루를 넣고 날가루가 보이지 않게 반죽해요.

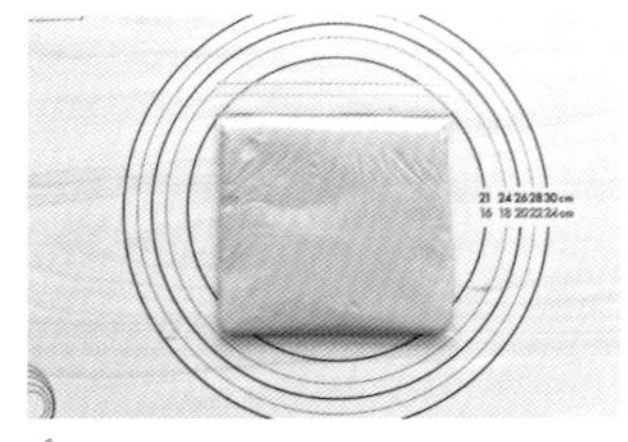

4 랩이나 비닐로 밀봉해서 냉장실에서 30분간 휴지시켜요.

5 그 사이, 앙금에 다진 호두를 넣고 잘 섞은 뒤 앙금을 8등분해서 둥글려요.

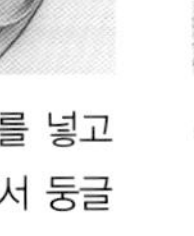

호두는 기름 없는 마른팬에 살짝 볶아주면 더 고소해요.

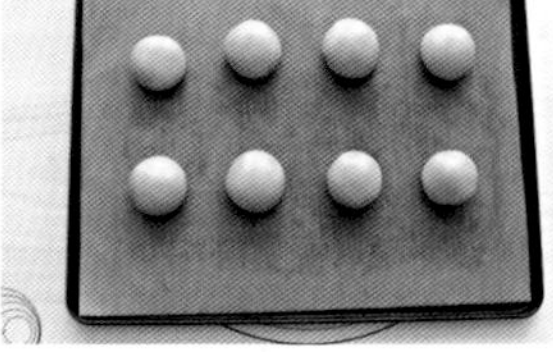

6 휴지가 끝난 반죽을 8등분해서 둥글려요.

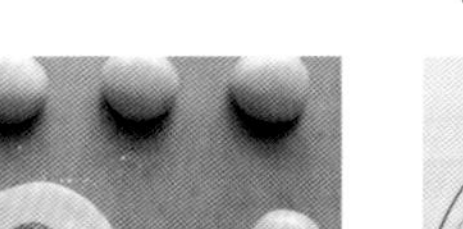

7 반죽을 밀고 가운데에 앙금을 넣어 오므려요.

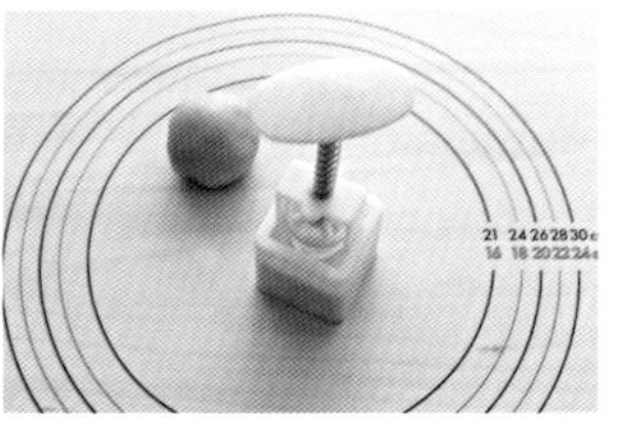

8 이음매가 아래쪽으로 가게끔 월병프레스에 반죽을 넣고, 꾹 눌러 모양을 잡아요.

9 월병 표면에 달걀물을 얇게 바르고 170도로 예열한 오븐에서 15분간 구우면 완성.

+ 월병과 만주는 비슷하면서도 조금 다른데요. 월병은 중국과자이고 만주는 일본과자라는 점이 다르지만, 베이킹파우더를 넣느냐 안 넣느냐도 큰 차이점 중 하나예요. 만주에는 베이킹파우더가 들어가 식감이 좀더 부드럽답니다.

+ 월병은 만들어서 바로 먹어도 맛있지만, 밀봉한 상태로 하루 정도 보관하면 조금 더 부드럽고 촉촉해진답니다.

삼색 양갱

★☆☆

고운 빛깔의 한복을 보는 듯 여리여리한 자태에, 달콤한 맛을 자랑하는 삼색 양갱! 다가오는 명절에 어떤 선물을 골라야 할지 고민 되시나요? 평범한 것을 싫어한다면 삼색 양갱을 추천해요. 고급스럽고 달콤함이 가득해 받는 분의 감동도 배가 될 거예요.

25x25 cm 사각틀

적색 팥앙금 250g, 물 100g, 한천가루 1작은술, 설탕 15g, 올리고당 또는 물엿 15g

핑크색 백앙금 250g, 물 100g, 한천가루 1작은술, 설탕 15g, 올리고당 또는 물엿 15g, 백련초가루 1큰술+물 1큰술

백색 백앙금 250g, 물 100g, 한천가루 1작은술, 설탕 15g, 올리고당 또는 물엿 15g

냄비, 주걱, 사각틀, 종이포일, 칼

3시간 (굳히는 시간 포함)

1 냄비에 물과 한천가루를 넣고 불려요.

2 냄비를 중불에 올려 바글바글 끓이다가 약불로 줄인 뒤, 팥앙금을 넣고 잘 저어가며 섞어요.

3 설탕과 올리고당을 넣고 잘 섞은 뒤, 약불에서 2분간 뭉근히 끓여요.

4 무스틀이나 사각틀에 종이포일을 덧대고, 끓인 앙금을 넣고 평평하게 만든 뒤 잠시 냉장실에서 식혀요.

5 그 사이 다시 깨끗한 냄비에 물과 한천가루를 넣고 불린 뒤, 백앙금을 넣고 잘 저어요.

6 물에 곱게 갠 백련초가루를 넣고 멍울이 없도록 잘 섞어요.

7 올리고당과 설탕을 넣고 잘 섞은 뒤, 약불에서 2분간 뭉근히 끓여요.

8 적색 앙금이 손가락으로 만져 묻어나지 않을 정도로 굳으면 핑크색 앙금을 넣고 평평하게 해준 뒤 다시 냉장실에 넣고 굳혀요.

9 마지막으로 백색도 같은 방법으로, 깨끗한 냄비에 물과 한천가루를 넣고 불린 뒤, 백앙금을 넣고 잘 저어요.

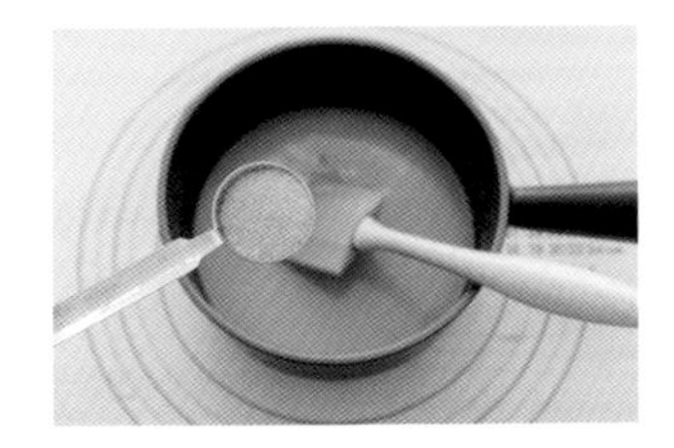

10 올리고당과 설탕을 넣고 잘 섞은 뒤, 약불에서 2분간 뭉근히 끓여요.

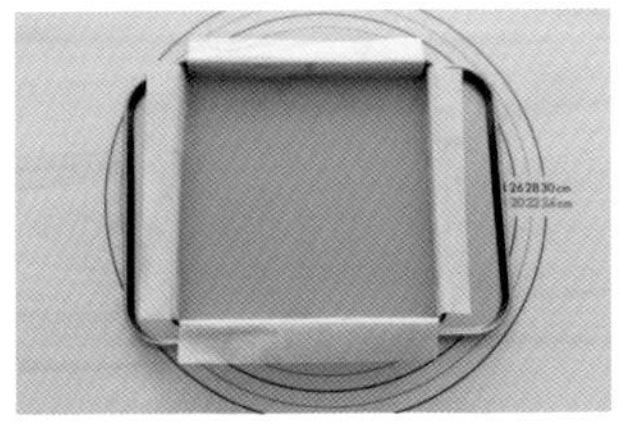

11 핑크색 앙금이 손가락으로 만져 묻어나지 않을 정도로 굳으면 백색 앙금을 넣고 평평하게 해준 뒤 굳혀요.

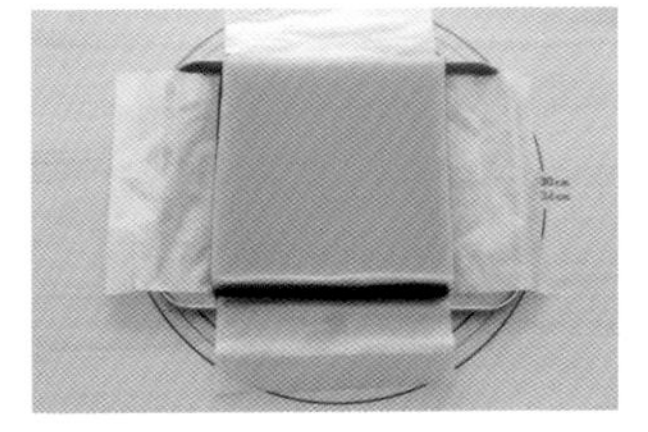

12 서늘한 곳이나 냉장실에서 2시간가량 완전히 굳힌 뒤, 틀에서 빼내 먹기 좋은 크기로 자르면 완성.

저는 적색-핑크색-백색으로 만들어봤는데요, 취향에 따라 녹차가루나 단호박가루를 넣어도 좋아요.
또, 중간중간 밤 다이스나 곶감, 호두 등을 넣어도 좋고요. 어떤 재료든 응용이 가능하답니다.

NO!
버터
NO! 백밀가루

뮈슬리 바

★☆☆

여러 가지 곡물에 건과일과 견과류를 넣어 만든 뮈슬리는 우유나 요거트에 넣어 먹어도 맛있지만, 바삭하게 구워 낱개로 포장해두면 하나씩 꺼내먹을 수 있어 바쁜 아침 식사 대용으로도 좋아요. 아침 식사 대신 달콤한 10분의 아침잠이 더 소중한 사람들에겐 더없이 좋은 선물이 될 듯.

10개

뮈슬리 200g, 다진 견과류와 건과일 약간, 설탕 15g, 올리고당 50g, 물 15g, 포도씨유 10g

프라이팬, 사각틀, 칼, 종이포일, 유산지, 주걱

50분(굳히는 시간 포함)

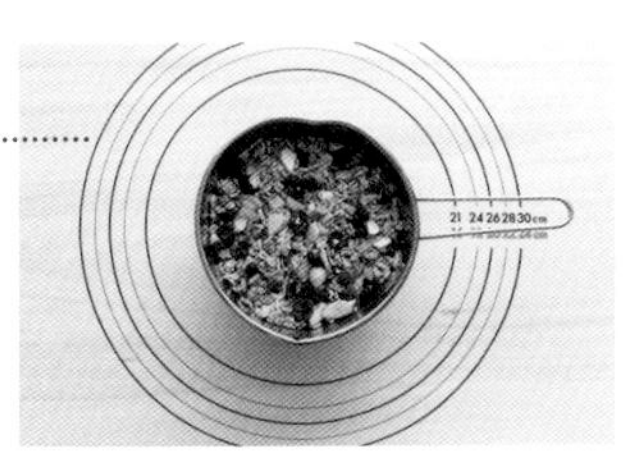

기호에 따라 다른 견과류나 건과일을 추가해도 좋아요.

1 뮈슬리를 준비해요.

2 팬에 물, 포도씨유, 설탕, 올리고당을 넣고 중불에 올려 잘 섞어가며 설탕을 충분히 녹여요.

3 뮈슬리를 넣어 잘 섞어가며 볶아요.

4 케익틀이나 무스틀에 종이포일을 깔고, 시럽에 넣어 볶은 뮈슬리를 넣고 윗면이 평평해지도록 꾹꾹 눌러요.

코팅이 되어 있는 유산지에 하나씩 포장하면 먹기에도 편하고, 보기에도 예뻐요.

5 이대로 식혀서 어느정도 굳으면 칼로 일정한 크기로 잘라요.

뮈슬리는 익히지 않고 납작하게 누른 통귀리와 기타 곡류, 생과일이나 말린 과일, 견과류를 혼합해 만든 시리얼로, 1900년대에 스위스의 의사 막시밀리안 비르헤르-베너(Maximilian Bircher-Benner)가 취리히에서 운영하던 건강 클리닉 환자들을 위해 처음 개발한 것이라고 해요. 뮈슬리는 일반 시리얼과 달리 통곡(whole grain)을 그대로 사용하기 때문에 식이섬유가 풍부하고 비타민 B와 철분, 불포화지방산, 비타민, 항산화물질 등이 풍부해요.

NO!
버터

검은깨 피낭시에

★☆☆

피낭시에는 그 모양이 '금괴'를 닮아서 붙여진 이름인데요, 원래 버터를 태워서 넣는 게 정석이지만, 버터대신 식물성 오일을 사용해서 가볍고 폭신폭신하게 만들었어요. 버터를 넣지 않아도 충분히 풍미와 향이 좋은 검은깨 피낭시에! 어른들의 입맛을 사로잡기 충분해요.

12개

검은깨 20g, 박력분 25g, 아몬드가루 50g, 옥수수전분 5g, 베이킹파우더 2g, 달걀흰자 100g, 설탕 45g, 꿀 20g, 소금 한꼬집, 포도씨유 35g, 데코용 검은깨와 참깨 약간

블렌더, 믹싱볼, 거품기, 체, 주걱, 짤주머니, 피낭시에팬

170℃ 13~14분

50분

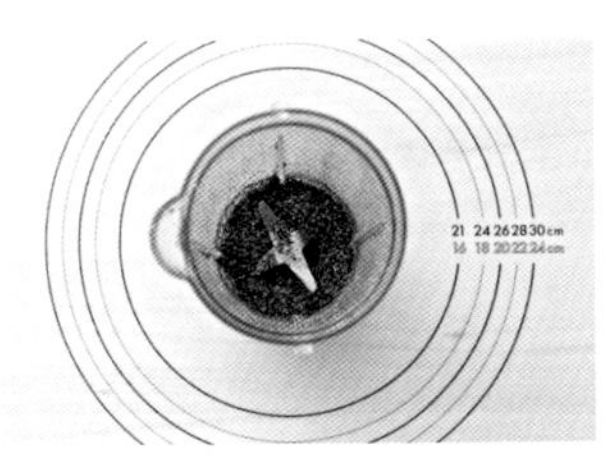

1 검은깨를 미리 블렌더에 곱게 갈아 준비합니다.

2 달걀흰자를 거품기로 저은 뒤, 설탕과 소금을 넣고 설탕이 완전히 녹을 때까지 섞어요.

3 미리 체 쳐둔 가루류에 갈아둔 검은깨를 넣고, 2를 넣어가며 멍울이 생기지 않도록 잘 섞어요.

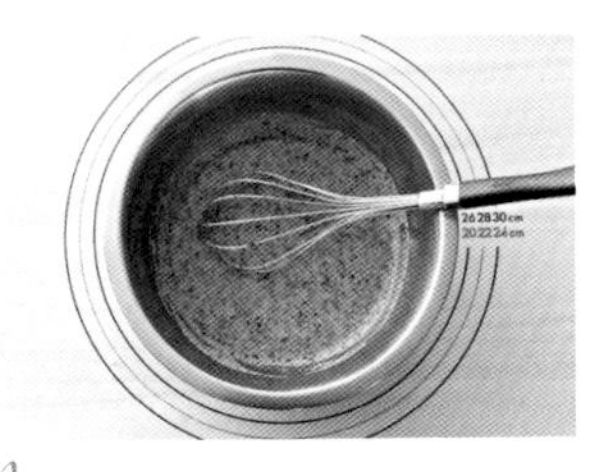

4 포도씨유를 넣고 반죽이 매끈해지도록 골고루 잘 섞어요.

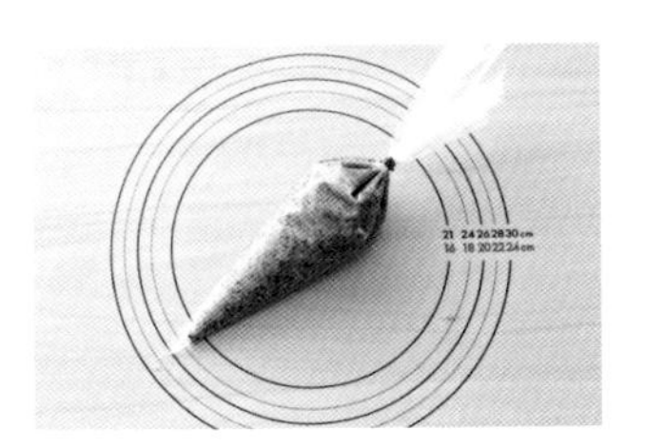

5 짤주머니에 담아 냉장실에서 30분간 휴지시켜요.

6 피낭시에팬에 80%가량 반죽을 담고, 윗부분에 여분의 검은깨와 참깨를 솔솔 뿌린 뒤 170도로 예열한 오븐에서 13~14분간 구우면 완성.

만약 피낭시에틀이 없다면, 바통틀이나 미니 머핀틀에 굽고, 일회용 종이 소주잔을 사용해도 예쁜 모양이 나온답니다.

10

기억에 남는 할로윈 파티!

서양에서 유래된 할로윈 데이는 매해 10월 31일 귀신이나 유령, 만화주인공 등의 분장을 하고
떠들썩하게 즐기는 축제예요. 이날만큼은 '마음먹고 음식으로 장난쳐도 용서가 되는 날'이죠.
눈알 모양 사탕이 박힌 컵케이크, 피 흘리는 마녀 손가락 쿠키처럼 무시무시한 모습은 아니더라도,
나만의 할로윈 쿠키와 케이크를 만들어 주변 사람들에게 선물해보세요.
일 년 중 가장 달콤하고 오싹한 날이 될 거예요.

Happy
Holidays

NO!
버터

NO! 백밀가루

NO!
오일

유령 머랭 쿠키

★☆☆

요리나 베이킹을 하다보면 가끔 달걀의 노른자나 흰자만 남을 때가 있어요. 달걀 흰자가 남을 땐 머랭 쿠키를 만들어보세요! 쫀득하고 달콤한 맛이 매력적이랍니다. 할로윈 데이를 맞아 귀여운 유령 모양으로 만들면 센스 만점이겠죠!

30개

달걀흰자 70g, 흰설탕 50g, 초코펜(또는 코팅 초콜릿 약간)

믹싱볼, 핸드믹서, 원형깍지, 짤주머니, 테프론 시트, 오븐팬, 식힘망

110℃ 1시간 20분

1시간 50분

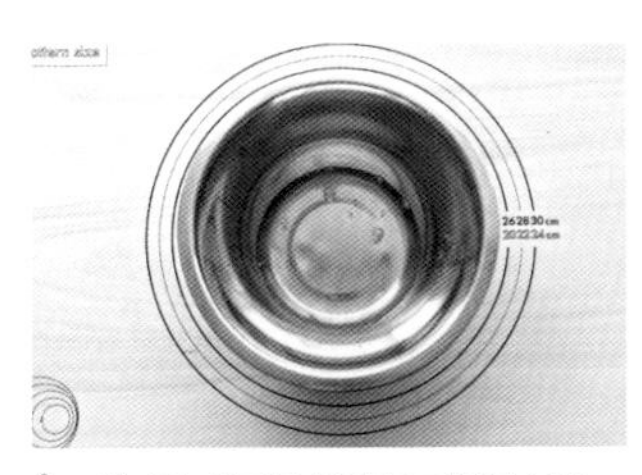

1 차가운 흰자를 풀어서 거품을 내요.

2 설탕을 세 번에 나누어 넣으며 휘핑해요.

차가운 상태를 유지하기 위해서는 유리볼보다는 스테인레스볼이 좋아요.

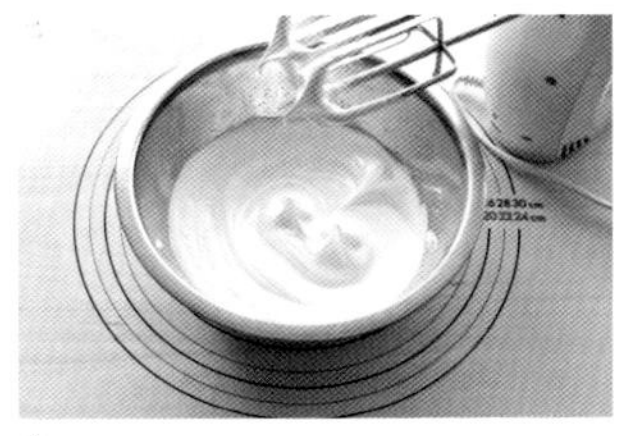

3 뾰족한 뿔이 설 정도로 단단한 머랭을 만들어요.

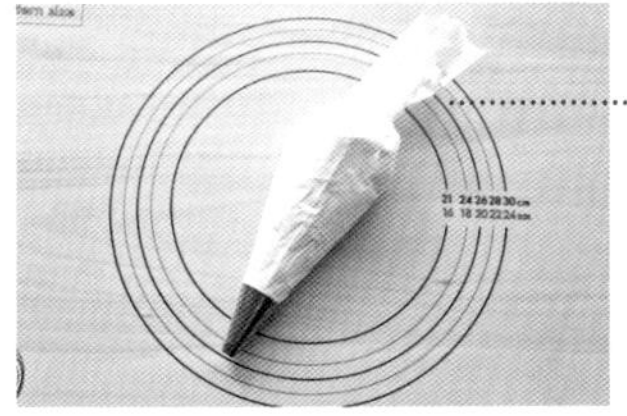

4 1cm 원형깍지를 끼운 짤주머니에 머랭을 넣어요.

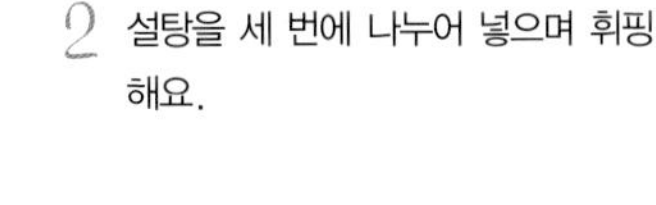

손의 온기로 인해 반죽이 점점 묽어질 수 있으니 가능한 빨리 작업해요.

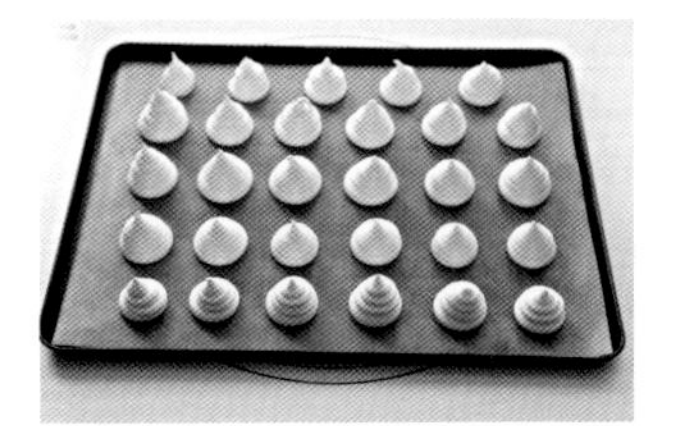

5 힘을 주었다 뺐다를 반복하며 머랭을 짜고, 110도로 예열한 오븐에서 1시간 20분간 구워요.

6 오븐에서 꺼낸 머랭 쿠키는 한 김 식힌 뒤 초코펜으로 장식하면 완성.

동글이의 Tip

머랭 쿠키는 수분이 많기 때문에 저온에서 말리듯 오랜 시간 굽지 않으면, 처음엔 바삭해도 시간이 지나면서 눅눅해질 수 있어요. 또 가능한 빨리 먹는 게 좋아요.

할로윈 초콜릿 타르트

★☆☆

10월의 마지막 날인 할로윈 데이!! 바삭한 타르트에 달콤한 가나슈를 채우고, 고소한 단호박 쿠키를 올렸어요. 잭오랜턴과 마녀모자, 유령 등의 귀여운 장식과 함께 할로윈 데이를 한껏 즐겨보세요!

8.5cm 타르트 8개

시판 타르트쉘 8개, 데코용 너트 크런치 약간, 초콜릿 스프링클 약간, 블루베리 쿠키 크런치 약간
초코 가나슈 초콜릿 100g, 생크림 100g
단호박 쿠키 박력분 70g, 통밀가루 30g, 베이킹파우더 4g, 계핏가루 약간, 으깬 단호박 120g, 설탕 50g, 포도씨유 30g

믹싱볼, 거품기, 체, 주걱, 랩, 테프론 시트, 쿠키커터, 식힘망, 중탕용 볼

180℃ 10~12분

1시간

1 믹싱볼에 포도씨유와 설탕을 넣고 잘 섞어요.

2 으깬 단호박을 넣어요.

3 미리 체 쳐둔 가루류를 넣고 가볍게 섞어요.

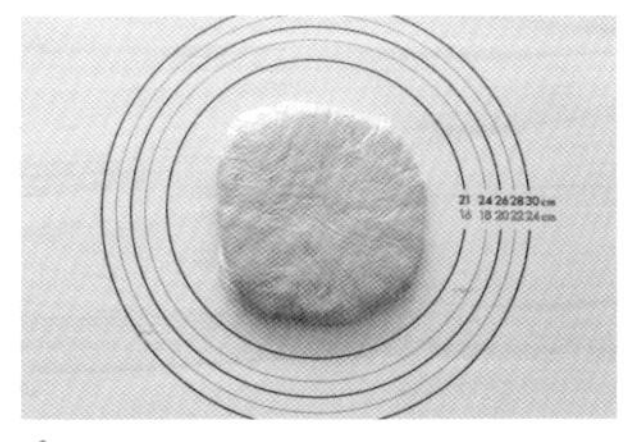

4 랩이나 지퍼팩에 담아 냉장실에서 30분간 휴지시켜요.

5 휴지가 끝난 반죽을 밀대로 얇게 밀어 쿠키커터로 모양을 찍어요.

6 오븐팬에 올리고, 180도로 예열한 오븐에서 10~12분간 구운 뒤, 식힘망에서 완전히 식히고, 초코펜으로 장식해요.

타르트지 만드는 법은 17페이지 참고.

7 타르트쉘을 준비해요.

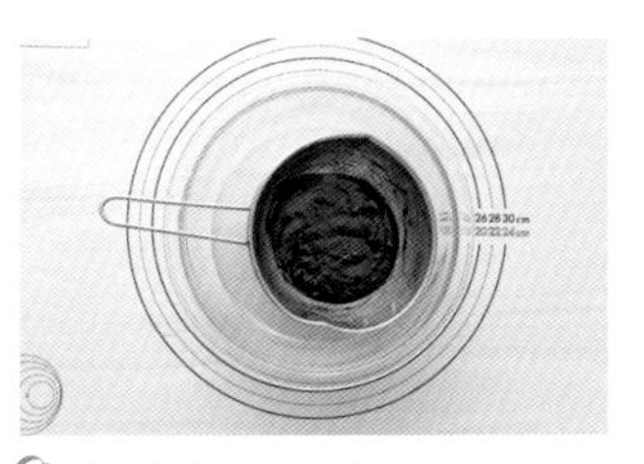

8 생크림과 다크 초콜릿을 넣고 중탕으로 녹여 가나슈를 만들어요.

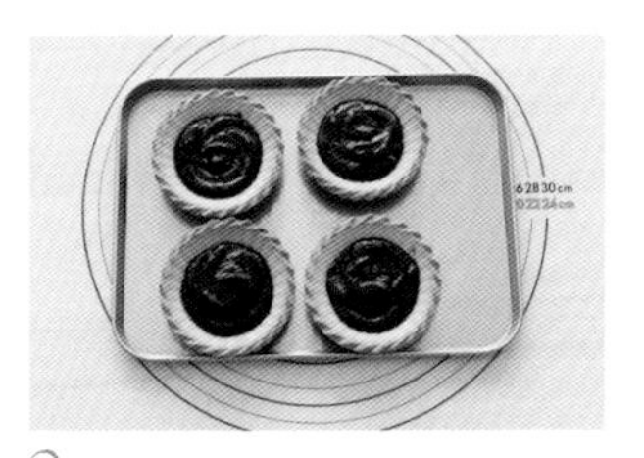

9 타르트쉘에 가나슈를 채워요.

10 그 위에 크런치와 스프링클, 만들어둔 단호박 쿠키로 장식하면 완성.

타르트쉘을 만들 시간이 없다면, 가끔은 시판되는 것을 사용해도 괜찮아요. 하지만 시판용 타르트쉘을 구입할 때는 배송 중 깨질 수 있으므로 온라인으로 구입하는 것보다 베이킹샵이나 수입 식재료 마트 등에서 직접 보고 사는 게 좋아요.

NO! 백밀가루

NO! 오일

할로윈 화분케이크

★☆☆

할로윈 데이를 맞아 재미있는 케이크를 만들어보세요. 부순 오레오 쿠키가 마치 진흙처럼 보이는 화분케이크랍니다. 영양 만점, 담백하고 부드러운 두부 크림과 달콤한 초코 커스터드 크림을 넣었어요.

1L 유리병, 470ml 유리병

초코 커스터드 달걀노른자 90g, 설탕 70g, 우유 300g, 바닐라 익스트랙 약간, 박력 쌀가루 15g, 옥수수전분 15g, 다크 초콜릿 100g, 버터 10g

두부 크림 두부 350g, 우유 50g, 화이트 초콜릿 70g, 바닐라 익스트랙 약간

그 외 오레오 쿠키 300g, 지렁이 모양 젤리 약간

밀대, 지퍼팩, 블렌더, 믹싱볼, 체, 냄비, 중탕용 볼, 유리병

50분

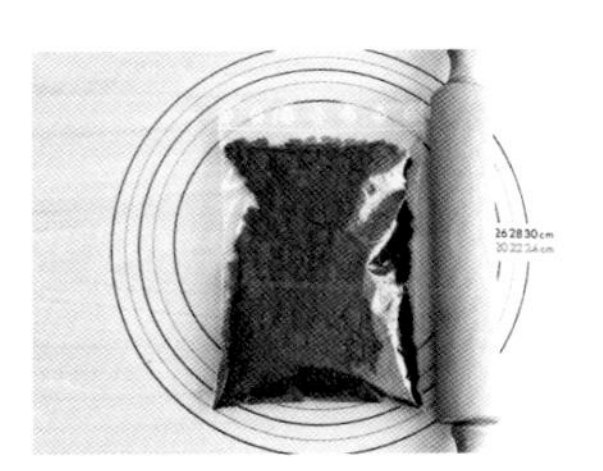

1 오레오 쿠키의 크림을 제거하고 잘게 부숴요.

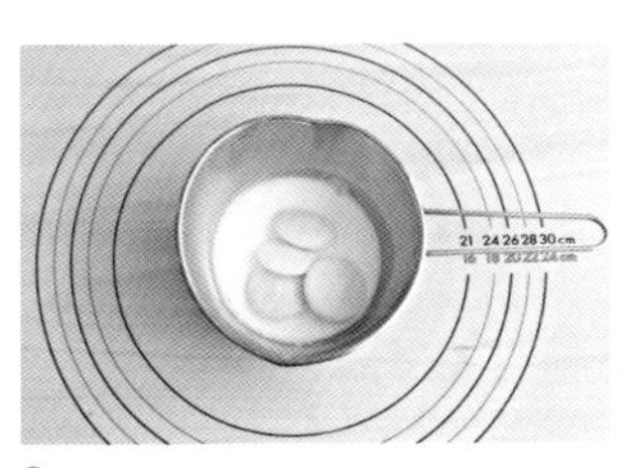

2 우유를 데우고 화이트 초콜릿을 넣어 녹여요.

3 블렌더에 두부와 2를 넣고 갈아요.

두부는 미리 살짝 데쳐 물기를 빼고 준비해요.

4 바닐라 익스트랙을 넣고 곱게 갈아 두부 크림을 완성해요.

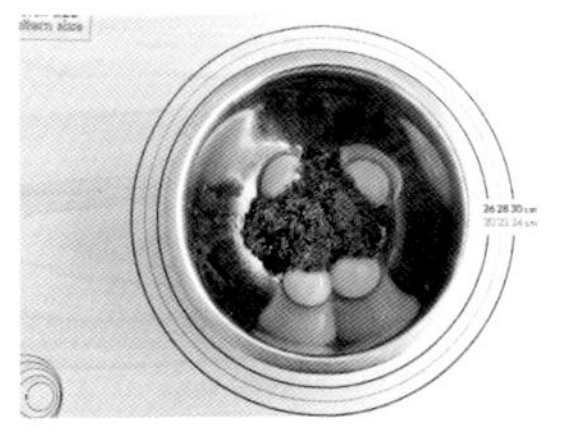

5 믹싱볼에 달걀노른자와 설탕을 넣고 섞어요.

6 우유와 미리 체 쳐둔 가루류를 넣고 잘 섞어요.

7 냄비로 옮겨 잘 저어가며 미리 중탕으로 녹여둔 초콜릿과 버터를 넣고 섞어요.

8 유리병에 부순 오레오 쿠키를 깔아요.

9 그 위에 초코 커스터드와 두부 크림을 채워요.

10 윗면에 오레오 쿠키를 담은 뒤, 젤리로 장식하면 완성.

시판되는 오레오 쿠키 대신 초코 제누와즈를 구워 체로 곱게 갈아 사용해도 좋아요.

NO! 버터
NO! 백밀가루
NO! 색소
NO! 오일

단호박 치즈케이크

★☆☆

단호박이 주는 풍성하고 깊은 맛. 단호박은 달콤하면서도 고소해 자연식 베이킹에 자주 활용되는 재료예요. 단호박 치즈케이크로 기억에 남을 할로윈 데이를 준비해보세요.

10cm 낮은 머핀컵 6개

으깬 단호박 200g, 크림치즈 250g, 떠먹는 플레인 요거트 75g, 황설탕 60g, 생크림 100g, 달걀 2개, 바닐라 익스트랙 1작은술, 옥수수전분 20g

믹싱볼, 거품기, 체, 주걱, 종이 머핀틀, 쿠킹포일, 오븐팬

170℃ 40~45분

1시간 20분

1 믹싱볼에 실온의 크림치즈를 넣어 부드럽게 풀고, 분량의 설탕과 플레인 요거트, 바닐라 익스트랙을 넣고 잘 섞어요.

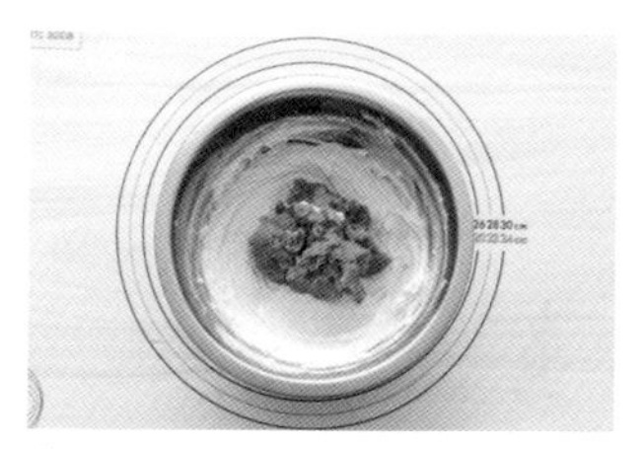

2 미리 쪄서 으깬 단호박을 넣고 잘 섞어요.

3 미리 풀어준 달걀과 생크림을 넣고 잘 섞어요.

4 옥수수전분을 넣고 섞어요.

저는 일회용 머핀컵을 이용해서 종이가 젖을까봐 다른 팬을 덧대었어요. 젖지 않는 틀은 그냥 반죽 틀만 올려도 된답니다.

5 머핀틀이나 원형틀에 반죽을 붓고, 단호박 껍질로 만든 눈, 코, 입 모양을 올린 뒤, 오븐팬 위에 물을 담고 중탕으로 170도로 예열한 오븐에서 40~45분간 구워요.

단호박은 특유의 달콤함과 노란 빛깔 때문에 베이킹에 자주 활용되는 재료인데요. 항산화 작용을 하는 루테인과 베타카로틴 성분이 풍부해서 면역력 증강에 좋고, 노화 예방이나 각종 성인병 예방에도 좋아요. 채소나 과일 고유의 색이 진할수록 영양이 더 풍부해요.

11

NOVEMBER

사랑하는 사람과 함께하는 빼빼로데이

마음만 있으면 됐지, 기념일을 꼬박꼬박 챙길 필요는 없다고 생각하던 때가 있었어요.
우리나라는 무슨 무슨 데이가 왜 이리 많은지 투덜대면서요. 하지만 오래된 연인일수록, 평소에 표현을
잘 안 하는 무뚝뚝한 가족일수록 특별한 날을 더욱 특별한 마음으로 준비해보는 건 어떨까요?
아빠의 외투 주머니에는 하트 모양 빼빼로를 쏙, 엄마의 화장대에는 귀여운 퍼피 빼빼로를 살짝,
아이들에게는 곰돌이 빼빼로를 선물해보세요. 사랑하는 그에게는 가장 정성 들여 만든 빼빼로케이크를!

NO! 백밀가루

곰돌이 빼빼로

★☆☆

귀여운 곰돌이 모양! 이런 건 혼자 보다는 누군가와 함께 만들어야 재미가 2배 된다죠! 연인과 함께해도 좋고, 자녀가 있다면 아이와 함께 만들어도 좋아요!

10개

쉘 초콜릿 10개, 스틱 과자 10개, 다크 코팅 초콜릿 100g, 코인 다크 초콜릿 5개, 코인 화이트 초콜릿 10개, 다크 초코펜, 화이트 초코펜

가나슈 다크 초콜릿 100g, 생크림 100g

믹싱볼, 중탕용 볼, 식힘망

1시간

가나슈는 데운 생크림에 다크 초콜릿을 녹여서 만들어요.

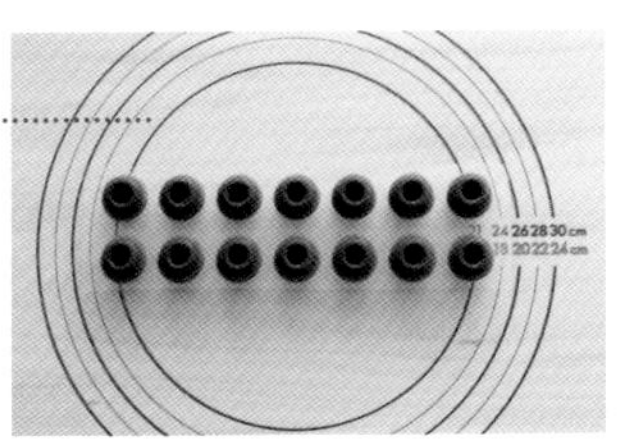

1 쉘 초콜릿 구멍에 가나슈를 70%가량 채워요.

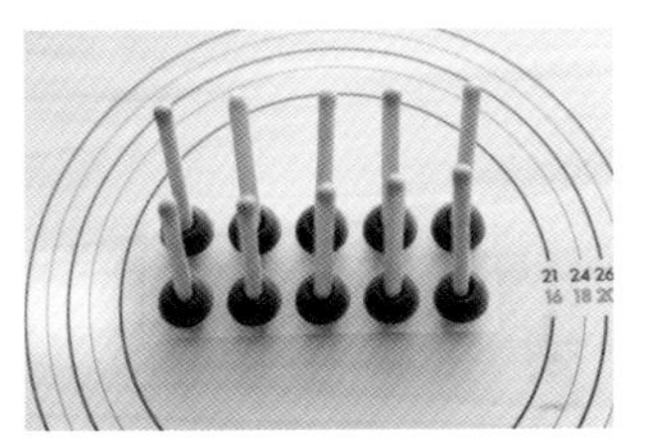

2 가나슈가 굳기 전에 스틱 과자를 꽂고, 완전히 굳혀요.

3 코팅용 다크 초콜릿을 중탕으로 녹여요.

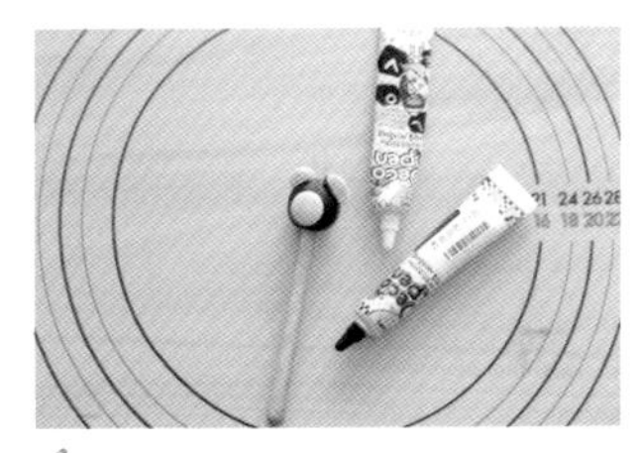

4 쉘 초콜릿에 코팅용 다크 초콜릿을 입히고, 컵이나 쿠키 식힘망을 이용해서 초콜릿이 찍히지 않게 잘 말린 뒤, 코인 초콜릿으로 붙여요.

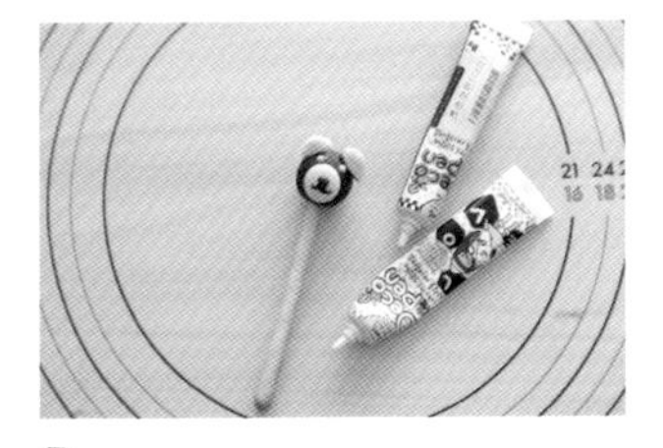

5 초코펜을 이용해서 눈, 귀, 코를 그리면 완성.

곰돌이의 눈과 코는 코팅했던 초콜릿이 완전히 굳은 다음 그려야 번지지 않아요.
화이트 쉘 초콜릿을 이용해서 토끼나 고양이 등 다양한 동물을 표현해도 좋아요!

하트 그리시니 빼빼로

★★☆

매번 똑같은 빼빼로는 이제 그만! 씹을수록 고소한 통밀 그리시니에 초콜릿을 바르고 스프링클을 뿌려 색다른 빼빼로를 만들었어요. 사랑하는 사람에게 나만의 빼빼로를 만들어 선물하는 기쁨이란 바로 이런 것!

강력분 100g, 통밀가루 100g, 인스턴트 드라이이스트 4g, 소금 3g, 설탕 10g, 올리브유 15g, 따뜻한 물 140g, 다크 코팅 초콜릿 100g, 스프링클 적당량

제빵기, 체, 밀대, 스크래퍼, 테프론 시트, 오븐팬, 식힘망, 중탕용 볼

200℃ 15~20분

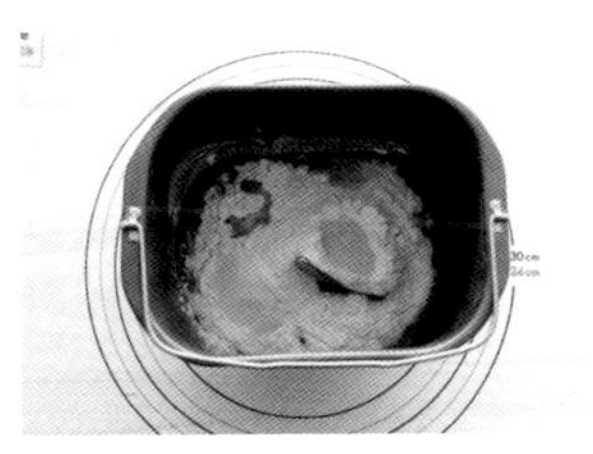

1 제빵기에 따뜻한 물, 올리브유, 소금, 미리 체 쳐둔 가루류, 설탕, 이스트 순으로 넣고 반죽해요.

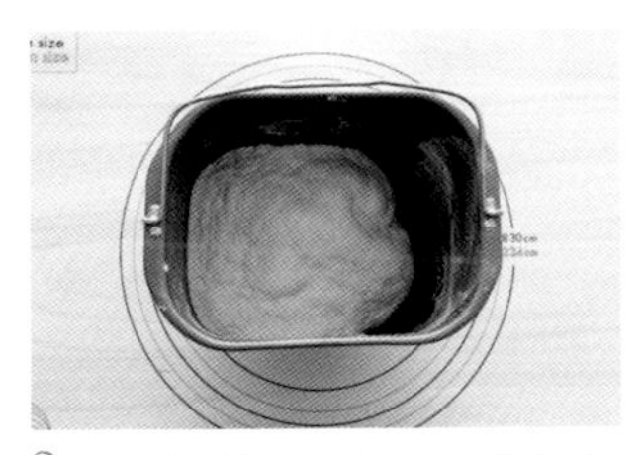

2 반죽이 처음 부피의 1.5~2배가 되도록 1시간가량 1차 발효를 해요.

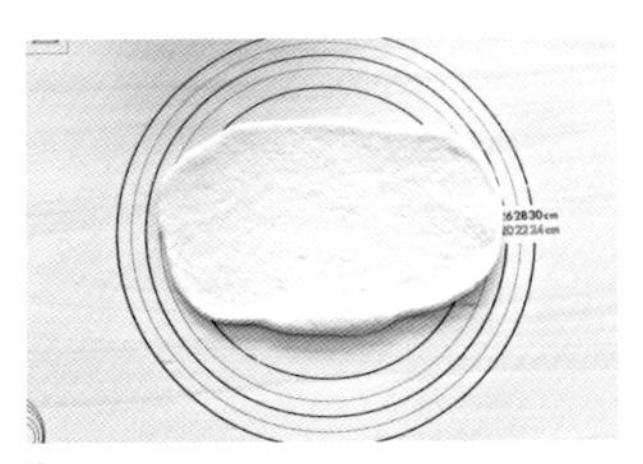

3 1차 발효가 끝난 반죽을 밀대로 밀어 가스를 빼요.

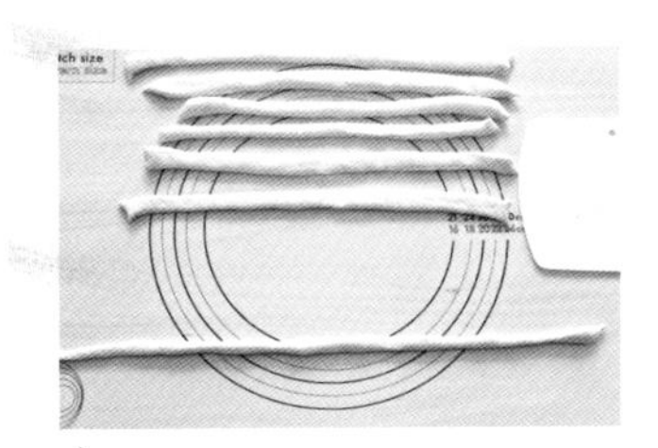

4 스크래퍼나 칼로 적당한 크기로 분할한 뒤, 양 손바닥으로 가운데부터 바깥쪽 방향으로 밀어요.

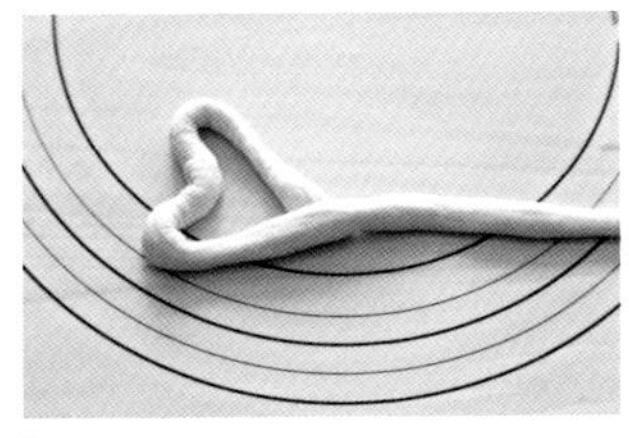

5 반죽의 한쪽 끝부분을 하트 모양으로 만들어요.

6 시트를 깐 오븐팬에 올리고, 200도로 예열한 오븐에서 15~20분간 구워요.

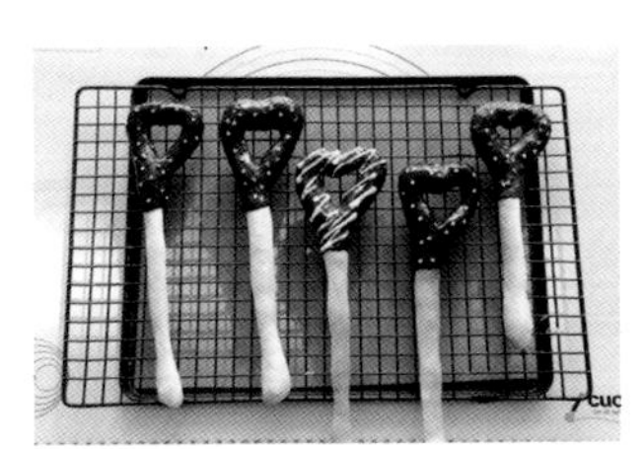

7 완전히 식으면 중탕으로 녹인 초콜릿을 묻히고, 스프링클과 아라잔으로 장식하면 완성.

초콜릿 위에 스프링클을 뿌려도 좋고, 취향에 따라 다진 호두나 아몬드 슬라이스 등의 견과류를 뿌려도 좋아요.

퍼피 빼빼로

★☆☆

상업적으로 시작된 빼빼로데이. 하지만 그냥 지나치기엔 어쩐지 아쉬워요. 집에서 직접 만든다면 남다른 의미가 생기지 않을까요? 동물을 사랑하는 분들에겐 깜찍한 퍼피 빼빼로가 제격이에요.

12cm 10~12개

박력분 150g, 달걀 1개, 아몬드가루 20g, 슈거파우더 60g, 소금 한꼬집, 포도씨유 30g, 바닐라 익스트랙 1작은술, 무가당 코코아가루 7g, 여분의 코코아가루 약간

믹싱볼, 거품기, 체, 주걱, 밀대, 쿠키커터, 테프론 시트, 스텐실, 붓, 오븐팬

180℃ 12~15분

1시간 (냉장실 30분 휴지 포함)

1 볼에 포도씨유, 달걀, 슈거파우더, 소금, 바닐라 익스트랙을 넣고 잘 섞어요.

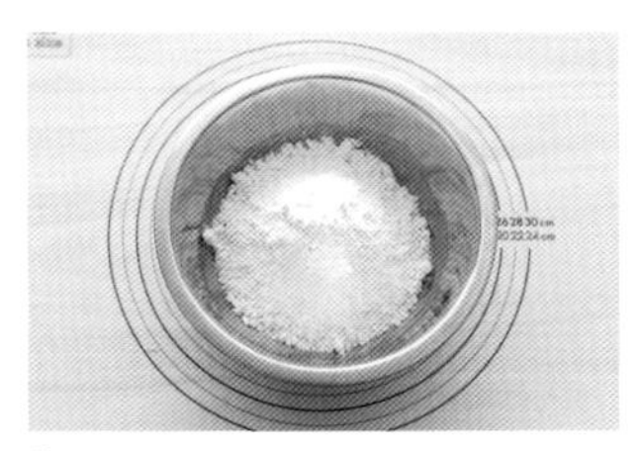

2 미리 체 쳐둔 박력분과 아몬드가루를 넣고 날가루가 보이지 않을 정도로만 가볍게 섞어요.

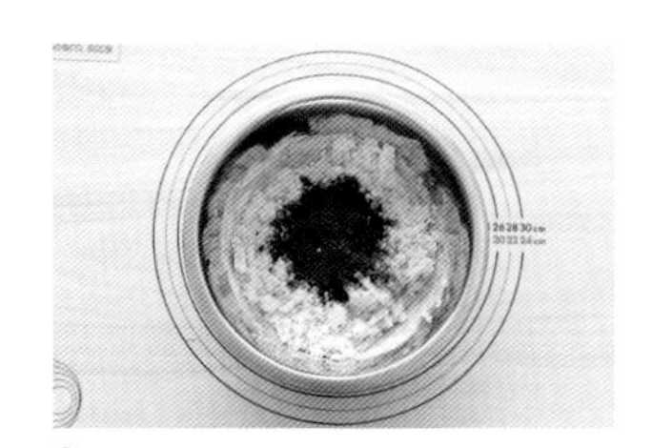

3 반죽의 ⅓은 미리 덜어놓고, 나머지는 코코아가루를 넣어 초코 반죽을 만들어요.

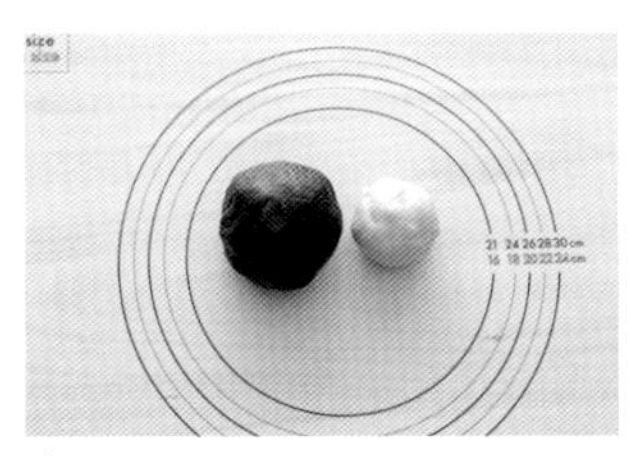

4 2가지 반죽을 지퍼팩이나 랩을 이용해서 밀봉한 뒤 냉장실에서 30분간 휴지시켜요.

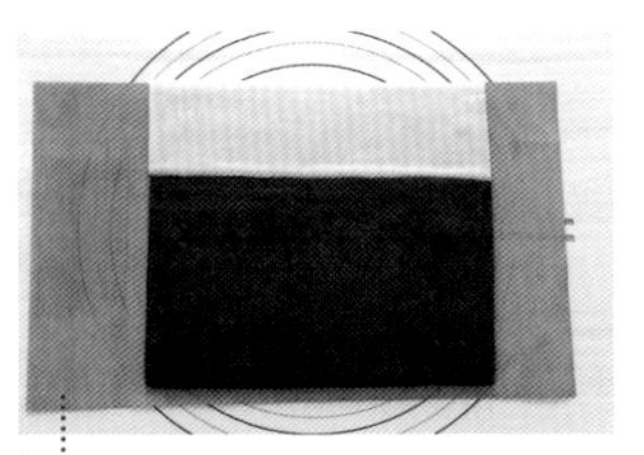

5 밀대로 반죽을 0.2~0.3cm 두께로 평평하게 민 뒤, 두 반죽을 붙여요.

이때 두 반죽이 맞닿는 면에 물을 살짝 바르고 밀대로 반죽 전체를 한 번 더 밀면 잘 붙어요.

6 쿠키커터로 길쭉하게 모양을 내요.

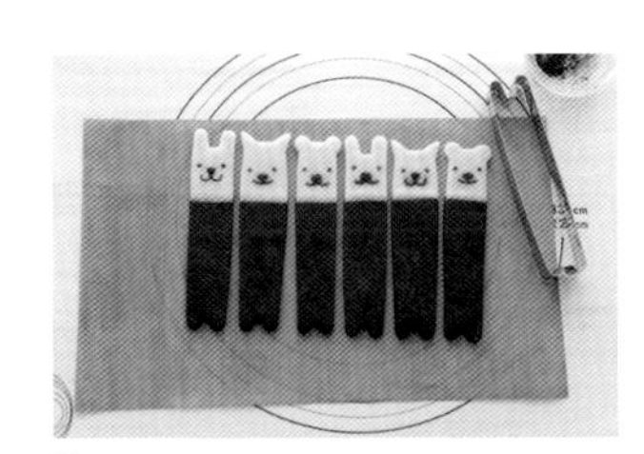

7 남은 코코아가루로 이목구비를 그려요. 180도로 예열한 오븐에서 12~15분간 구우면 완성.

반죽을 섞을 때는 주걱으로 자르듯이 섞고, 날가루가 보이지 않을 정도로만 가볍게 섞어야 바삭하답니다.

로맨틱 빼빼로케이크

★☆☆

사랑한다 말하기 쑥스럽다면, 고백하고 싶은 사람에게 정성을 가득 담은 소중한 선물을 해보는 건 어떨까요? 이렇게 예쁜 로맨틱 빼빼로케이크라면 굳이 말하지 않아도 내 마음을 알아채지 않을까요?

지름 12cm 케이크 1개

딸기 코팅 초콜릿 100g, 화이트 코팅 초콜릿 100g, 딸기 블로썸 120g, 11cm 스틱 과자 50개, 제누와즈 2호 1장, 샌딩용 블루베리 잼 적당량

가나슈 다크 코팅 초콜릿 200g, 생크림 200g

중탕용 볼, 테프론 시트, 오븐팬, 케이크 돌림판, 무스링, 짤주머니, 스패튤러

50분(제누와즈 굽는 시간 미포함)

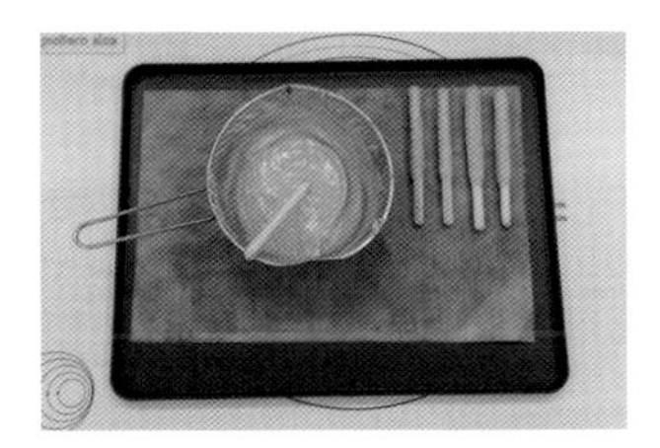

1 딸기 초콜릿을 중탕으로 녹여요.

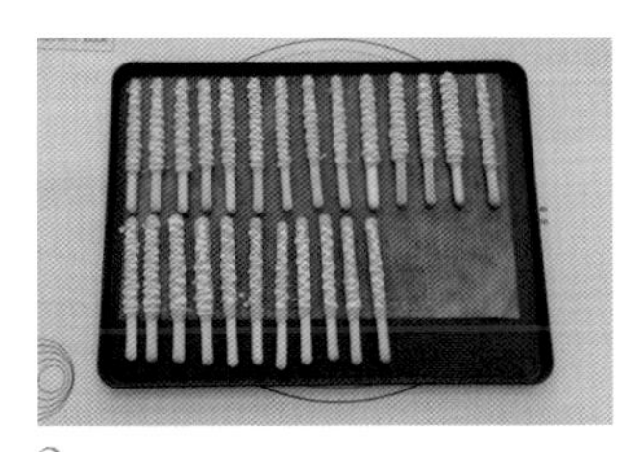

2 스틱 과자의 끝부분 2~3cm를 남기고 초콜릿을 묻힌 뒤, 위 아래로 흔들어 여분의 초콜릿을 떨어뜨리고 시트를 깐 팬 위에 올려 굳으면, 화이트 초콜릿을 짤주머니에 담아 지그재그로 모양을 내요.

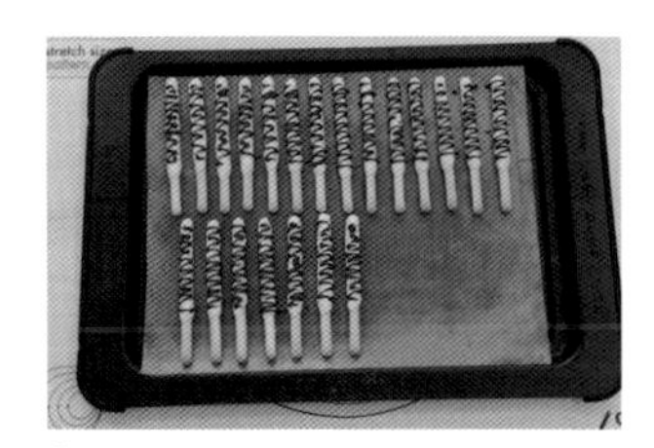

3 화이트 초콜릿도 같은 방법으로 중탕한 뒤, 초콜릿을 묻혀 굳혀요.

제누와즈 굽는 법은 16페이지 참고.

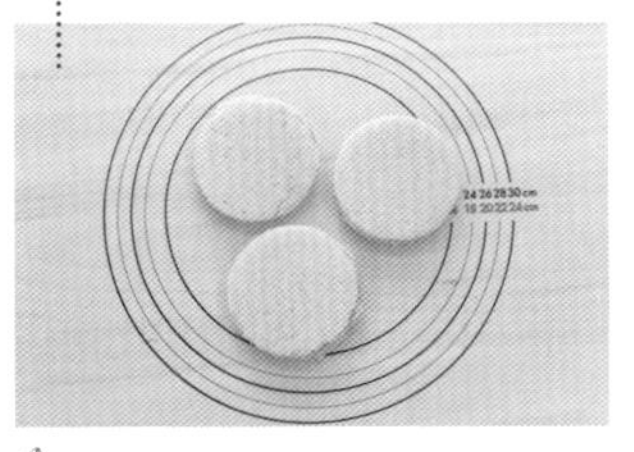

4 준비한 제누와즈를 두께 1.5cm 정도로 자른 뒤, 지름 12cm 무스링으로 꾹 눌러 5개를 준비해요.

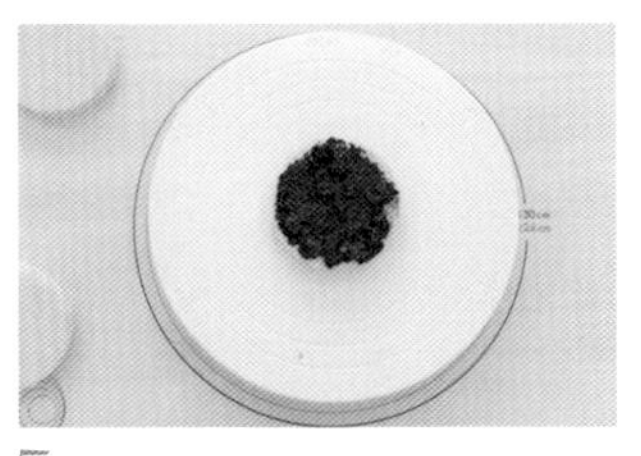

5 시트 위에 블루베리 잼을 조금 얹어 펴발라요.

6 다시 시트를 올리고, 잼 바르기를 반복해요.

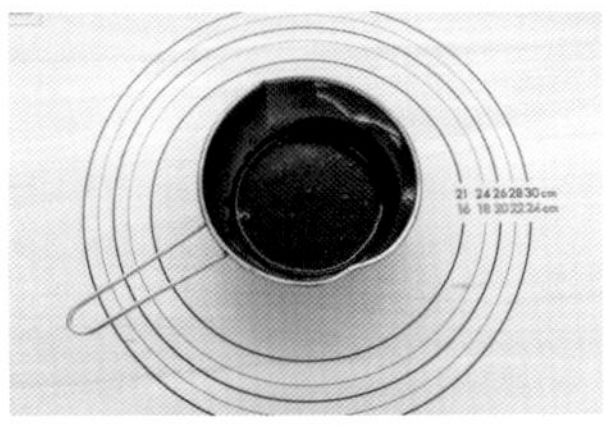

7 따뜻하게 데운 생크림에 다크 코팅 초콜릿을 넣어 부드럽게 녹여 가나슈를 만들어요.

8 케이크에 가나슈를 붓고 윗면과 옆면을 주걱이나 스패튤러로 펴발라, 매끈하게 만들어요.

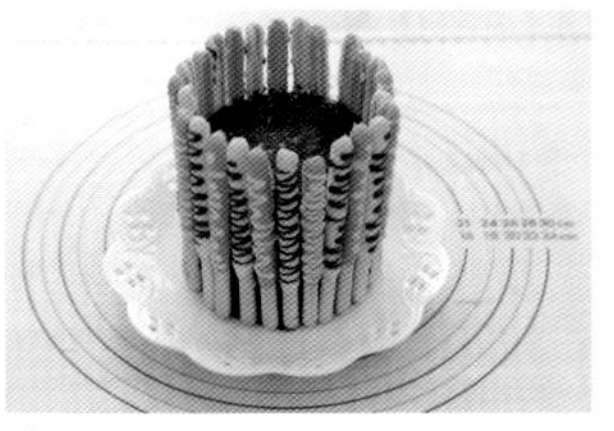

9 가나슈가 모두 굳기 전, 미리 만들어 둔 빼빼로를 빼곡히 붙여요.

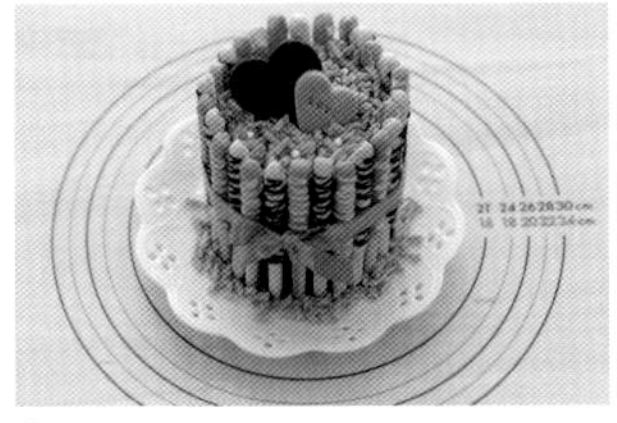

10 윗 부분의 남은 여분은 딸기 블로썸으로 채우고 리본을 묶고, 쿠키를 올려 마무리해요.

제누와즈 시트 사이에 잼 대신 가나슈를 샌딩하거나, 피넛버터를 발라도 좋아요.

12

DECEMBER

해피, 메리 크리스마스

어디선가 들려오는 캐럴을 나도 모르게 흥얼거리고, 오색찬란하게 빛을 밝히는 크리스마스트리를 보면서
올해도 어김없이 행복한 고민을 시작합니다. 이번 크리스마스엔 어떤 쿠키를 굽고,
어떤 케이크 장식을 할지 생각에 빠지는 그 시간이 전 참 좋아요. 이렇다 할 약속이 없어도,
늘 TV에서 틀어주는 〈나 홀로 집에〉와 〈러브 액추얼리〉를 보며 크리스마스를 보낸다고 투덜대도
12월은 마음 한구석이 들썩이고 설레는 달이죠. 모두가 잠든 사이 굴뚝 타고 내려와 몰래 놓고 간
산타클로스의 선물처럼 나도 그런 존재가 되기를 소망해봅니다.

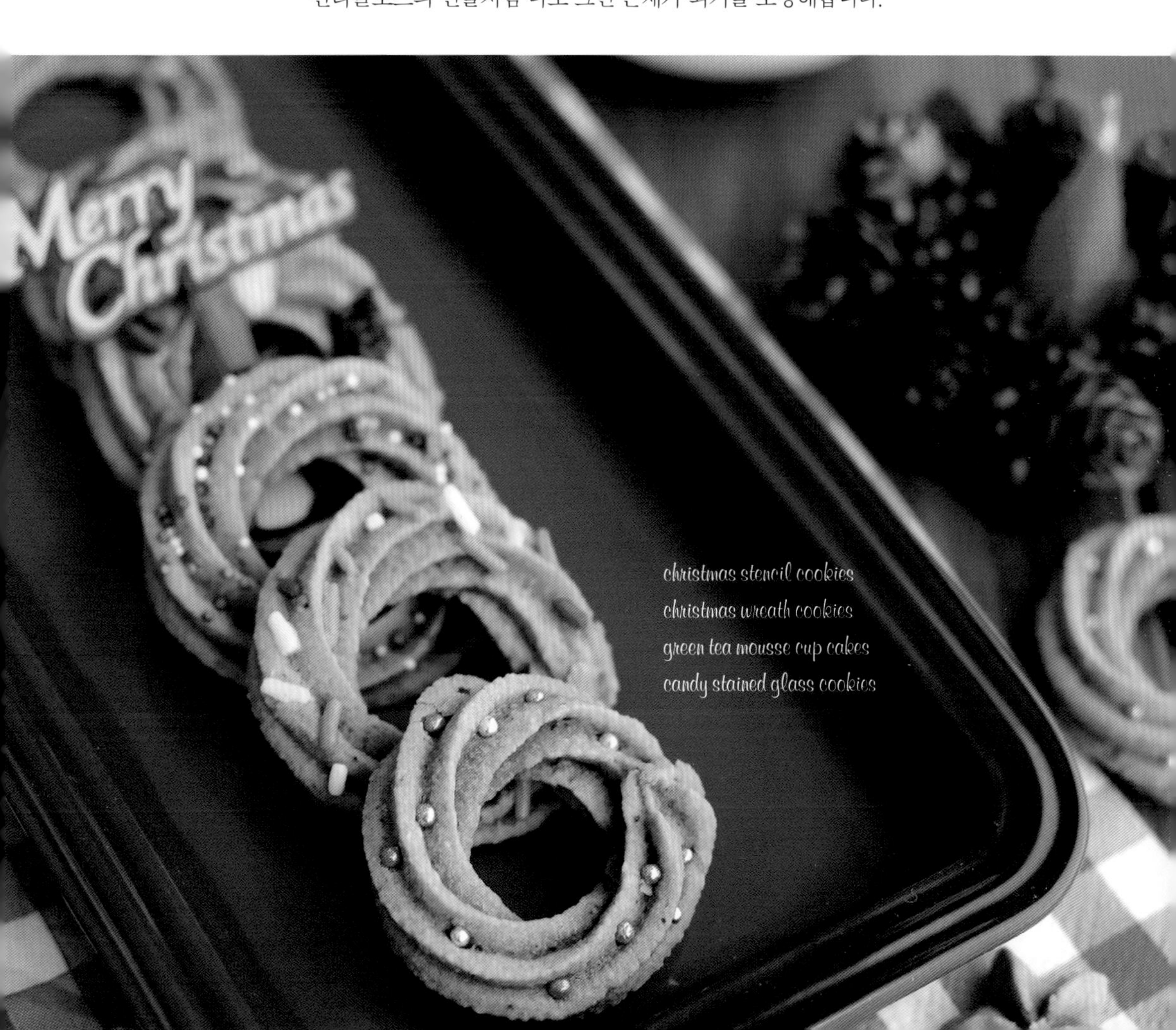

크리스마스 스텐실 쿠키

★☆☆

색소 대신 천연 분말을 넣어 만든 루돌프와 크리스마스트리 모양 스텐실 쿠키예요. 크리스마스 시즌 선물로 좋은 아이템이죠. 먹기 아깝다고요? 그렇다면 오너먼트 대신 크리스마스트리에 걸어두어도 참 예뻐요.

25개

박력분 300g, 포도씨유 30g, 달걀 1개, 설탕 80g, 소금 ¼작은술, 바닐라 익스트랙 1작은술, 물 10g, 백련초가루 약간, 녹차가루 약간, 무가당 코코아가루 약간

믹싱볼, 거품기, 지퍼팩, 밀대, 테프론 시트, 스텐실, 브러시, 쿠키커터, 오븐팬

170℃ 8~10분

1시간 (냉장실 30분 휴지 포함)

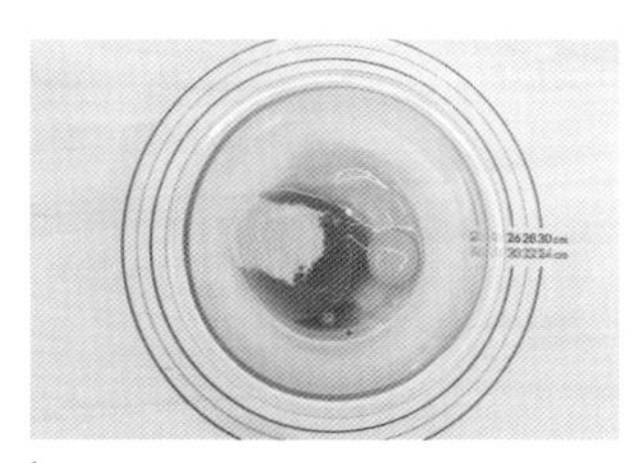

1 믹싱볼에 포도씨유와 달걀, 설탕을 넣고 잘 섞어요.

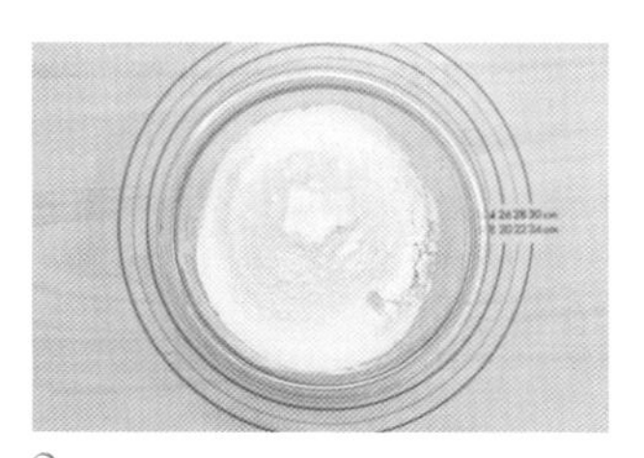

2 미리 체 쳐둔 박력분과 소금을 넣고 섞다가 물 10g을 조금씩 넣어가며 반죽해요.

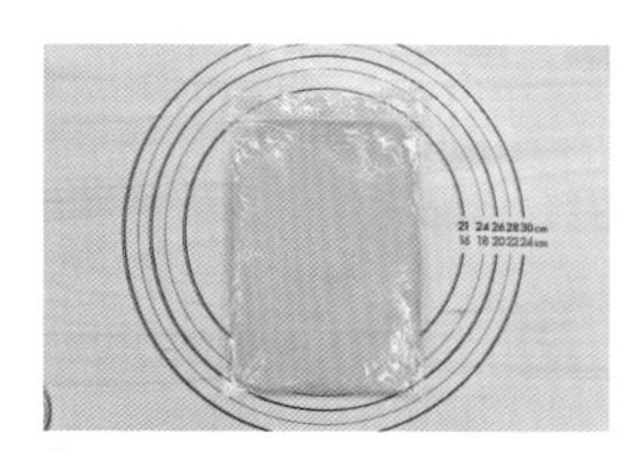

3 날가루가 보이지 않으면 한데 뭉친 다음 랩이나 비닐에 싸서 평평하게 만들어 냉장실에서 30분간 휴지시켜요.

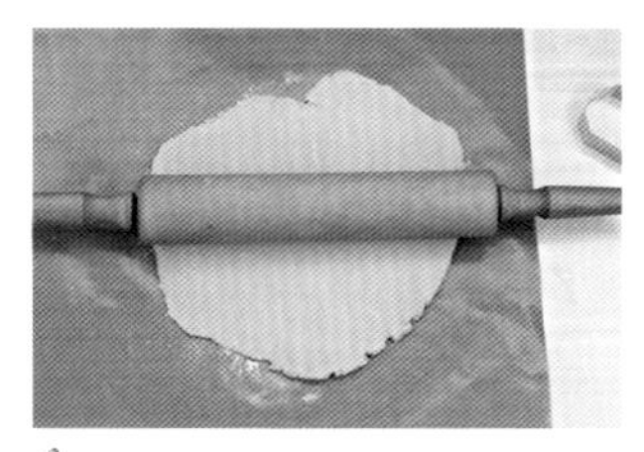

4 휴지가 끝난 반죽을 밀대로 0.3~0.4cm 두께로 평평하게 밀어요.

5 스텐실을 올리고 작은 붓이나 면봉으로 백련초나 말차, 코코아가루를 살짝 묻혀 스텐실 위에 콕콕 두드리듯 색을 입혀요.

6 스텐실을 반죽에서 조심조심 떼어내고 쿠키커터를 찍어요.

7 시트 깐 오븐팬에 올리고, 170도로 예열한 오븐에서 8~10분 정도 구우면 완성.

스텐실 쿠키를 만들 때는 백련초가루나 코코아가루 등의 유색 가루를 작은붓이나 면봉에 묻혀 콕콕 두드리듯 색을 입혀야 해요. 한 번에 많이 묻히지 말고, 조금씩 여러 번 묻혀야 번지지 않는답니다.

Merry
Christmas

NO!
버터

NO! 백밀가루

NO!
오일

NO!
색소

크리스마스 리스 쿠키

★☆☆

12월이 되면 집집마다 거리마다 반짝반짝 크리스마스 장식이 눈에 띄어요. 크리스마스 장식은 보는 사람이나 꾸미는 사람의 마음을 모두 즐겁게 해주는데요. 파티 테이블이나 벽에 걸어두면 크리스마스 분위기를 제대로 만끽할 수 있는 크리스마스 리스 쿠키를 소개합니다.

30개

백앙금 250g, 아몬드가루 50g, 달걀 1개, 생크림 15g, 말차가루 1큰술, 스프링클 약간, 아라잔 약간

믹싱볼, 주걱, 체, 별 모양깍지, 짤주머니, 테프론 시트, 오븐팬

170℃ 10~12분

30분

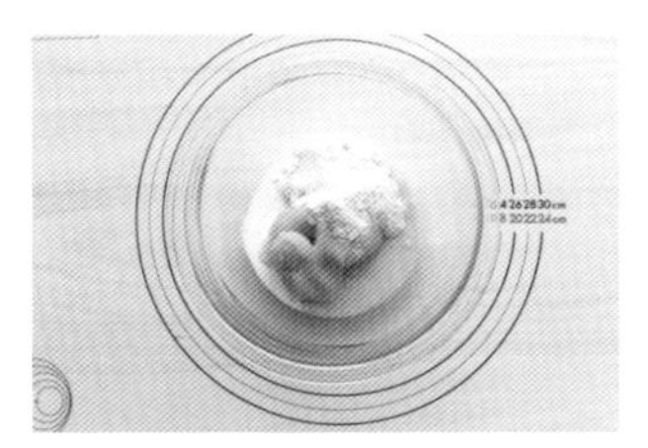

1 믹싱볼에 백앙금, 아몬드가루, 생크림, 달걀을 넣고 덩어리가 생기지 않도록 부드럽게 섞어요.

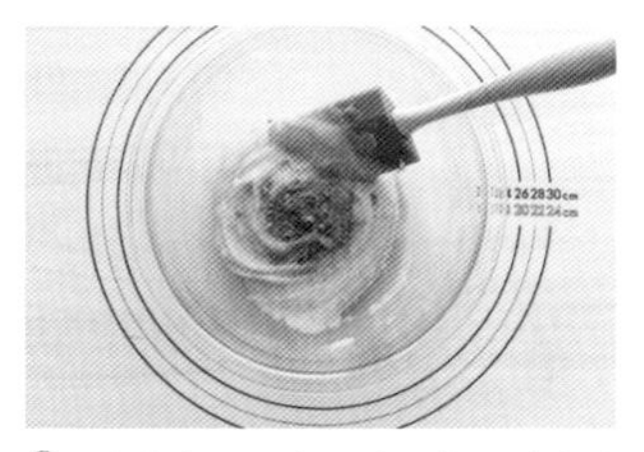

2 말차가루를 넣고 가루가 뭉치지 않게 부드럽게 섞어요.

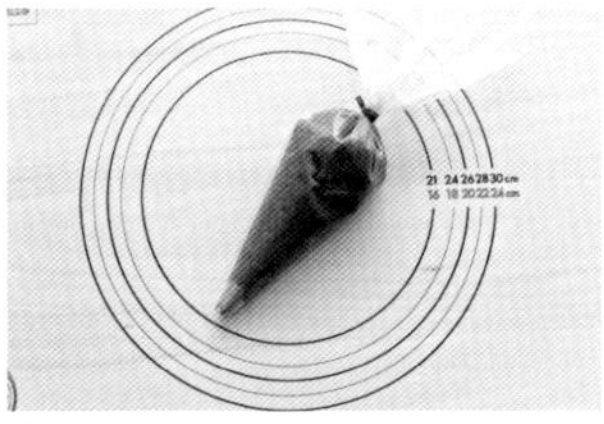

3 별 모양깍지를 낀 짤주머니에 반죽을 넣고 윗부분을 묶어요.

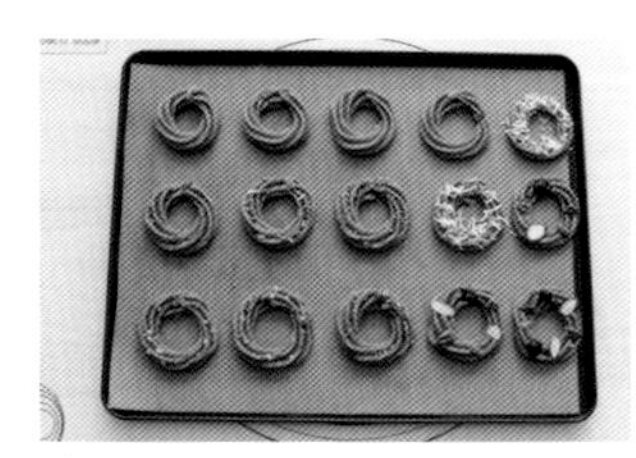

4 시트를 깐 오븐팬에 적당한 크기로 둥글게 짠 뒤, 각종 스프링클을 올려 장식해요. 170도로 예열한 오븐에서 10~12분간 구우면 완성.

반죽의 농도가 묽으면 구웠을 때 올록볼록한 모양이 나오지 않으니 반죽의 농도를 잘 살피면서 반죽해야 해요.
각종 스프링클을 장식할 때 달걀흰자를 살짝 묻힌 뒤 붙이면 잘 떨어지지 않아요.

녹차 무스 컵케이크

★☆☆

크리스마스 시즌이 다가오면 평소 베이킹을 즐겨 하지 않던 분들도 예쁜 케이크나 쿠키를 만들어 보고 싶어질 텐데요. 베이킹 초보자도 망칠 염려 없이 예쁘고 맛있게 만들 수 있는 컵케이크예요. 크리스마스트리를 준비하지 못했다면, 미니 트리처럼 예쁜 녹차 무스 컵케이크 어떠세요?

5개

달걀 1개, 설탕 60g, 포도씨유 30g, 박력분 90g, 무가당 코코아가루 15g, 황설탕 30g, 꿀 20g, 소금 한꼬집, 베이킹파우더 2g, 우유 20g, 바닐라 익스트랙 ½작은술

프로스팅 크림치즈 250g, 슈거파우더 50g, 말차가루 5g

데코 초코볼, 아라잔

믹싱볼, 거품기, 체, 주걱, 유산지, 머핀틀, 모양깍지, 짤주머니

170℃ 25분

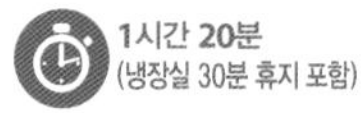

1시간 20분
(냉장실 30분 휴지 포함)

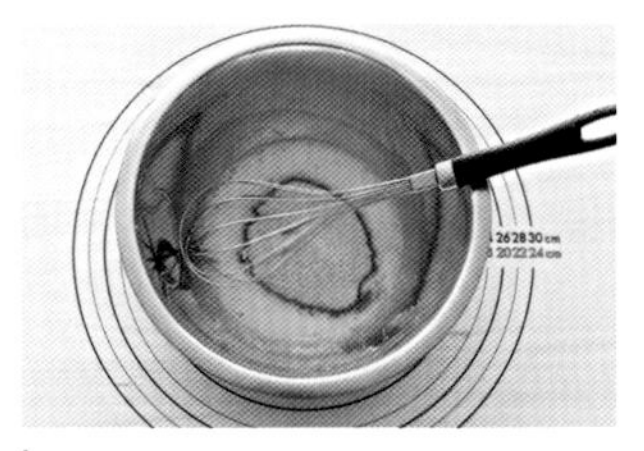

1 믹싱볼에 달걀, 설탕, 꿀, 바닐라 익스트랙을 넣고 저어요.

2 우유와 포도씨유를 넣고 섞어요.

3 미리 체 쳐둔 가루류를 넣고 섞어요.

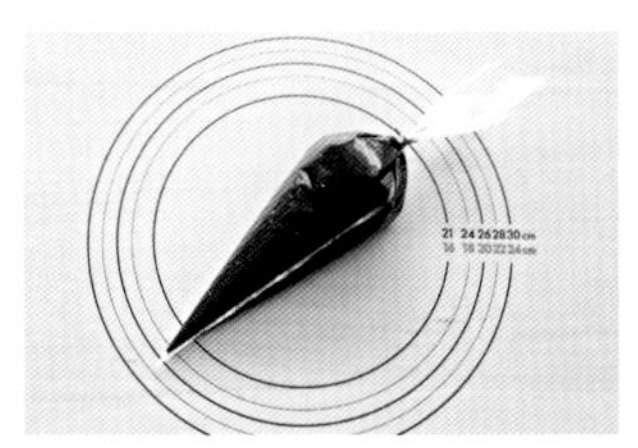

4 짤주머니에 넣고 윗부분을 묶은 뒤, 냉장실에서 30분간 휴지시켜요.

5 유산지를 깐 머핀틀의 80%가량 반죽을 넣고, 170도로 예열한 오븐에서 25분간 구워요.

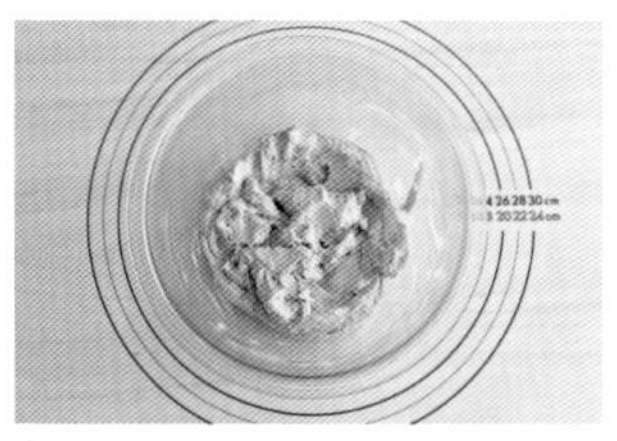

6 실온의 크림치즈에 슈거파우더와 말차가루를 넣고 고루 섞은 뒤 짤주머니에 담아요.

7 한 김 식은 머핀 위에 프로스팅을 올리고, 초코볼과 아라잔으로 장식하면 완성.

머핀은 구워지면서 많이 부풀기 때문에 머핀틀이나 유산지에 반죽을 넣을 때 80%가량만 붓는 것 잊지마세요!

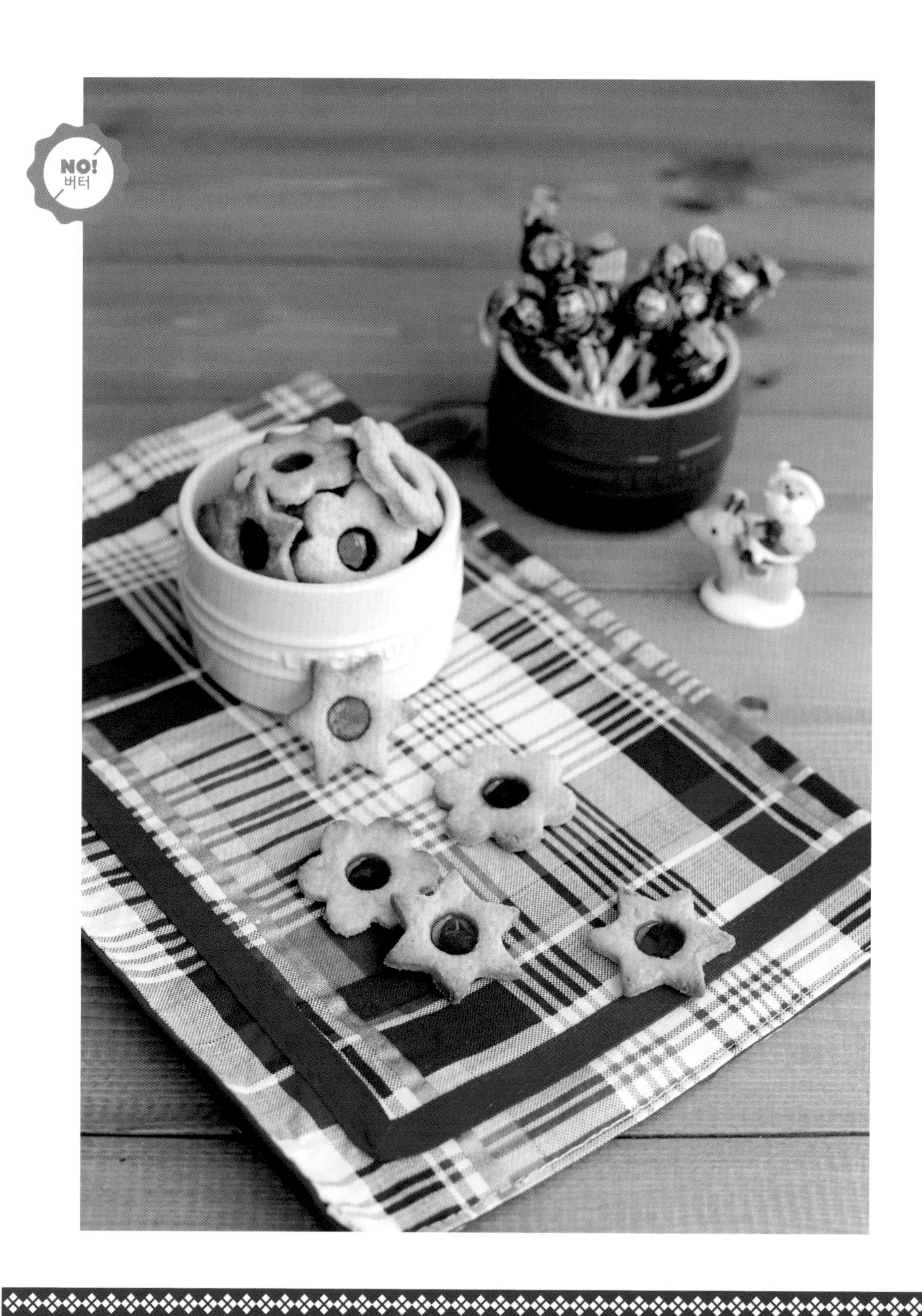

사탕 스테인드 글라스 쿠키

★☆☆

오래된 성당의 유리창 장식처럼 반짝반짝 빛나는 사탕 스테인드 글라스 쿠키. 크리스마스트리에 오너먼트 대신 걸어도 예뻐요. 부드러운 쿠키 속에 달콤한 사탕이 녹아 있는 쿠키로 크리스마스 분위기를 한껏 살려보세요.

25개

박력분 80g, 아몬드가루 20g, 꿀 20g, 소금 한꼬집, 바닐라 익스트랙 ½작은술, 우유 30g, 포도씨유 30g, 사탕 5개

믹싱볼, 거품기, 체, 주걱, 밀대, 쿠키커터, 테프론 시트, 오븐팬

180℃ 10~12분

1시간 (냉장실 30분 휴지 포함)

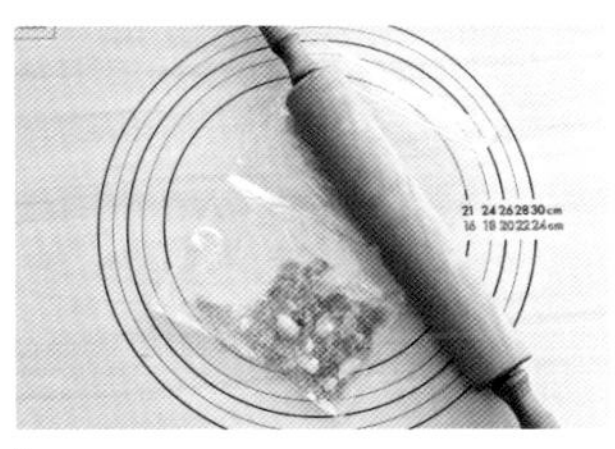

1 사탕을 잘게 부숴 준비해요.

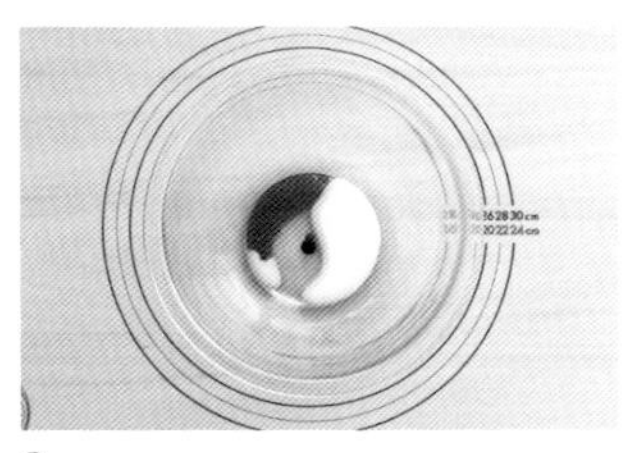

2 믹싱볼에 포도씨유, 꿀, 바닐라 익스트랙, 우유를 넣고 섞어요.

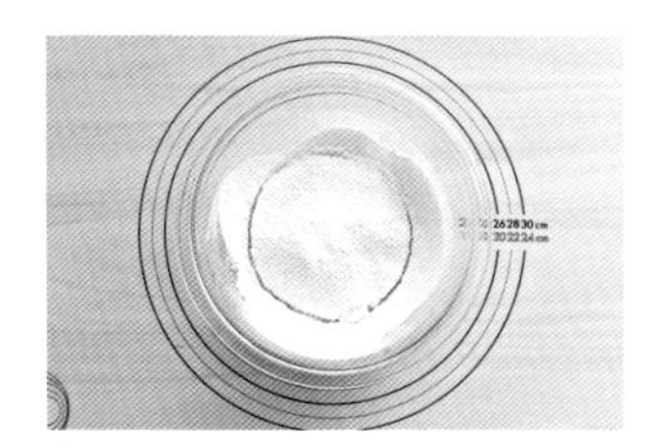

3 미리 체 쳐둔 가루류를 넣고 섞어요.

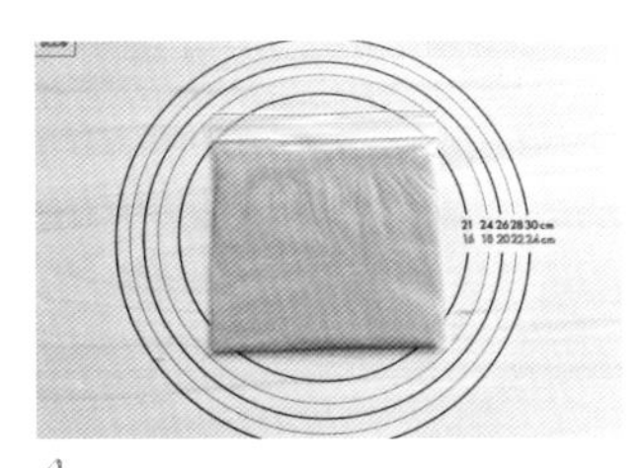

4 반죽을 비닐봉지나 지퍼팩에 담아 냉장실에서 30분간 휴지시켜요.

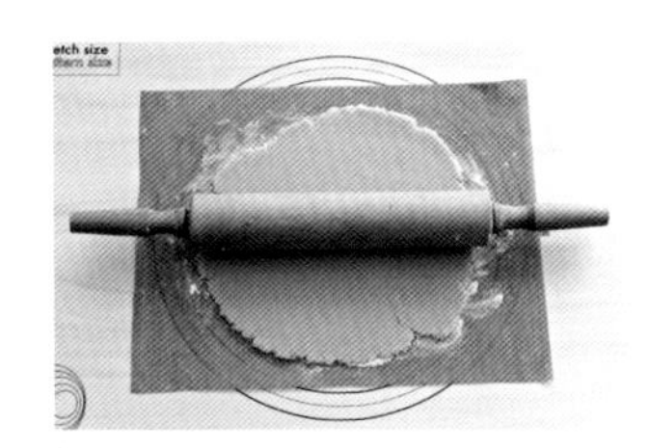

5 휴지가 끝난 반죽을 밀대로 0.3cm 두께로 밀어요.

6 쿠키커터를 이용해 모양을 찍고, 가운데 부분을 동그랗게 파내요.

7 오븐팬 위에 쿠키 반죽을 올린 뒤, 부순 사탕을 반죽의 가운데에 올리고, 180도로 예열한 오븐에서 10~12분간 구우면 완성.

다 구워진 쿠키는 오븐팬에 둔 채 그대로 한 김 식혀요.
녹았던 사탕이 완전히 굳을 때까지 기다린 후 포장하거나 접시로 옮겨요.

Plus tip 홈베이킹과 잘 어울리는 홈메이드 음료 1

꿀 자몽

자몽 1개, 꿀 또는 올리고당 1~2큰술

1. 자몽을 가로 방향으로 반으로 잘라요.
2. 가운데 심 부분은 칼로 말끔하게 도려내고, 과육은 스푼으로 떠먹기 좋게 칼집을 넣어요.
3. 취향에 따라 꿀이나 올리고당을 듬뿍 넣어요.
4. 냉장실에나 냉동실에 잠시 넣었다가 시원해지면 먹어요.

레드 주스 2잔

사과 2개, 당근 ½개, 토마토 2개, 레드 파프리카 1개

1. 재료는 껍질째 깨끗이 씻어 적당한 크기로 잘라요.
2. 원액기나 주서기로 즙을 내요.
3. 랩을 씌워 냉장실에 잠시 보관해 차갑게 해서 먹어요.

블루베리 쉐이크 2잔

블루베리 1컵, 떠먹는 플레인 요거트 70g, 우유 200ml, 얼음 약간, 기호에 따라 꿀이나 시럽 적당량

1. 블루베리를 흐르는 물에 헹궈 체에 밭쳐 물기를 빼요.
   *냉동 블루베리일 경우, 그대로 사용해도 좋아요.
2. 블렌더에 블루베리와 플레인 요거트, 우유, 얼음을 넣고 갈아요.
3. 기호에 따라 꿀이나 아가베 시럽을 첨가하면 완성.

오렌지 펀치 2잔

오렌지 주스 100ml, 탄산수 200ml, 화이트 와인 30ml, 시럽 1큰술, 레몬즙 2큰술, 민트잎 약간

1. 원액기나 블렌더를 이용해 오렌지즙을 만들어요.
2. 큰 볼이나 피처에 오렌지 주스와 탄산수, 화이트 와인, 레몬즙을 넣고 섞어요.
3. 기호에 따라 시럽이나 올리고당을 넣어요.
4. 민트 잎으로 장식하면 완성.

멜론 스무디 2잔

멜론 2쪽, 우유 300ml, 떠먹는 플레인 요거트 70g

1. 멜론 2쪽을 적당한 크기로 잘라요.
2. 블렌더에 메론과 요거트, 우유를 넣고 곱게 갈아요.
3. 기호에 따라 시럽이나 꿀을 첨가하면 완성.

산딸기 스무디 2잔

산딸기 1컵, 우유 200ml, 얼음 3~4개, 레몬즙 ¼작은술, 꿀 적당량

1. 산딸기를 흐르는 물에 씻은 뒤, 체에 밭쳐 물기를 빼요.
2. 블렌더에 산딸기와 우유, 얼음, 레몬즙을 넣고 곱게 갈아요. *레몬즙을 살짝 넣으면 더욱 상큼해요.
3. 기호에 따라 꿀을 첨가하면 완성.

상그리아 3잔

레드 와인 300ml, 탄산수 200ml, 오렌지 ½개, 사과 ½개, 레몬 ½개, 민트잎 적당량

1. 오렌지와 레몬을 베이킹 소다로 깨끗이 씻은 뒤, 껍질째 슬라이스해요.
2. 사과 역시 껍질째 적당한 크기로 잘라요.
3. 병이나 피처에 레드 와인과 탄산수를 붓고, 슬라이스한 과일을 켜켜이 넣어요.
4. 애플 민트를 중간중간 넣어요.
5. 하룻밤 동안 냉장고에 보관하면 완성.

망고 바나나 스무디 2잔

프레시 망고 캔 1개, 얼린 바나나 2개, 떠먹는 플레인 요거트 140g, 우유 약간

1. 바나나는 얼리고 망고 캔은 체에 밭쳐 물기를 빼요. *망고는 생망고를 이용하거나 캔을 이용해도 좋아요.
2. 블렌더에 망고와 얼린 바나나, 플레인 요거트를 넣고 곱게 갈아요.
3. 우유를 조금씩 넣어가며 농도를 맞춰요.

Part 3

환상의 마리아주

커피 브레이크를 빛내줄 쿠키 & 케이크 / 티타임에 생각나는 스콘 & 머핀

우유와 단짝 친구 / 선입견 no! 맥주, 와인, 샴페인과 잘 어울리는 스낵

더블 초코 파운드케이크

★★☆

부드럽고 진한 다크 초콜릿이 입안에서 물결치는 더블 초코 파운드케이크. 진한 커피 한 잔과 함께하면 더욱 행복한 커피 브레이크! 고급스러운 발로나 초콜릿을 이용해 풍미가 더욱 좋아요.

박력분 100g, 무가당 코코아가루 20g, 베이킹파우더 4g, 설탕 70g, 달걀 2개, 포도씨유 40g, 바닐라 익스트랙 1작은술, 건망고 30g, 우유 30g, 데코용 레몬 절임 약간

가나슈 다크 초콜릿 40g, 생크림 40g

믹싱볼, 거품기, 체, 미니 파운드틀, 브러시, 중탕용 볼, 오븐팬, 식힘망

 180℃ 20~25분

 40분

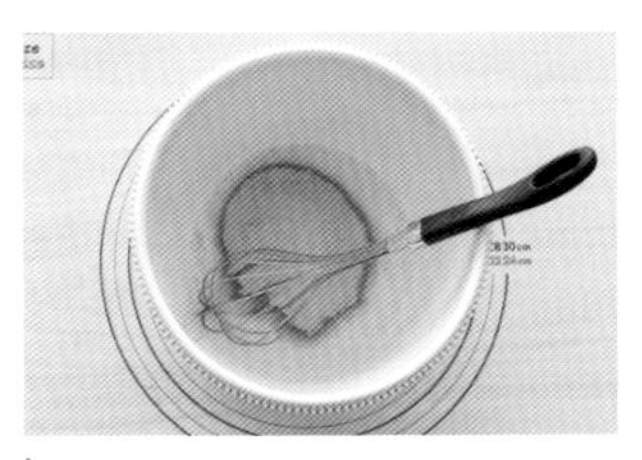

1 달걀흰자에 설탕을 넣고 부드러운 거품이 생길 때까지 잘 섞어요.

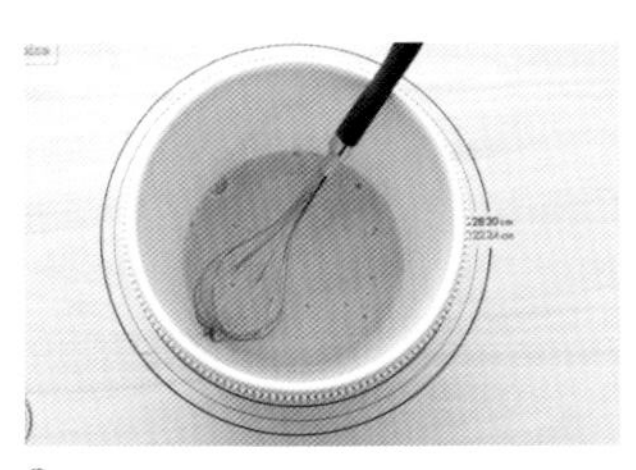

2 달걀노른자, 포도씨유, 우유를 넣고 휘핑한 뒤, 바닐라 익스트랙과 잘게 자른 건망고를 넣고 섞어요.

3 미리 체 쳐둔 가루류를 넣고 날가루가 보이지 않을 정도로만 가볍게 섞어요.

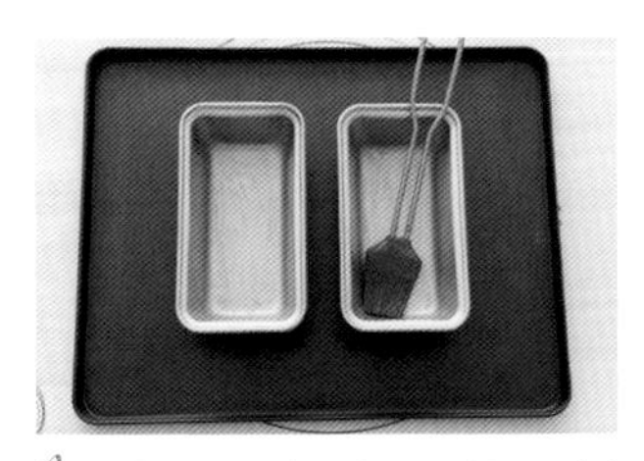

4 파운드틀에 여분의 포도씨유를 살짝 발라요.

5 틀에 반죽을 담은 뒤, 기포가 빠지도록 탕탕 두세 번 바닥에 내리친 뒤, 180도로 예열한 오븐에서 약 20~25분간 굽고, 식힘망에 올려 충분히 식혀요.

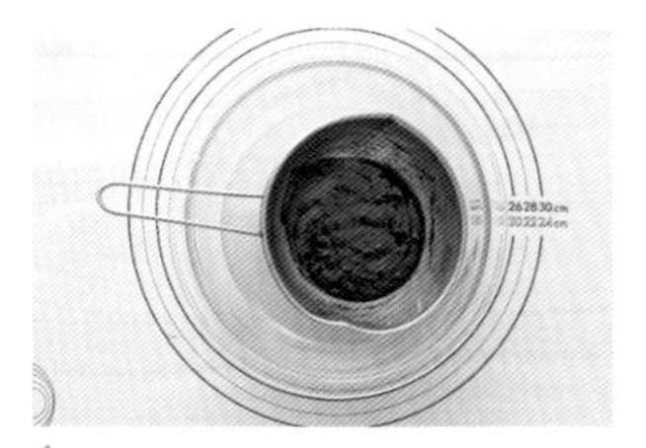

6 그 사이, 따뜻하게 데운 생크림에 다크 초콜릿을 중탕으로 녹여 가나슈를 만든 뒤 살짝 식혀둡니다.

7 파운드케이크에 가나슈를 골고루 덧입혀요. 1차로 덧입힌 가나슈가 살짝 마르면 한 번 더 가나슈를 골고루 덧입히고, 남은 건망고 조각과 레몬 절임으로 장식하면 완성.

달걀은 미리 상온에 1~2시간 꺼내 두세요. 차가운 달걀을 다른 반죽 재료에 넣으면 서로 섞이지 않고 반죽이 분리될 수 있어요.

NO! 버터

쇼콜라 만델

★☆☆

쇼콜라 만델은 초콜릿과 아몬드가 들어간 샤브레 쿠키의 한 종류예요. 진한 다크 초콜릿과 고소한 아몬드가 만나 입안이 행복해진답니다. 많이 달지 않으면서도 부드럽게 씹히는 맛이 일품이에요.

박력분 70g, 통밀가루 70g, 무가당 코코아가루 5g, 포도씨유 30g, 설탕 50g, 소금 한꼬집, 달걀 1개, 바닐라 익스트랙 1작은술, 초콜릿 칩 30g, 아몬드 슬라이스 50g

믹싱볼, 거품기, 체, 주걱, 랩, 칼, 테프론 시트, 오븐팬

170℃ 15분

2시간 40분
(냉동실 2시간 휴지 포함)

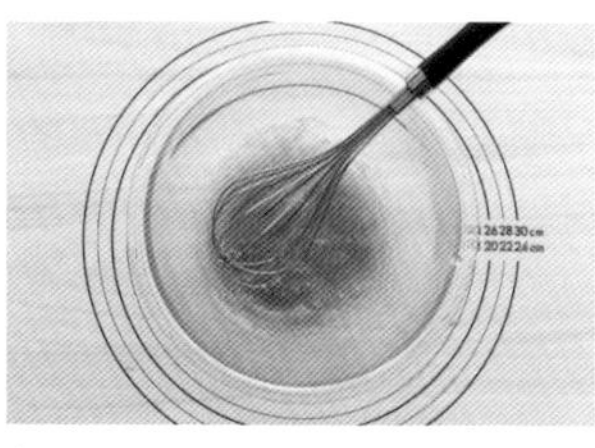

1 포도씨유에 설탕과 소금을 넣고 설탕이 잘 녹도록 골고루 섞어요.

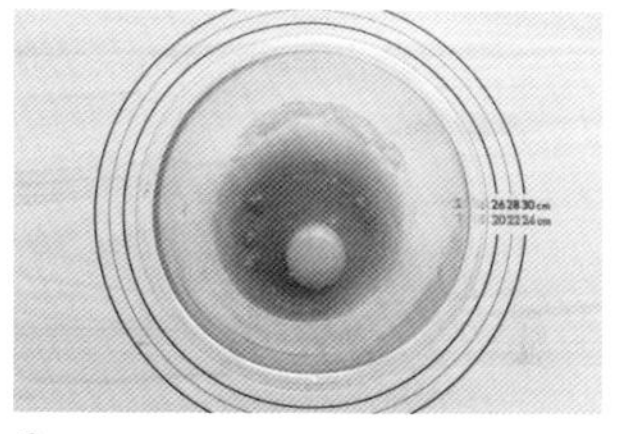

2 미리 실온에 꺼내 둔 달걀을 넣고 섞어요.

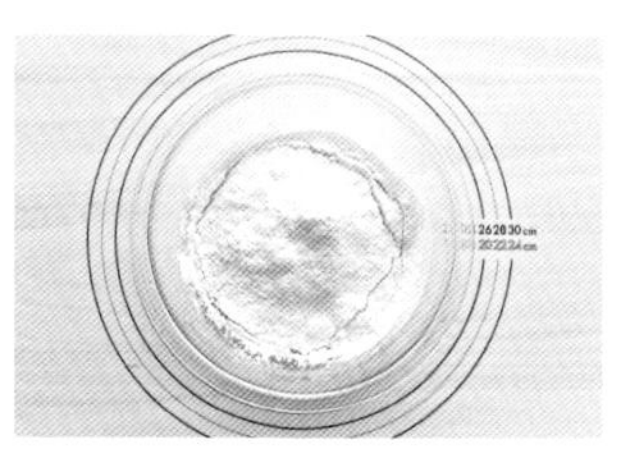

3 미리 체 쳐둔 가루류를 넣고 날가루가 보이지 않도록 잘 섞어요.

4 아몬드와 초콜릿 칩을 넣고 주걱으로 가르듯이 섞어요.

5 원형 기둥이나 사각기둥으로 모양을 잡고, 종이포일이나 랩에 싼 다음, 냉동실에서 2시간 휴지시켜요.

6 휴지가 끝난 반죽을 0.7~1cm 두께로 썰어 오븐팬에 올리고, 170도로 예열한 오븐에서 15분간 구우면 완성.

가루류를 미리 체 치는 이유는 이물질을 제거하고 응어리를 없애기 위해서예요.
압축된 밀가루의 입자 사이사이에 공기를 넣어주면 다른 재료와 섞이기 쉽고 수분을 균일하게 흡수해요.

NO!
버터

애플 크럼블 파이

★☆☆

물러진 사과의 달콤한 변신! 크럼블은 영국을 대표하는 정통 디저트 중 하나인데요. 달콤하게 익힌 과일과 바삭하게 구운 크럼블리 토핑으로 만들지요.

18x12cm 파이디쉬 1개

사과 2개, 설탕 40g, 계핏가루 약간, 레몬즙 1큰술, 블루베리 적당량, 아몬드 슬라이스 약간
크럼블 포도씨유 20g, 슈거파우더 25g, 소금 한꼬집, 올리고당 5g, 박력분 50g, 탈지분유 3g

믹싱볼, 거품기, 스크래퍼, 냄비, 칼, 오븐용기

180℃ 20분

40분

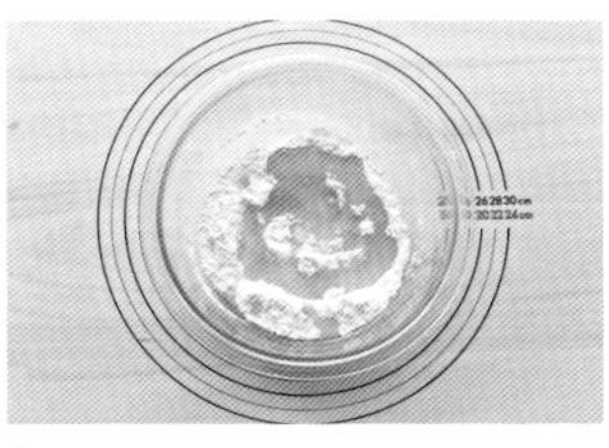

1 포도씨유에 슈거파우더와 올리고당을 넣고 잘 섞은 뒤, 미리 체 쳐둔 가루류에 넣어요.

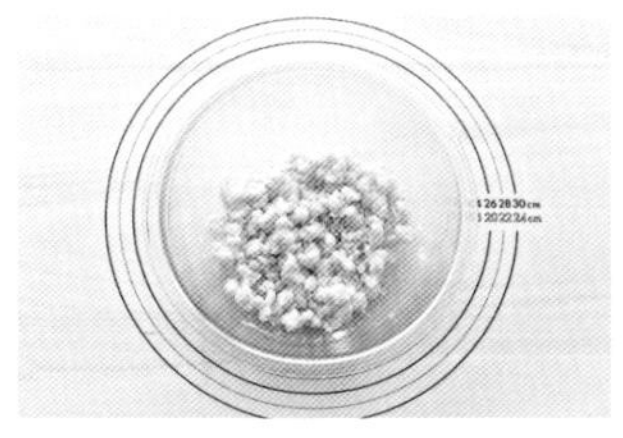

2 스크래퍼를 이용해 고슬고슬하게 뭉쳐 크럼블을 만들어요.

3 사과는 깨끗이 씻어 씨를 도려내고 얇고 납작하게 잘라요.

4 냄비에 사과, 설탕, 계핏가루, 레몬즙을 넣고 조려요.

5 오븐용기에 설탕에 조린 사과를 깔고, 블루베리와 아몬드 슬라이스를 올려요.

6 만들어둔 크럼블을 듬뿍 올리고, 180도로 예열한 오븐에서 20분간 구우면 완성.

탈지분유를 넣으면 더 고소하지만 없을 땐 생략해도 괜찮아요.
또, 블루베리와 아몬드 슬라이스를 올릴 때 딸기나 산딸기 같은 다른 과일을 추가해도 좋아요.

NO! 백밀가루

바나나 크렘 브릴레

★☆☆

크렘 브릴레는 커스터드 푸딩 위의 캐러멜을 톡톡 깨서 먹는 프랑스식 디저트예요. 찰랑찰랑하면서 부드러운 푸딩과 달콤한 캐러멜 층의 오묘한 조화가 돋보여요. 진한 바닐라 향과 달콤한 바나나가 이토록 향긋하다니!

수플레컵 4개

바닐라빈 ½개, 달걀노른자 3개, 생크림 300g, 설탕 30g, 토핑용 황설탕 약간, 바나나 1개

믹싱볼, 거품기, 체, 냄비, 칼, 수플레컵, 가스 토치, 오븐팬

160℃ 25~30분

1시간 50분(식히는 시간 포함)

1 미리 반을 갈라 속을 긁어 놓은 바닐라빈과 껍질을 분량의 생크림에 넣고 끓기 직전까지 데워요.

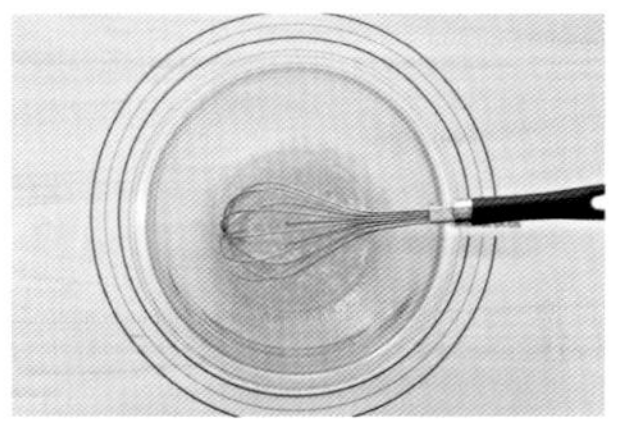

2 달걀노른자에 설탕을 넣고 설탕이 녹을 때까지 부드럽게 섞어요.

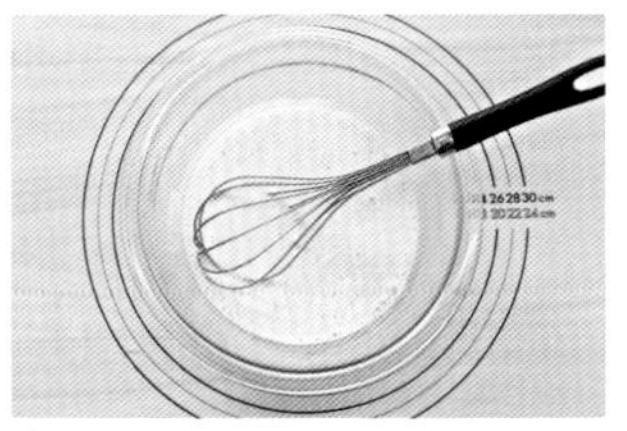

3 1을 휘핑한 노른자에 조금씩 흘려주며 잘 섞어요.

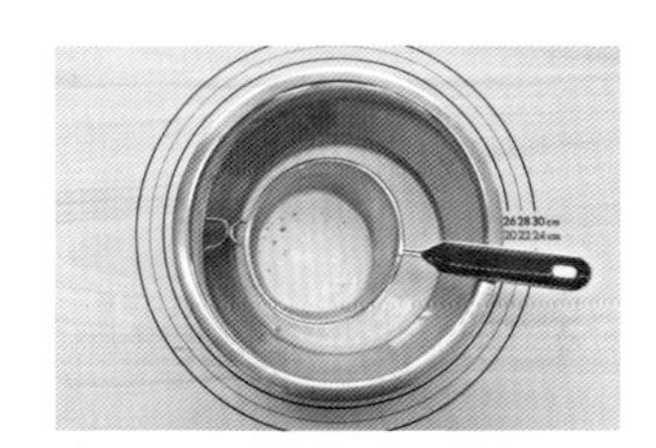

4 체에 한 번 걸러요.

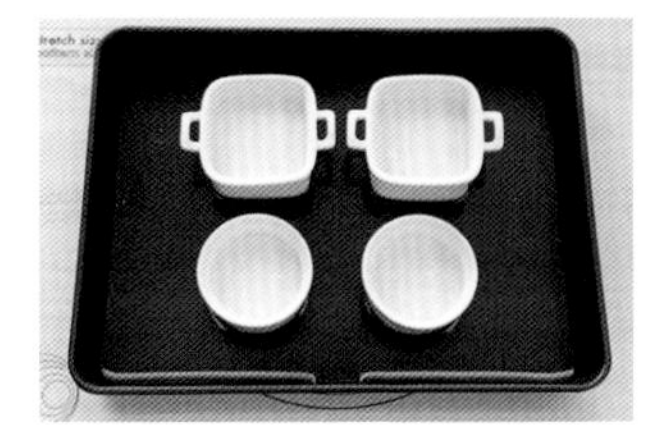

5 수플레컵에 크림을 채우고, 160도로 예열한 오븐에서 중탕으로 25~30분간 구운 뒤, 냉장실에서 1시간 이상 식혀요.

6 황설탕을 솔솔 뿌리고 토치로 열을 가해 카라멜라이즈 시킨 후, 바나나 2조각을 올리고 다시 설탕을 조금 뿌린 뒤, 토치로 한번 더 카라멜라이즈 시키면 완성.

중탕으로 구울 때는, 오븐 용기의 ½ ~ ⅔ 정도 따뜻한 물을 붓고 그 위에 반죽 담은 용기를 올려 예열한 오븐에 넣어요.

생크림 녹차케이크

★☆☆

부드러운 녹차 아이스크림을 먹는 듯 달콤하면서 쌉싸름하고 촉촉한 생크림 녹차케이크. 따뜻한 밀크티 한잔에 곁들이면 최고의 티푸드가 될 거예요. 밀크티 한 모금, 케이크 한 입, 좋은 사람들과 수다 한 판!

노르딕 파운드틀 2개

생크림 200g, 설탕 100g, 소금 1g, 달걀 2개, 바닐라 익스트랙 1작은술, 박력분 180g, 녹차가루 15~20g, 베이킹파우더 4g, 다진 호두 크게 한줌,
아이싱 슈거파우더 120g, 레몬즙 3작은술
데코 산딸기 약간, 아몬드 슬라이스 약간, 호박씨 약간

믹싱볼, 거품기, 체, 주걱, 모양팬, 작은 볼, 숟가락, 식힘망

180℃ 25~30분

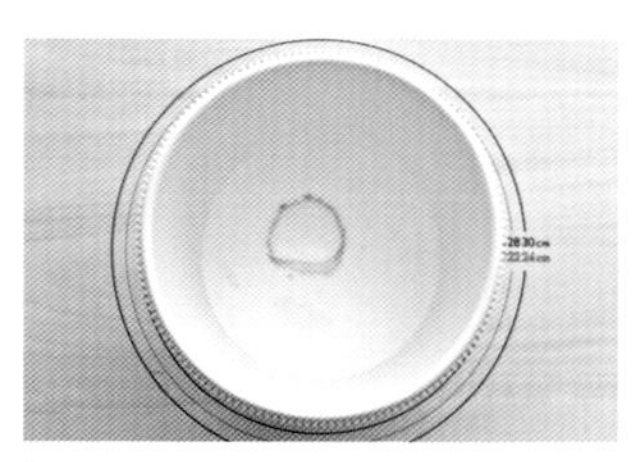

1 분량의 생크림에 설탕과 소금을 넣고 단단하게 거품을 내요.

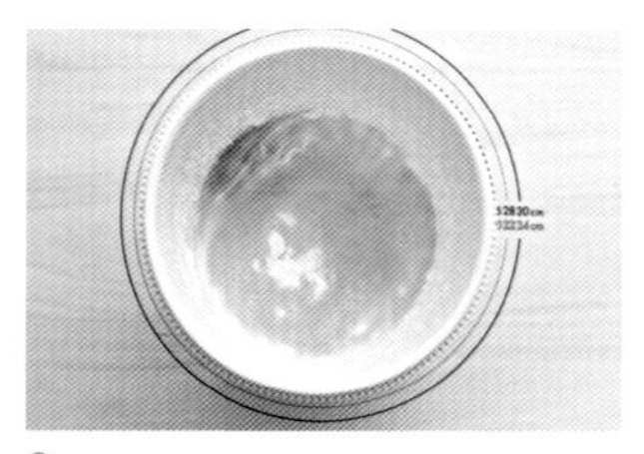

2 달걀과 바닐라 익스트랙을 넣고 가볍게 섞어요.

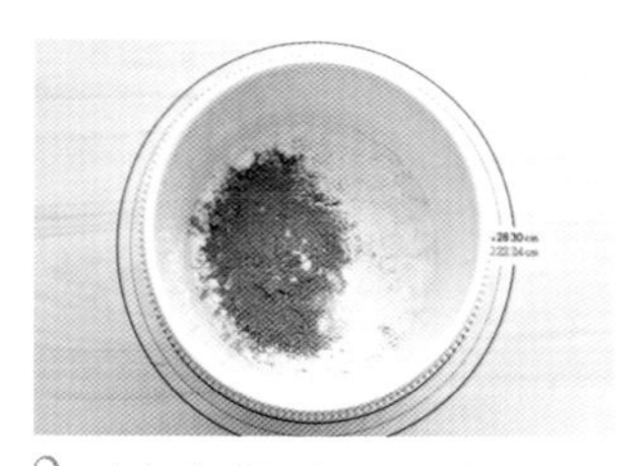

3 미리 체 쳐둔 가루류를 넣고 주걱이나 스패튤러로 가르듯이 섞어요.

4 다진 호두를 넣고 섞어요.

5 반죽을 노르딕틀의 80%가량 채운 후, 탁탁 내리쳐서 기포를 빼고, 180도로 예열한 오븐에서 25~30분간 구운 뒤 틀에서 빼내 식힘망에 충분히 식혀요.

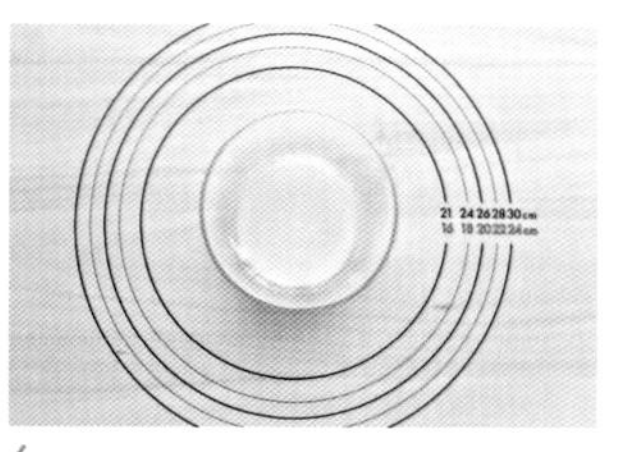

6 그 사이, 슈거파우더에 레몬즙을 넣고 아이싱을 만들어요.

7 한 김 식은 파운드케이크 위에 아이싱을 뿌리고, 산딸기와 아몬드, 호박씨로 장식하면 완성.

생크림을 넣으면 버터를 넣지 않아도 부드럽고 촉촉한 케이크를 만들 수 있어요. 생크림 대신 요거트를 넣어도 좋은데, 요거트는 생크림보다 되직하므로 양을 1.5배가량 더 넣어야 반죽의 농도가 맞아요.

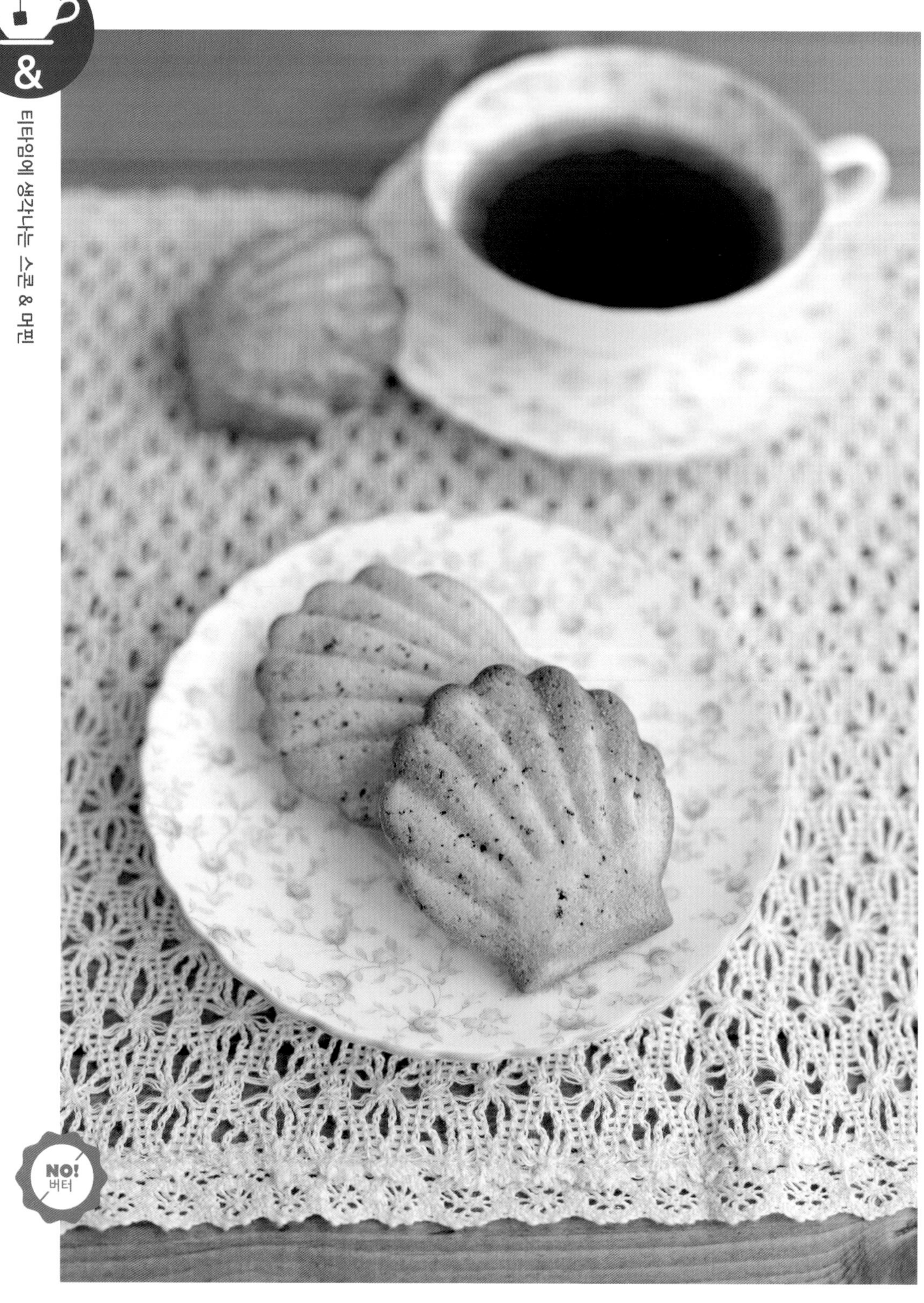
NO!
버터

얼그레이 마들렌

★☆☆

휘휘 저어주기만 하면 금세 반죽이 완성돼 만들기 쉽고 간단한 마들렌. 하지만 맛과 풍미만큼은 절대 무시할 수 없을 거예요. 따뜻한 홍차에 폭신한 마들렌을 곁들이면 나른한 오후도 행복해진답니다.

12개

박력분 100g, 아몬드가루 20g, 베이킹파우더 2g, 포도씨유 40g, 달걀 2개, 올리고당 20g, 설탕 30g, 얼그레이 티백 1개(4g)

믹싱볼, 거품기, 체, 마들렌팬, 브러시

160℃ 12분

50분
(냉장실 30분 휴지 포함)

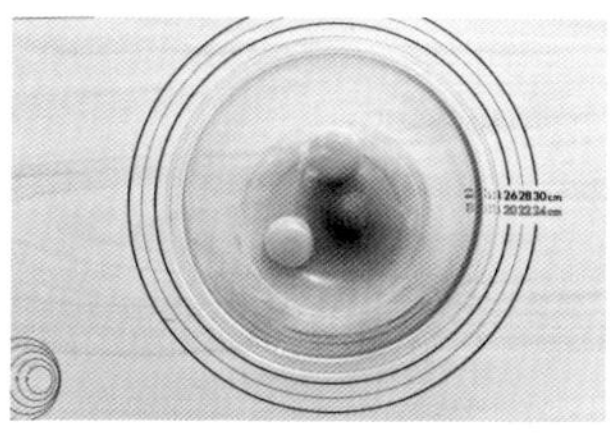

1 볼에 달걀, 설탕, 올리고당을 넣고 잘 섞어요.

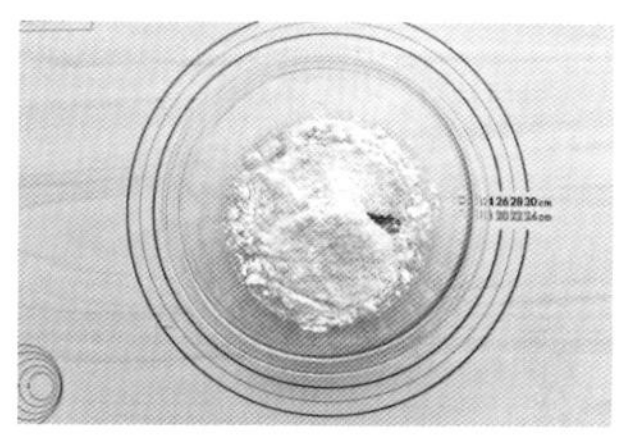

2 미리 체 쳐둔 가루류를 넣고 잘 섞어요.

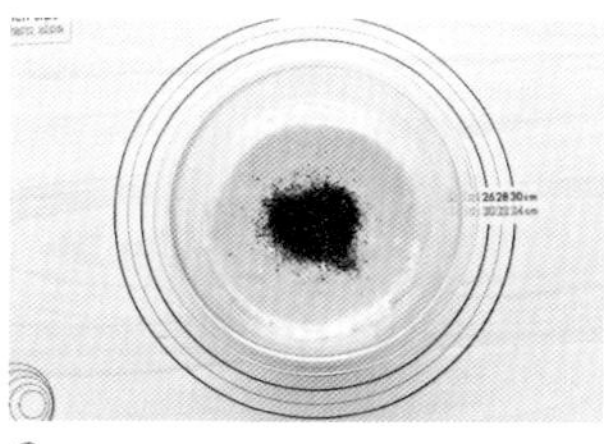

3 반죽이 잘 섞이면, 얼그레이 티백을 잘라 찻잎을 넣고 다시 섞은 뒤, 랩을 씌워 냉장실에서 30분간 휴지시켜요.

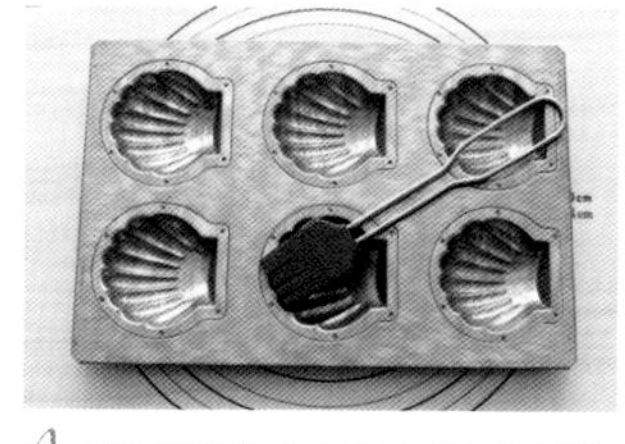

4 마들렌팬에 여분의 포도씨유를 살짝 발라요.

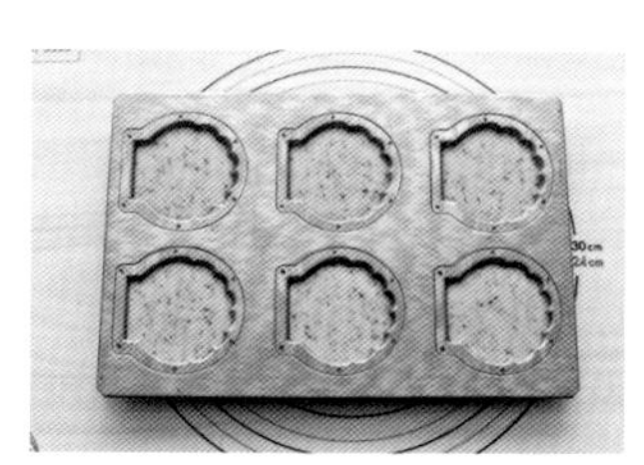

5 반죽을 팬의 80% 정도 채우고, 바닥에 탕탕 두세 번 내리쳐 기포를 뺀 후, 160도로 예열한 오븐에서 12분간 구우면 완성.

얼그레이 티의 분쇄된 찻잎이 너무 거칠다면 블렌더에 살짝 돌려 곱게 갈아 넣어도 좋아요.

NO!
버터

NO!
오일

초콜릿 스콘

★☆☆

스콘은 설렁설렁 반죽해서 휘리릭 구워내는 퀵 브레드로, 영국식 티타임에 빠지면 섭섭한 메뉴죠. 맛이 담백해 잼이나 크림, 레몬커드 등을 발라먹어도 맛있지만, 달콤한 초콜릿을 넣고 구우면 그 자체로도 훌륭해요.

8개

박력분 100g, 통밀가루 100g, 생크림 200g, 베이킹파우더 5g, 소금 한꼬집, 설탕 40g, 초콜릿 칩 40g, 우유 약간

믹싱볼, 체, 스크래퍼, 테프론 시트, 브러시, 오븐팬

200℃ 20분

35분

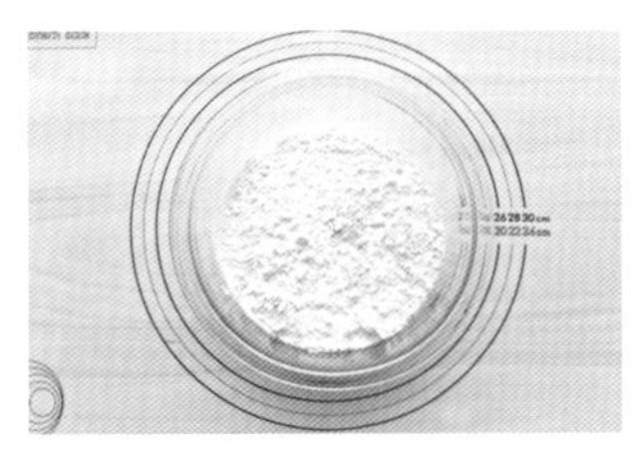

1 볼에 미리 체 쳐둔 박력분, 통밀가루, 소금, 베이킹파우더, 설탕을 넣고 잘 섞어요.

2 분량의 생크림을 넣고 날가루가 보이지 않을 정도로 섞어요.

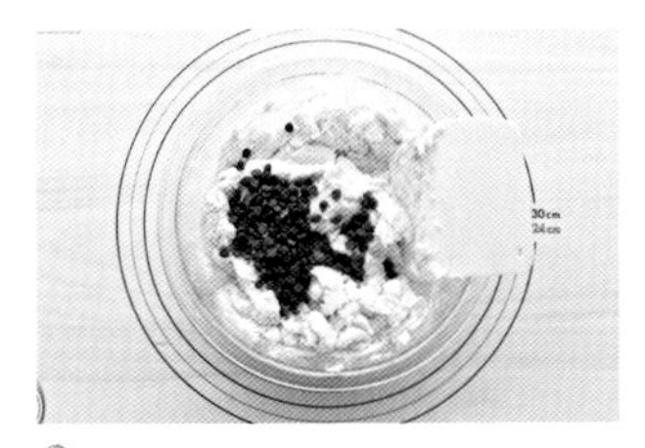

3 초콜릿 칩을 넣고 스크래퍼로 자르듯 재빨리 섞어요.

4 반죽을 둥글넓적하게 빚은 후, 칼이나 스크래퍼로 8등분 해요.

5 오븐팬에 올리고, 윗면에 달걀물이나 우유를 발라요. 200도로 예열한 오븐에서 20분간 구우면 완성.

동글이의 Tip

밀가루는 서늘하고 온도 차가 심하지 않으며 습기가 적은 곳에 보관하는 게 좋아요. 온도가 높은 곳은 밀가루 속의 효소가 활동하기 쉬워 금세 변질되기 쉬워요. 특히 통밀가루나 호밀가루는 습기와 해충에 약하므로, 밀봉해서 냉장 보관하는 것도 좋은 방법. 단, 밀가루는 냄새를 흡착하기 쉬우니, 꼭 밀봉한 상태로 보관해야 해요.

NO!
버터

크랜베리 쇼트 브레드

★☆☆

오래전 스코틀랜드에서는 갓 결혼한 신부가 시댁에 들어갈 때 신부 머리 위에 이 쇼트 브레드를 얹으면, 이것을 부수며 축복해주는 풍습이 있었다고 해요. 그래서 부서지기 쉽도록 파삭하게 만들어요. 듬뿍 들어간 크랜베리 덕분에 오븐에서 굽는 내내 달콤한 향이 가득 퍼진답니다.

10x2cm
12개

중력분 150g, 포도씨유 30g, 떠먹는 플레인 요거트 1개, 슈거파우더 40g, 소금 한꼬집, 바닐라 익스트랙 1작은술, 건크랜베리 40g

믹싱볼, 거품기, 체, 테프론 시트, 칼, 포크, 오븐팬

170℃ 18분

40분

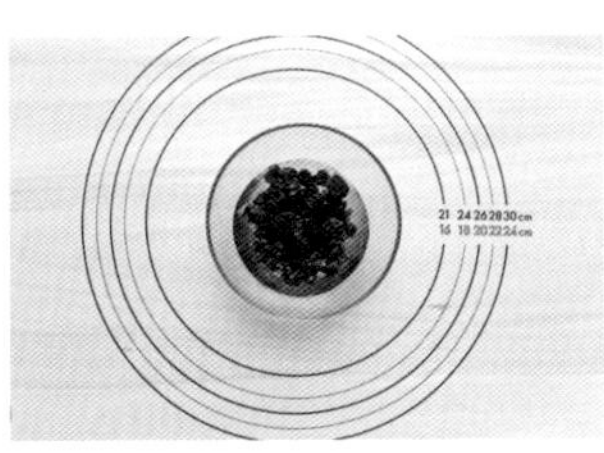

1 건크랜베리는 미리 따뜻한 물이나 럼에 담가 불려요.

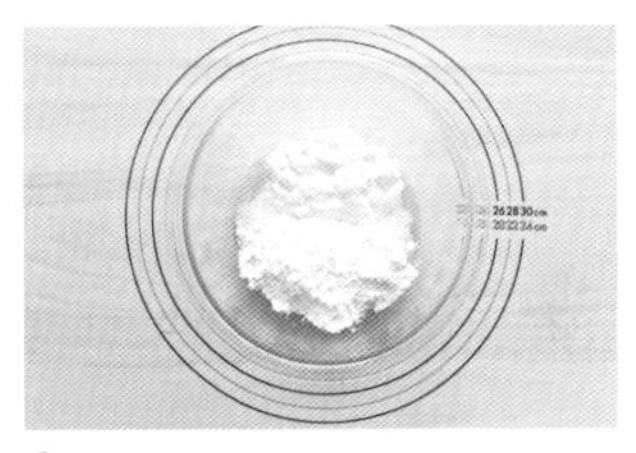

2 믹싱볼에 포도씨유, 슈거파우더, 소금, 요거트를 넣고 섞어요.

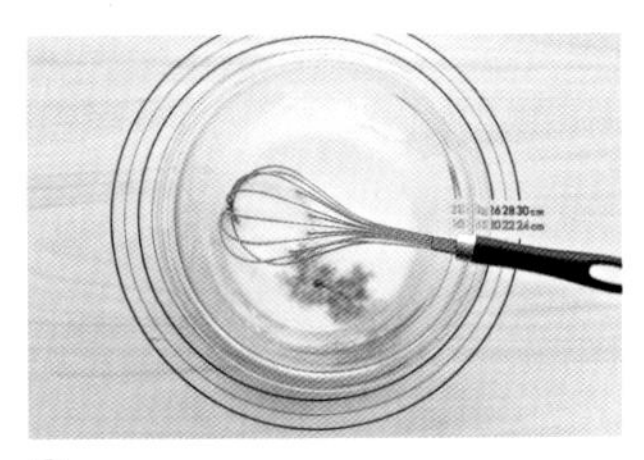

3 바닐라 익스트랙을 넣고 잘 섞어요.

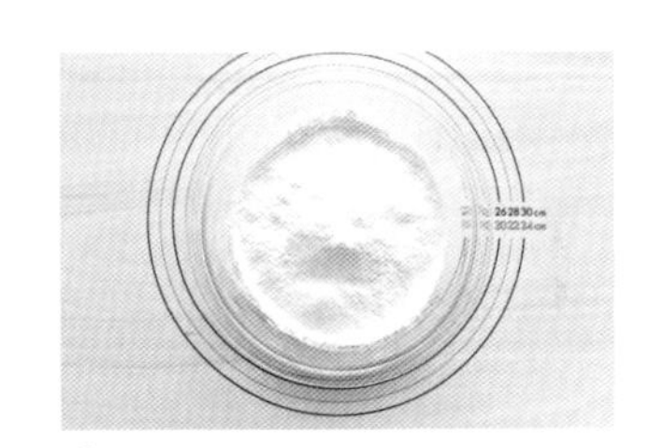

4 미리 체 쳐둔 중력분을 넣어요.

5 반죽에 물기를 꼭 짠 크랜베리를 넣고 잘 섞은 뒤, 둥글게 뭉쳐요.

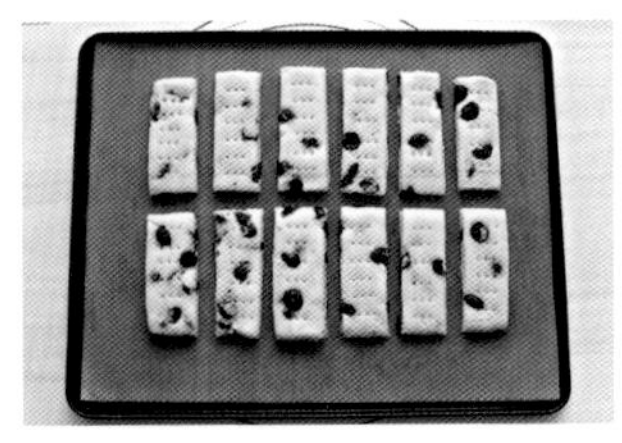

6 반죽을 시트 위에 살짝 두툼하면서 평평하게 밀고, 12조각으로 나눈 뒤 포크로 콕콕 찍어 공기구멍을 만들어요. 170도로 예열한 오븐에서 18분간 구운 뒤 식히면 완성.

건크랜베리는 베이킹에 자주 사용하는 건과일인데요. 쓰고 남은 건크랜베리는 직사광선을 피하고, 서늘한 곳에 보관하는 게 좋아요. 또, 다른 과일에 비해 칼로리가 높은 편이니 양을 잘 조절해서 먹어야 한답니다.

NO! 오일

NO! 버터

NO! 색소

NO! 백밀가루

쌀가루 녹차 카스텔라

★★☆

쌉싸름한 녹차 향이 입안을 개운하게 해주는 쌀가루 녹차 카스텔라예요. 특히 카스텔라는 남녀노소 누구나 좋아하기 때문에 선물용으로 좋아요. 어떤 음료보다 우유와 잘 어울리는 카스텔라, 쌀가루로 만들어 아이들 간식으로도 좋아요.

20x10x9cm 카스텔라틀 1개

달걀 3개, 달걀노른자 2개, 황설탕 110g, 꿀 30g, 물 10g, 홈메이드 맛술 10g, 박력 쌀가루 100g, 녹차가루 15g

카스텔라틀, 믹싱볼, 거품기, 중탕용 볼, 체, 종이포일, 핸드믹서, 테프론 시트, 주걱, 오븐팬

180℃ 10분 --> 150℃ 40분

1시간 30분

1 반죽을 시작하기 전, 오븐팬에 팬 2개를 겹치고, 카스텔라 바닥이 타지 않도록 종이포일이나 테프론 시트 몇 장을 덧대요.

2 미리 종이포일을 잘라 카스텔라 구울 틀에 덧대요.

3 볼에 달걀과 분량의 노른자, 황설탕을 넣고 멍울을 풀어요.

4 중탕으로 황설탕이 녹을 때까지 충분히 저어요.

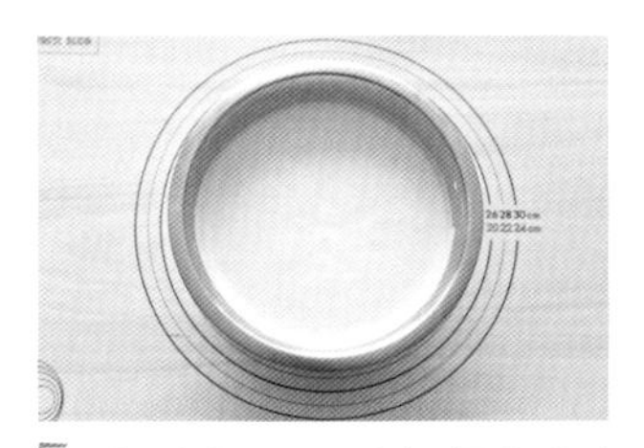

5 핸드믹서로 고루 저어 거품을 올린 뒤, 고속-중속-저속 순으로 저어가며 거품을 매끄럽게 만듭니다.

6 꿀, 물, 맛술을 넣고 저속으로 저어요.

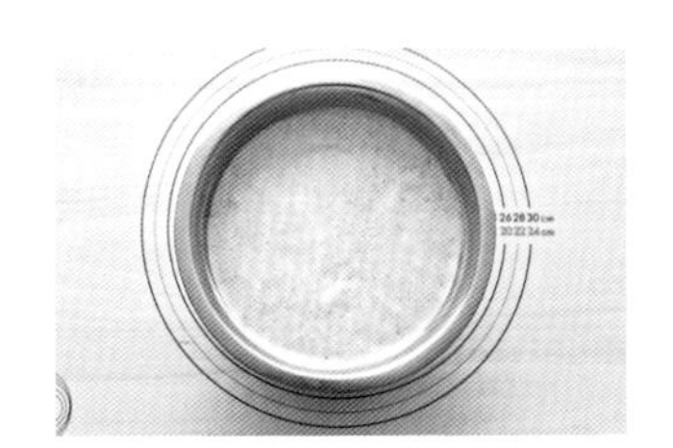

7 미리 체 쳐둔 가루류를 넣고 거품이 꺼지지 않도록 재빨리 섞어요.

8 반죽을 카스텔라틀의 90%가량 채우고, 윗면을 평평하게 정리한 뒤 180도로 예열한 오븐에서 10분간 굽고, 온도를 150도로 내려 40분가량 더 구워요.

9 오븐에서 꺼내자마자 틀 채로 바닥에 내리쳐 종이포일에 거꾸로 엎어 식혀요.

카스텔라 반죽을 틀에 담을 때 기포가 생기지 않도록 20~30cm 높은 곳에서 반죽을 흘려야 해요.
또, 오븐에서 꺼내자마자 한 김 식힌 후, 랩으로 싸서 1~2시간 정도 두면 더 촉촉해져 맛있어요.

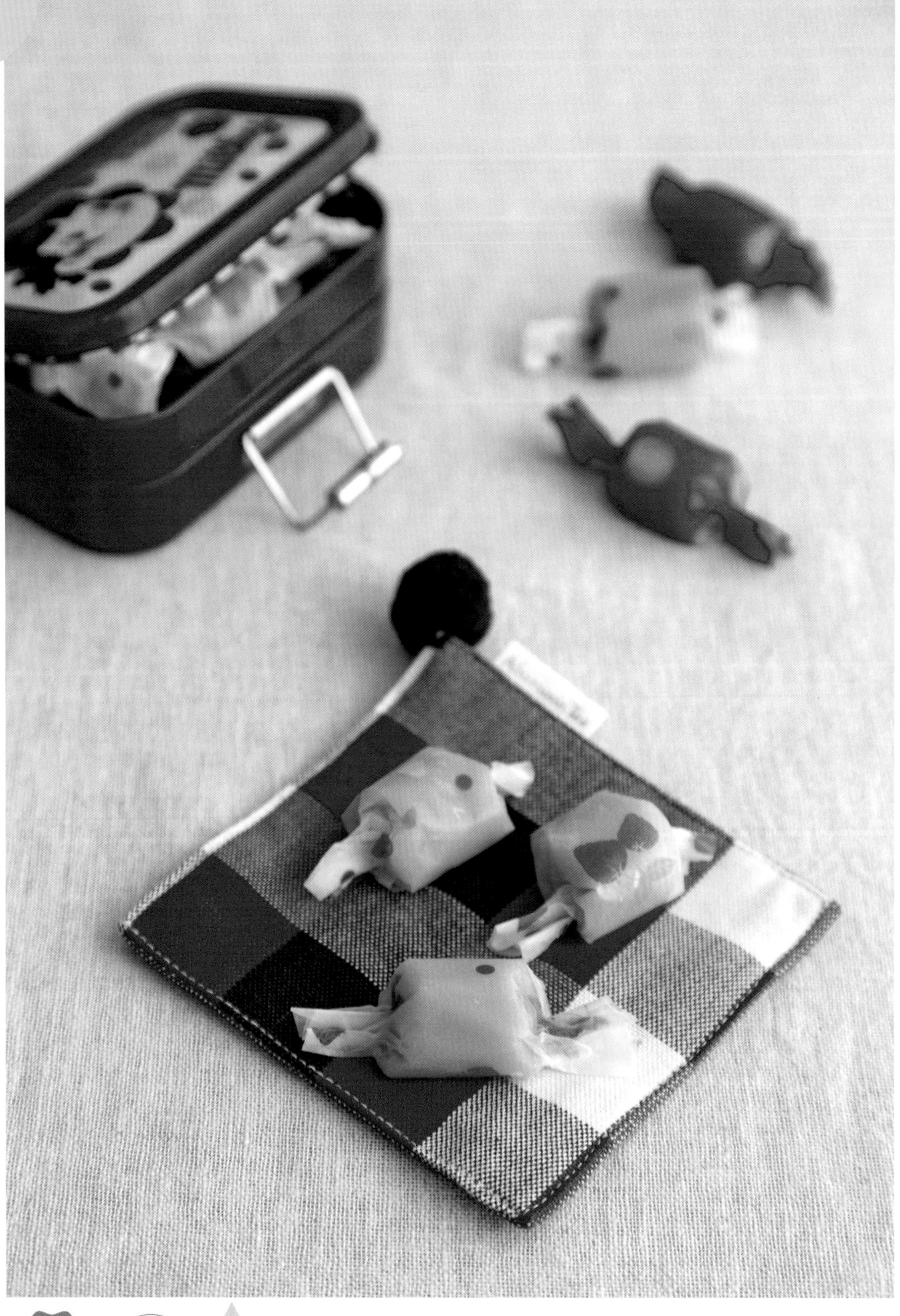

NO!
오일

밀크 캐러멜
★☆☆

어릴 적 할머니 댁에 가면, 할머니께서는 엄마 몰래 노란 종이상자에 들어있는 밀크 캐러멜을 한줌씩 주곤 하셨어요. 주머니 속에 넣고 하나씩 야금야금 까먹던 그때 추억을 생각하며 집에서 만들어봅니다.

생크림 200g, 설탕 70g, 올리고당 또는 물엿 100g, 바닐라 익스트랙 1작은술

냄비, 주걱, 국자, 사각틀, 칼, 유산지

3시간(냉장실에서 굳히는 시간 포함)

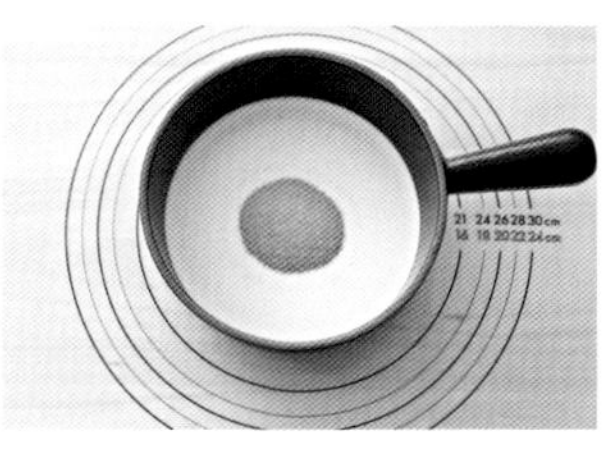

1 냄비에 생크림을 넣고 약불에서 잘 저어가며 끓여요. 테두리가 부글부글할 때 설탕과 올리고당을 넣고 잘 저어요.

2 바닐라 익스트랙도 넣고 잘 저어가며 끓여요.

3 국자나 숟가락으로 떴을 때 너무 묽지 않고 주르룩 흐르는 정도가 좋아요.

4 무스틀에 랩을 씌우거나, 가나슈 페이퍼몰드에 넣고 윗면이 평평해지도록 정리해요.

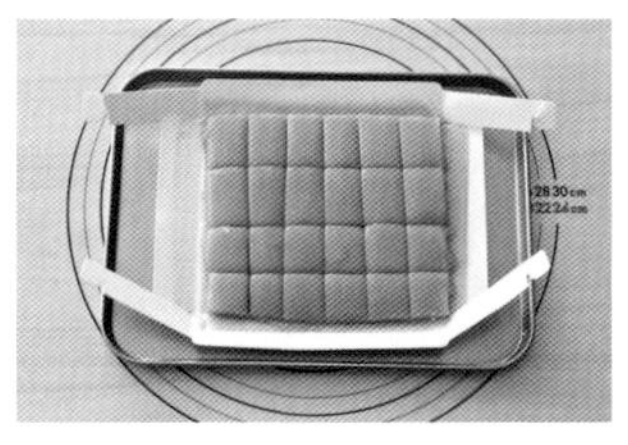

5 냉장실에서 2시간 30분 이상 충분히 굳힌 뒤, 알맞은 크기로 자르고, 유산지로 하나하나 포장하면 완성.

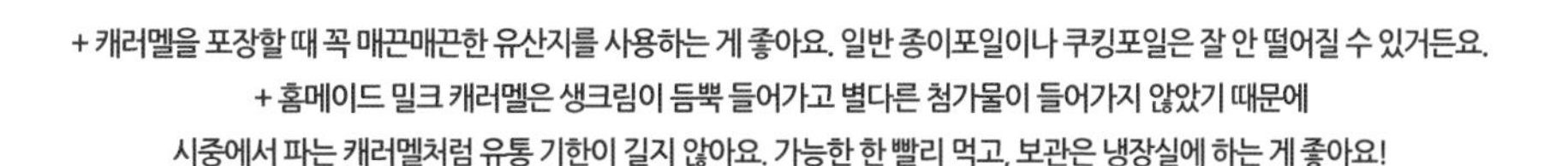

우유와 단짝 친구

NO!
버터
NO!
오일

블루베리 오트밀 팬케이크 ★☆☆

팬케이크는 뜨거울 때 먹어야 더 맛있다고 해서 핫케이크라고도 해요. 팬케이크와 탁월한 궁합을 자랑하는 건 뭐니뭐니해도 달콤한 시럽과 우유죠! 오트밀을 넣어 살짝 거친 듯 구수한 식감으로 왠지 더 건강해지는 느낌이에요. 블루베리와 달콤한 시럽을 더하면 맛과 멋, 영양까지 챙긴 근사한 아침식사 완성.

지름 8cm 12개

박력분 100g, 오트밀 40g, 소금 한꼬집, 설탕 30g, 베이킹파우더 3g, 우유 100g, 달걀 1개, 떠먹는 플레인 요거트 30g,
토핑 요거트 1큰술, 아가베 시럽 적당량, 블루베리 적당량

믹싱볼, 거품기, 체, 주걱, 프라이팬, 뒤집개

중약불 앞뒤로 각각 5분

40분

1 믹싱볼에 달걀과 설탕을 넣고 섞어요.

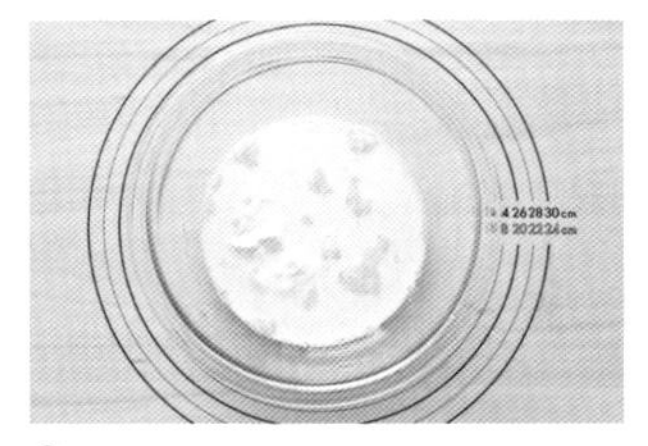

2 우유와 요거트를 넣고 섞어요.

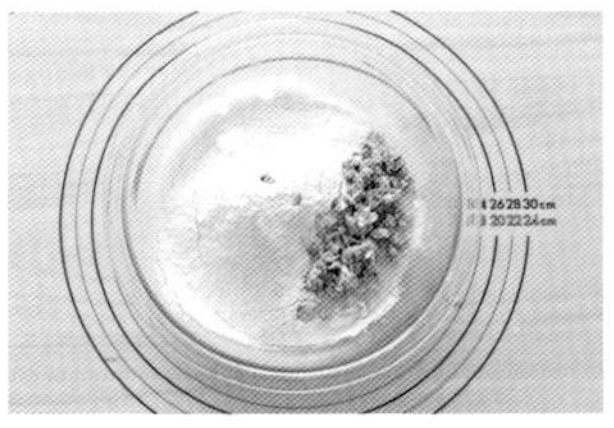

3 오트밀을 물에 살짝 불린 다음 미리 체 쳐둔 가루류에 넣어요.

4 날가루가 보이지 않도록 잘 섞어요.

5 달군 팬에 반죽을 넣고 표면에 기포가 생기면서 가운데가 살짝 볼록해지도록 한쪽 면을 구워요.

6 뒤집어서 다른 면도 노릇하게 구워요. 팬케이크를 접시에 차곡차곡 담아 시럽을 듬뿍 바르고 블루베리를 올리면 완성.

+ 반죽에 오트밀을 넣을 땐 오트밀을 물에 살짝 불려서 사용하는 게 좋아요.
물에 불리지 않을 경우 수분을 빨아들이는 습성이 있기 때문에 반죽에 있는 물기를 오트밀이 빨아들여 반죽이 너무 되직해질 수 있거든요.
또, 팬케이크 반죽의 농도는 스패튤러나 스푼으로 떴을 때 주르륵 흐르는 정도가 적당해요.
+ 프라이팬에 코팅이 잘 되어 있으면 따로 오일을 두르지 않고 굽고, 그렇지 않다면 포도씨유나 카놀라유를 살짝 두르고 굽는 게 좋아요.

NO!
버터

오레오 머핀

★☆☆

내 안에 오레오 있다! 달콤한 게 생각날 때, 짜증 나는 일이 있을 때 한 조각 먹으면 기분이 싹 풀리는 오레오 머핀! 오레오 쿠키를 살짝 비틀어 우유에 콕 찍어 먹어야 제일 맛있듯 오레오 머핀도 우유를 곁들여야 최상의 맛.

박력분 120g, 황설탕 50g, 포도씨유 30g, 베이킹파우더 4g, 떠먹는 플레인 요거트 80g, 달걀 1개, 오레오 쿠키 8개

믹싱볼, 거품기, 체, 머핀컵, 지퍼팩, 스패튤러, 오븐팬

170℃ 20분

40분

1 오레오 쿠키를 살짝 비틀어 2개로 분리하고, 나이프나 스패튤러로 하얀 크림을 제거한 뒤, 분리한 오레오 쿠키 10개는 비닐봉지에 넣어 잘게 부수고, 나머지는 데코용으로 남겨요.

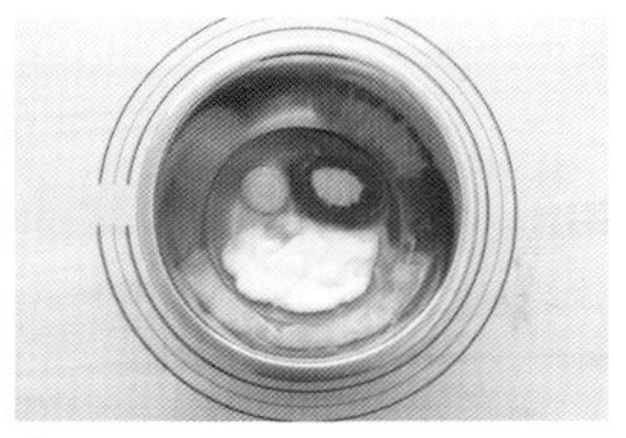

2 믹싱볼에 포도씨유, 요거트, 달걀, 설탕을 넣고 잘 섞어요.

3 미리 체 쳐둔 가루류를 넣고 잘 섞어요.

4 잘게 부순 오레오 쿠키를 넣고 잘 섞어요.

5 일회용 머핀컵의 80% 정도 반죽을 채우고, 크림을 제거한 오레오 쿠키 1개씩을 꾹 박아준 다음 170도로 예열한 오븐에서 20분간 구우면 완성.

오레오 쿠키는 정통 다크 초콜릿 쿠키와 달콤한 크림이 조화된 쿠키로 무려 100여 년간 전 세계인의 사랑을 받아온 쿠키예요. 오레오 쿠키가 없다면 비슷한 다른 쿠키를 사용해도 괜찮아요.

김 과자
★☆☆

김 특유의 고소한 맛과 감칠맛이 더해져 자꾸만 손이 가게 만드는 마력의 레시피.
맥주 안주는 물론 아이들 간식으로도 좋아 한번 만들면 온 가족의 사랑 듬뿍!

6~70개

김밥용 김 2장, 박력 쌀가루 100g, 박력분 100g, 소금 2g, 베이킹파우더 4g, 우유 35g, 달걀 1개, 설탕 10g, 포도씨유 20g

믹싱볼, 거품기, 체, 밀대, 일회용 비닐봉지, 칼이나 스크래퍼, 테프론 시트, 오븐팬

180℃ 10~12분

50분(냉장실 30분 휴지 포함)

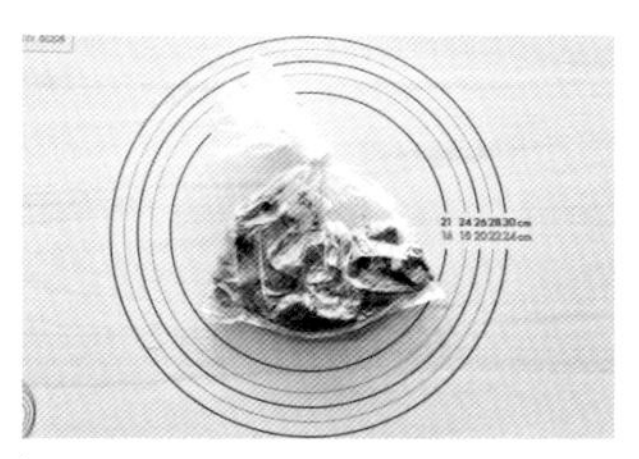

1 김은 일회용 비닐봉지에 넣어 잘게 부숴요.

2 믹싱볼에 우유, 달걀, 설탕을 넣고 섞어요.

3 미리 체 쳐둔 가루류와 잘게 부순 김을 넣고 고슬고슬 섞어요.

4 포도씨유를 넣고 섞어요.

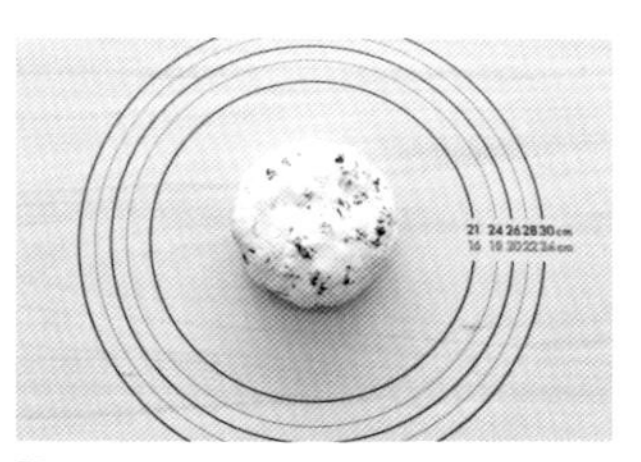

5 둥글게 한데 뭉친 반죽에 랩을 씌워 30분간 냉장실에서 휴지시켜요.

6 휴지가 끝난 반죽을 밀대로 0.2~0.3cm 두께로 밀어서 스크래퍼나 칼로 5~6cm 길이로 얇게 잘라요.

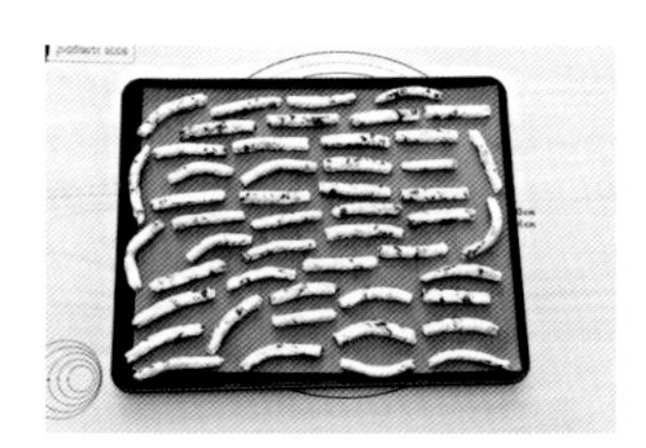

7 시트를 깐 오븐팬에 얇게 자른 반죽을 올려요. 180도로 예열한 오븐에서 10~12분간 구우면 완성.

김의 감칠맛과 담백한 쿠키 반죽이 어우러져 고소하고 맛있는데요, 여기에 달콤한 맛을 추가하고 싶다면 설탕 100g에 물 20g을 넣고 보글보글 끓여서 시럽을 만든 후 다 구워진 쿠키에 묻힌 후 식혀 보세요. 시중에서 파는 김 과자처럼 달콤해요.

NO! 백밀가루

NO!
색소

파베 초콜릿

★☆☆

발렌타인데이나 크리스마스 같은 특별한 날이 아니더라도 다크 초콜릿과 생크림이 어우러져 부드러움이 매우 매력적인 파베 초콜릿을 만들어 보세요. 한 조각 입에 물면 하루 동안 쌓인 스트레스가 눈 녹듯 사라져요. 달콤하고 부드러워 샴페인 안주로도 제법 잘 어울려요.

16x11x2.5cm틀

다크 코팅 초콜릿 200g, 생크림 100g, 올리고당 10g, 무가당 코코아가루 적당량, 말차가루 적당량

냄비, 주걱, 국자, 사각틀, 칼, 일회용 비닐봉지, 포크나 젓가락

2시간 20분(냉장실에서 굳히는 시간 포함)

1 냄비에 생크림을 담아 살짝 끓이다가 테두리가 부글부글하면 물엿이나 올리고당을 넣고 섞어요.

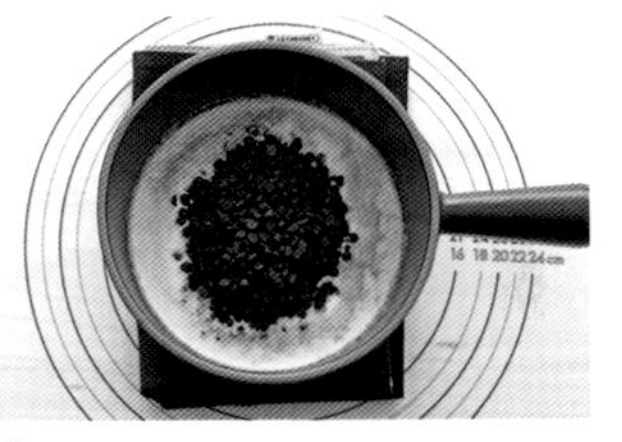

2 다크 코팅 초콜릿을 넣고 골고루 저어가며 녹여요.

3 초콜릿 몰드에 붓고 윗면을 평평하게 정리한 뒤, 냉장실에서 2시간가량 굳혀요.

4 윗면이 단단하게 굳으면, 초콜릿을 적당한 크기로 잘라요.

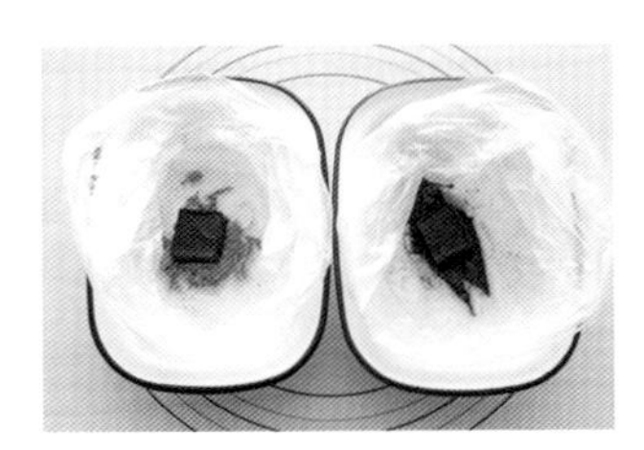

5 자른 초콜릿에 코코아가루와 말차가루를 듬뿍 묻혀주면 완성.

동글이의 Tip

파베 초콜릿은 아무리 단단히 굳혀도 손에 닿으면 손가락 열기로 쉽게 녹기 때문에 코코아가루나 말차가루를 묻힐 때 디핑 포크나 젓가락을 이용해 최대한 손에 닿는 부분이 적어야 해요.

STAUB

NO!
버터

NO! 백밀가루

허니 오렌지 아몬드

고소한 통아몬드에 달콤한 꿀과 상큼한 오렌지 제스트로 옷을 입힌 허니 오렌지 아몬드. 간식으로 하나둘씩 먹기 좋지만, 와인 안주로도 좋아요. 와인이 생각나는 날, 직접 만든 특별한 안주, 허니 오렌지 아몬드를 준비해보는 건 어떨까요?

아몬드 1컵, 꿀 2큰술, 설탕 1작은술, 물 1큰술, 소금 ½작은술, 포도씨유 ½큰술, 오렌지 제스트 (오렌지 1개 분량)

프라이팬, 냄비, 종이포일, 제스터, 주걱, 쟁반이나 팬

30분

1 아몬드를 미리 마른 팬이나 오븐에 살짝 구워요.

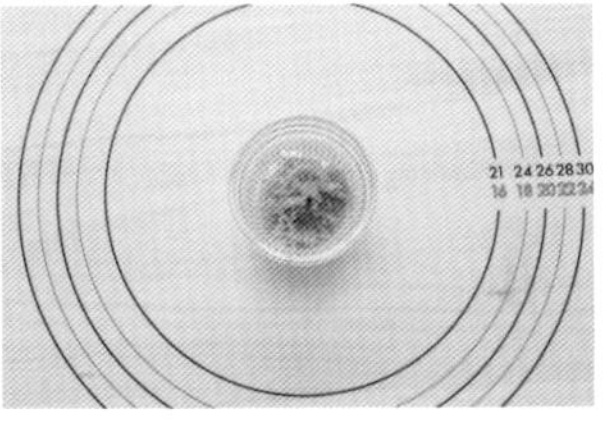

2 오렌지 껍질을 깨끗이 씻어 제스터로 살살 긁어 오렌지 제스트를 만들어요.

3 냄비에 물, 꿀, 포도씨유, 소금, 설탕을 넣고 끓여요.

4 시럽이 끓기 시작하면 구운 아몬드와 오렌지 제스트를 넣고 골고루 섞어요.

5 서로 달라붙지 않게 종이포일 위에 펼쳐 올리고, 차갑게 식히면 완성.

오렌지 제스트 대신 레몬 제스트를 넣거나 얇게 채 썬 생강이나 크랜베리를 넣어도 좋아요.

The Nature Conservancy
NATURE
Conservancy
TURE

NO!
버터

황치즈 쿠키

★☆☆

진한 치즈 냄새가 솔솔. 노란 빛깔이 예쁜 황치즈 쿠키는 우유나 커피, 홍차 등 각종 음료와 잘 어울리는 간식이지만, 저에겐 최고의 맥주 안주예요. 한 상 차리는 맥주 안주가 부담스러울 땐 이런 가벼운 쿠키도 나름 훌륭한 안주가 된답니다.

16~18개

박력분 150g, 황치즈가루 30g, 달걀 1개, 설탕 30g, 소금 2g, 포도씨유 20g, 우유 10g

믹싱볼, 거품기, 체, 밀대, 쿠키커터, 테프론 시트, 오븐팬

175℃ 12~15분

30분

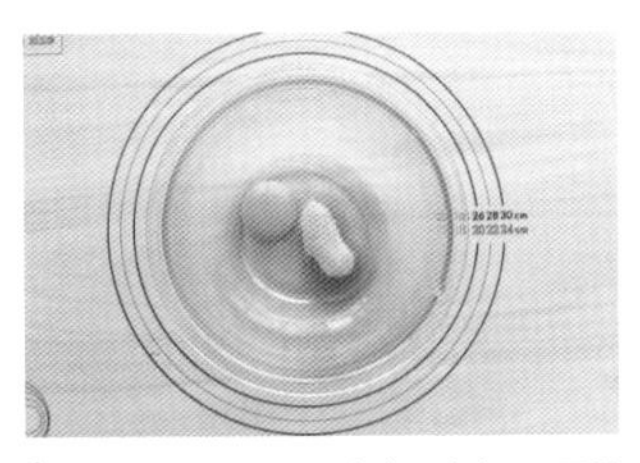

1 볼에 포도씨유, 달걀, 설탕, 소금을 넣고 잘 섞어요.

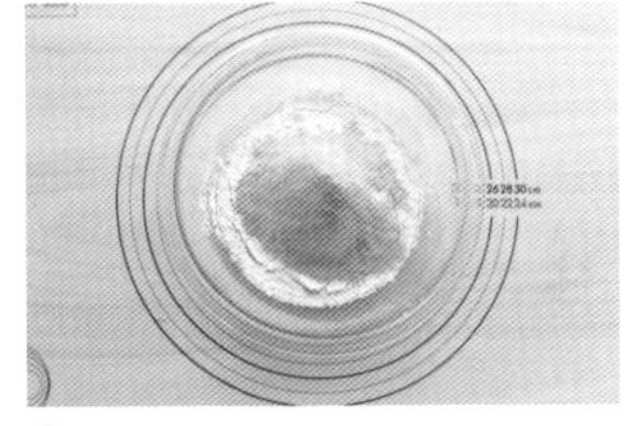

2 미리 체 쳐둔 가루류를 넣고 잘 섞어요. 우유를 넣으며 반죽의 농도를 맞춰요.

3 반죽을 밀대로 평평하게 0.3~0.4cm 두께로 밀어요.

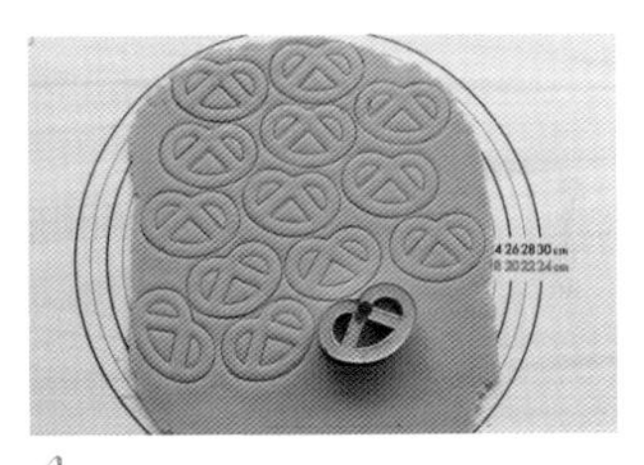

4 쿠키커터로 모양을 내요.

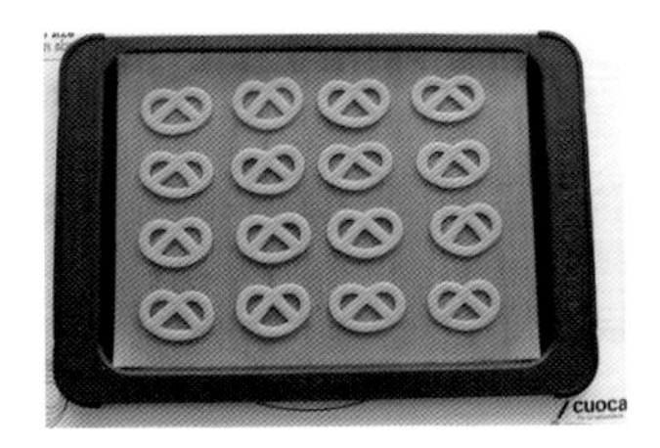

5 시트를 깐 오븐팬에 반죽을 올리고, 175도로 예열한 오븐에서 12~15분간 구우면 완성.

동글이의 Tip

황치즈가루가 없다면 파마산 치즈가루로 대체해도 좋아요.

로얄 밀크티 2잔

물 150ml, 홍차 잎 6g, 우유 250ml, 아가베 시럽 또는 꿀 적당량

1. 물 150ml를 냄비에 넣고, 물이 끓으면 홍차 잎을 넣어요.
   불을 약하게 줄인 뒤 5분간 홍차를 우려요.
2. 분량의 우유를 넣어요.
3. 우유의 가장자리가 보글보글 끓기 시작할 때 불을 꺼요.
4. 찻잎을 티 망에 거른 뒤, 찻잔에 담아 기호에 맞게 아가베 시럽이나 꿀을 넣으면 완성.

고구마 라떼 2잔

고구마 큰 것 1개(껍질 벗긴 것 300g), 우유 300ml, 다진 견과류 1큰술, 꿀 적당량, 계핏가루 적당량

1. 고구마는 깨끗이 씻어 적당한 크기로 잘라요.
2. 랩을 씌워 전자레인지에 2분씩 두 번 푹 익힌 뒤, 껍질을 벗겨요.
3. 블렌더에 껍질을 벗긴 고구마와 따뜻하게 데운 우유, 다진 견과류를 넣고 곱게 갈아요.
4. 입맛에 따라 꿀이나 계핏가루를 넣고 곱게 갈면 완성.

바닐라 소이 라떼 2잔

두유 300ml, 에스프레소 4샷, 바닐라 시럽 약간

1. 두유를 따뜻하게 데워 준비해요.
2. 각각의 잔에 두유를 담고, 에스프레소를 2샷씩 넣은 뒤, 바닐라 시럽을 넣어 저어요.

리얼 바나나 우유 2잔

얼린 바나나 2개, 우유 300ml, 바닐라 익스트랙 1~2방울, 아가베 시럽 1작은술

1. 바나나는 미리 냉동실에 반나절 이상 얼려요.
   *상온에 둔 바나나는 얼음 몇 조각을 넣어요.
2. 바나나를 적당한 크기로 잘라 블렌더에 넣고 우유와 바닐라 익스트랙을 떨어뜨려요.
3. 아가베 시럽이나 꿀을 넣어요.
4. 부드럽게 갈면 리얼 바나나 우유 완성.

아포가토

아이스크림 2스쿱, 에스프레소 2샷, 약간의 견과류와 초콜릿, 데코용 체리 약간

1. 에스프레소를 진하게 2샷 준비해요.
2. 아이스크림을 볼에 담고, 견과류와 초콜릿으로 장식해요.
3. 체리를 올린 뒤, 먹기 직전 뜨거운 에스프레소를 아이스크림 위에 뿌리면 완성.

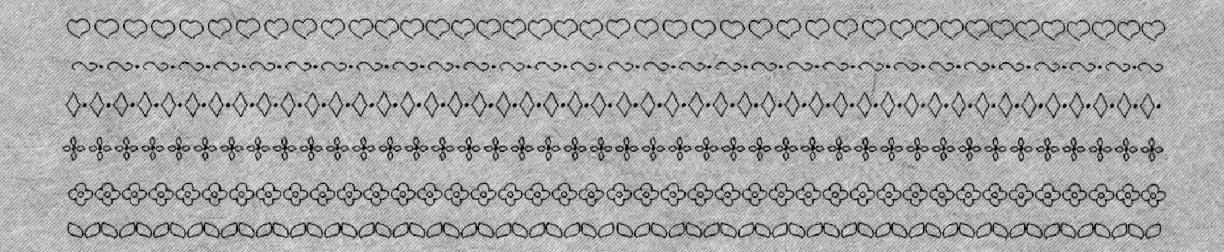

Part 4

유명 베이커리 인기메뉴 & 시판 쿠키를 집에서!

NO!
버터

계란 쿠키

★☆☆

제가 어릴 땐, 요즘처럼 쿠키의 종류가 무궁무진하지 않았어요. 그때 제가 가장 좋아하던 쿠키는 입안에서 눈 녹듯 순식간에 사라지는 계란 쿠키였어요. 순한 맛과 부드러운 식감으로 남녀노소 누구나 좋아하던 계란 쿠키. 세월에 훌쩍 지났어도 늘 정겨운 그 맛이란!

달걀노른자 4개, 박력분 100g, 아몬드가루 30g, 포도씨유 35g, 설탕 50g, 바닐라 익스트랙 1작은술, 베이킹파우더 4g, 우유 30g

믹싱볼, 거품기, 체, 원형깍지, 짤주머니, 테프론 시트, 오븐팬

175℃ 10분

25분

1 포도씨유에 설탕을 넣고 고루 섞어요.

2 달걀노른자를 넣고 잘 섞어요.

3 우유와 바닐라 익스트랙을 넣어요.

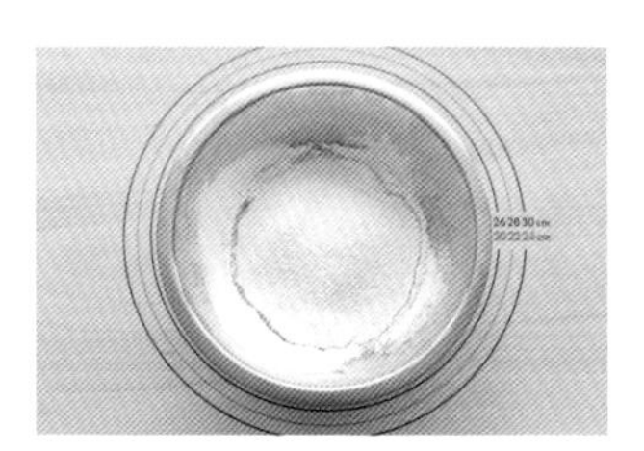

4 미리 체 쳐둔 가루류를 넣고 잘 섞어요.

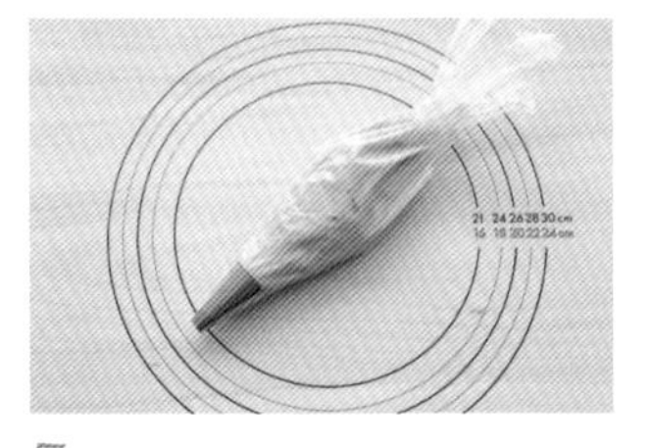

5 짤주머니에 원형깍지를 끼우고 반죽을 넣어요.

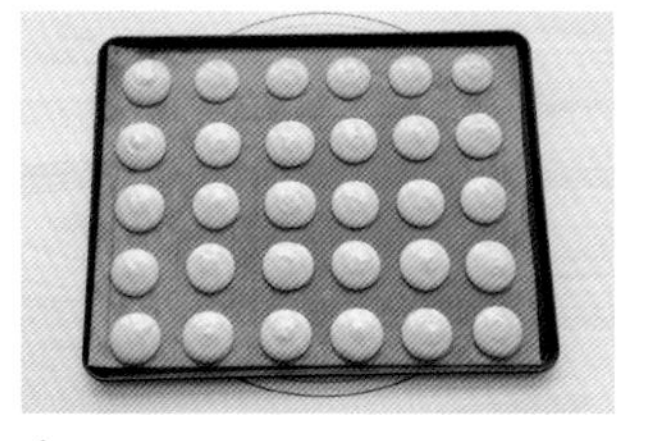

6 시트를 깐 오븐팬에 동그랗게 반죽을 짜고, 175도로 예열한 오븐에서 10분간 구우면 완성.

집에서 만든 계란과자는 다소 딱딱한 시판 계란과자에 비해 훨씬 폭신하고 부드러워요. 박력분 대신 호밀가루나 통밀가루를 넣기도 하는데, 식감은 조금 거칠지만 훨씬 구수하답니다.

로즈 마카롱

★★☆

마카롱 하면 떠오르는 '라뒤레(La Duree)'의 인기메뉴인 로즈 마카롱! 패션지 에디터 시절, 파리로 출장 갈 때마다 꼬박꼬박 사 먹던 기억이 새록새록! 코끝을 스치는 장미 향이 마냥 신기하고 매력적이지요.

4m
12개

꼬끄 달걀흰자 42g, 흰설탕 42g, 아몬드가루 55g, 슈거파우더 50g, 딸기가루 4g

화이트 가나슈
화이트 코팅 초콜릿 50g, 생크림 50g, 로즈 아롬 약간

믹싱볼, 핸드믹서, 체, 주걱, 1cm 원형깍지, 짤주머니, 테프론 시트, 오븐팬, 중탕용 볼, 거품기, 식힘망

150℃ 12~14분

1시간

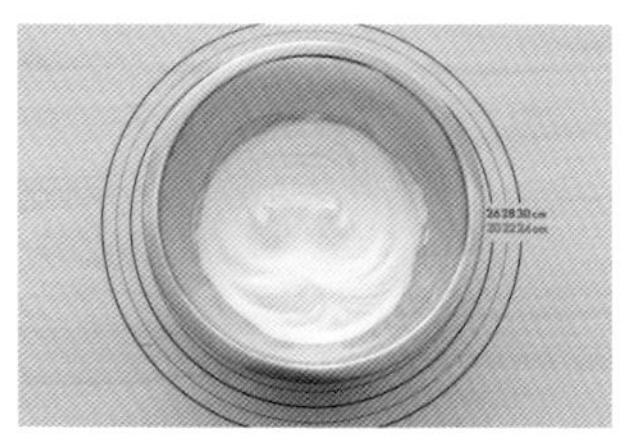

1 달걀흰자를 거품이 날 때까지 휘핑한 뒤, 설탕을 세 번에 나누어 넣으면서 단단한 뿔이 설 정도의 머랭을 만들어요.

2 미리 체 쳐둔 아몬드가루, 슈거파우더, 딸기가루에 머랭을 세 번에 나누어 넣고, 안에서 바깥으로 뒤집듯이 크게 원을 그리며 고루 섞어요.

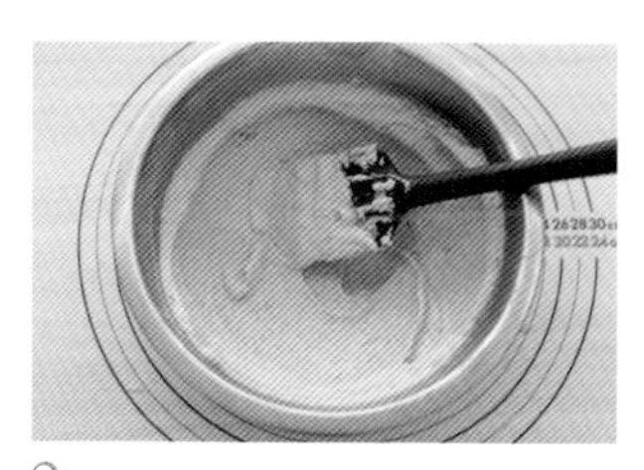

3 반죽에 윤기가 돌 정도로 고루 섞어요.

4 반죽에 윤기가 돌고 떨어뜨렸을 때 계단 형태를 유지하면 OK.

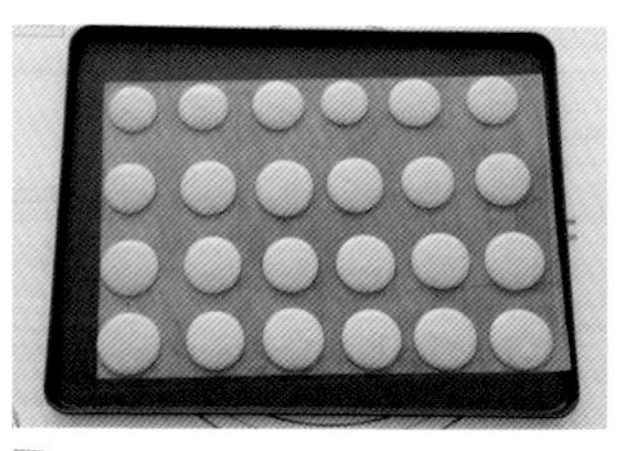

5 1cm 원형깍지를 끼운 짤주머니에 반죽을 넣은 뒤, 시트를 깐 오븐팬에 지름 4cm 정도로 짜고, 실온에서 30분간 건조해요. 150도로 예열한 오븐에서 12~14분간 구워요.

6 그 사이 데운 생크림에 화이트 초콜릿을 넣고 중탕으로 녹여요.

이때 가나슈가 잘 굳도록 버터를 넣기도 하는데 생략해도 무방해요.

7 로즈 아롬이나 로즈 워터를 몇 방울 넣어요.

8 구워진 마카롱 꼬끄는 비슷한 크기끼리 짝을 맞추고, 가나슈를 짤주머니에 담아 한쪽 면에 짜서 샌딩해주면 완성.

로즈 아롬(rose arome)이나 로즈 워터는 장미 향이 나는 식용 향료로, 칵테일이나 베이킹에 활용해요.
특히 로즈 아롬은 향이 아주 강한 편이니, 아주 소량만 넣어도 충분하답니다.

NO!
버터

마가레트

★☆☆

마가레트 한 조각을 입에 넣으면 잠시 잊고 있던 행복한 기억들이 하나둘 떠올라요. 어릴 적, 엄마를 따라 슈퍼에 가면 슬쩍 장바구니에 담거나, 학창시절 쉬는 시간에 헐레벌떡 매점까지 뛰어가서 사 먹던 과자가 바로 이 마가레트였거든요.

12개

박력분 125g, 아몬드가루 50g, 베이킹파우더 2g, 달걀 1개, 달걀노른자 1개, 포도씨유 30g, 설탕 55g, 꿀 5g, 바닐라 익스트랙 약간, 겉면에 발라줄 달걀물 약간

믹싱볼, 거품기, 체, 테프론 시트, 오븐팬, 스크래퍼, 브러시

170℃ 12분

25분

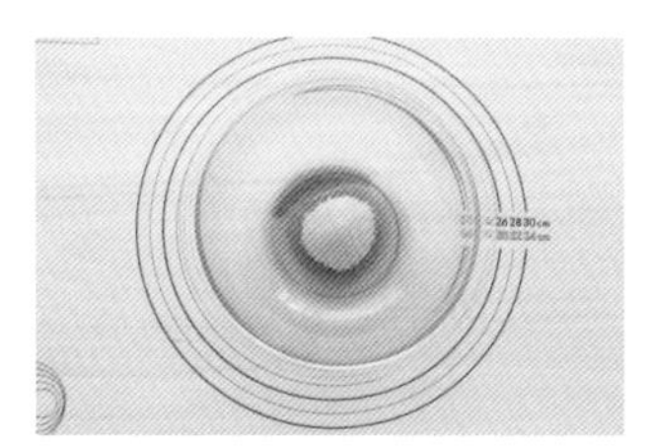

1 포도씨유에 설탕, 꿀, 바닐라 익스트랙을 넣고 잘 섞어요.

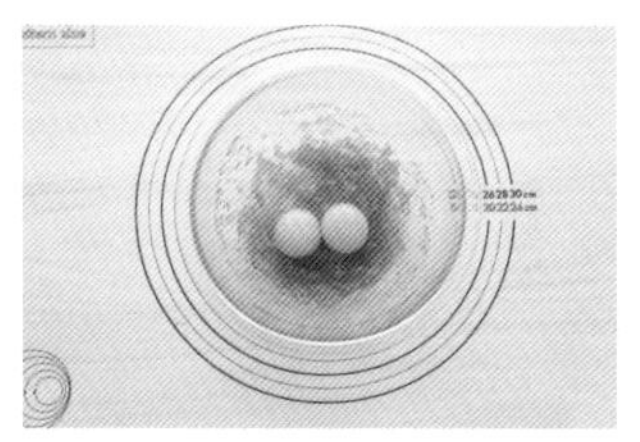

2 달걀 1개와 달걀노른자 1개를 넣고 섞어요.

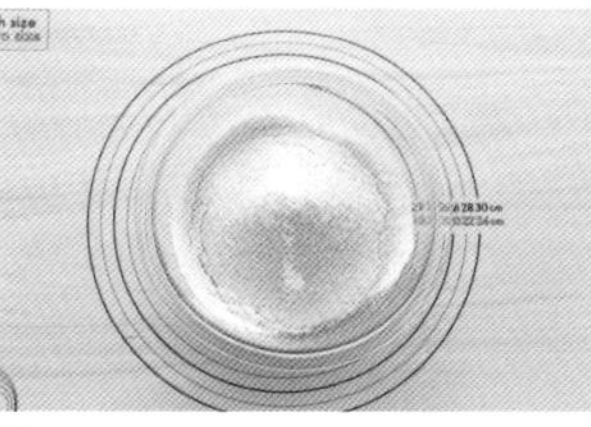

3 미리 체 쳐둔 가루류를 넣고 섞어요.

4 반죽을 동그랗게 빚어 시트를 깐 오븐팬에 올린 뒤, 손으로 윗면을 살짝 눌러요.

5 스크래퍼나 칼로 격자 모양을 새겨요.

6 윗면에 달걀물을 바르고 170도로 예열한 오븐에서 12분간 구워요.

쿠키를 굽기 전 윗면에 달걀물을 발라주는 이유는 노릇노릇한 색감과 광택을 내기 위해서예요. 달걀물 대신 우유를 살짝 발라도 좋아요.

NO!
버터

부시맨 브레드

★★☆

유명 패밀리 레스토랑 식전 빵으로 나오는 부시맨 브레드는 항상 인기 만점이에요. 메인 요리보다 이 빵 때문에 레스토랑을 찾는 사람도 있을 정도니까요. 담백하고 구수하면서도 달콤한 맛에 주 요리가 나오기 전에 배부르기가 일쑤! 이젠 집에서 만들어보세요.

5개

통밀가루 100g, 강력분 150g, 인스턴트 드라이이스트 4g, 무가당 코코아가루 3g, 설탕 10g, 소금 한꼬집, 포도씨유 10g, 꿀 50g, 인스턴트 커피 1작은술, 따뜻한 물 150g, 옥수수가루 약간

제빵기, 밀대, 체, 랩, 테프론 시트, 오븐팬

190℃ 15~20분

2시간 50분

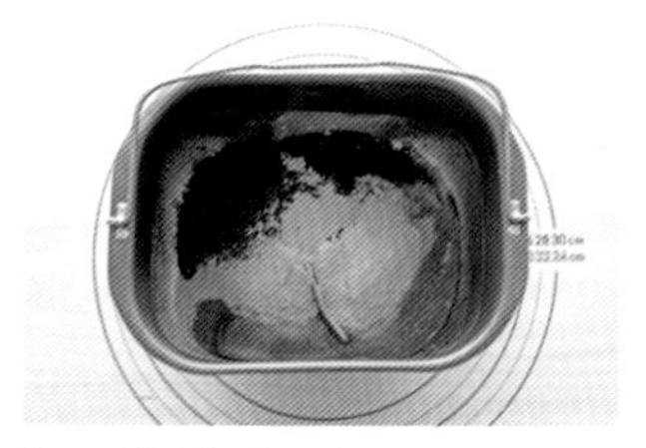

1 제빵기에 반죽 재료를 모두 넣고 반죽과 1차 발효까지 끝내요.

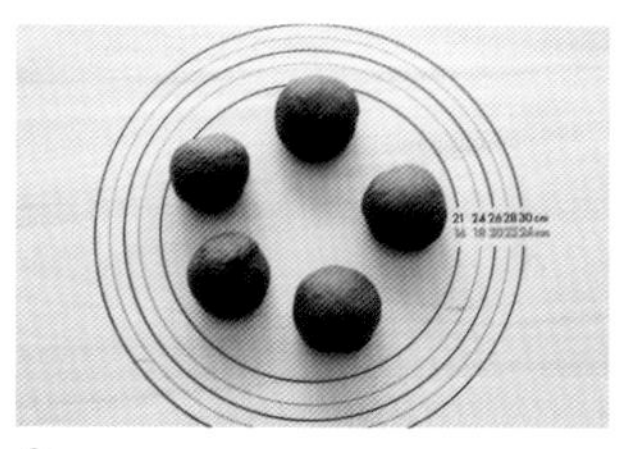

2 발효가 끝난 반죽을 5등분으로 나누어 둥글린 뒤 랩을 씌워 15분간 휴지시켜요.

3 반죽을 밀대로 밀어요.

4 가로로 길게 돌돌 말아 원통형으로 만든 뒤, 반죽이 맞닿는 부분을 꼬집듯 꼭꼭 눌러요.

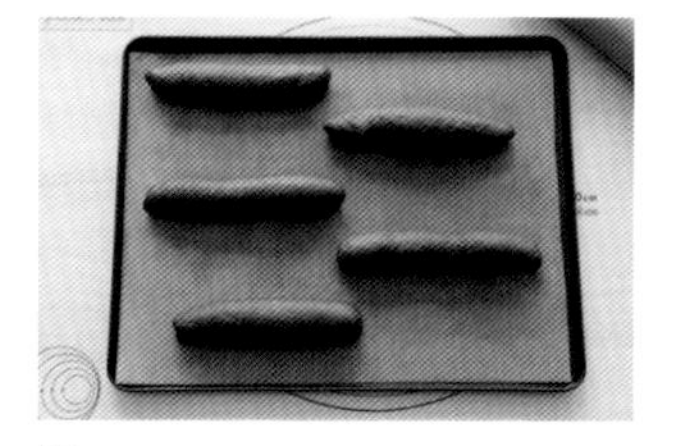

5 시트를 깐 오븐팬에 반죽을 올리고, 겉이 마르지 않게 랩을 씌운 뒤, 40분간 2차 발효를 해요.

6 반죽이 1.5~2배가량 부풀면 반죽 표면에 옥수수가루를 솔솔 뿌린 뒤, 190도로 예열한 오븐에서 15~20분간 구우면 완성.

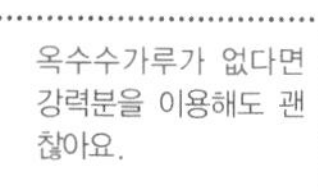

옥수수가루가 없다면 강력분을 이용해도 괜찮아요.

동글이의 Tip

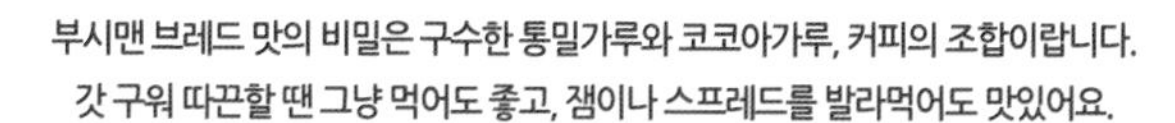

부시맨 브레드 맛의 비밀은 구수한 통밀가루와 코코아가루, 커피의 조합이랍니다.
갓 구워 따끈할 땐 그냥 먹어도 좋고, 잼이나 스프레드를 발라먹어도 맛있어요.

부추 빵
★★☆

한 시간이나 줄을 서야 겨우 살 수 있다는 대전 유명 빵집의 인기 메뉴인 부추 빵. 도대체 얼마나 맛있길래 이렇게 소문이 자자한지 궁금했어요! 빵 하나 사러 멀리 대전까지 갈 수 없다면 집에서 직접 만들어보세요.

6개

강력분 240g, 소금 3g, 설탕 40g, 생크림 30g, 우유 70g, 달걀 1개, 인스턴트 드라이이스트 4g, 포도씨유 15g, 달걀물 약간
충전물 삶은 달걀 2개, 부추 한줌, 햄, 마요네즈, 소금, 후춧가루

제빵기, 믹싱볼, 거품기, 체, 칼, 밀대, 테프론 시트, 오븐팬, 브러시

200℃ 14~15분

2시간 50분

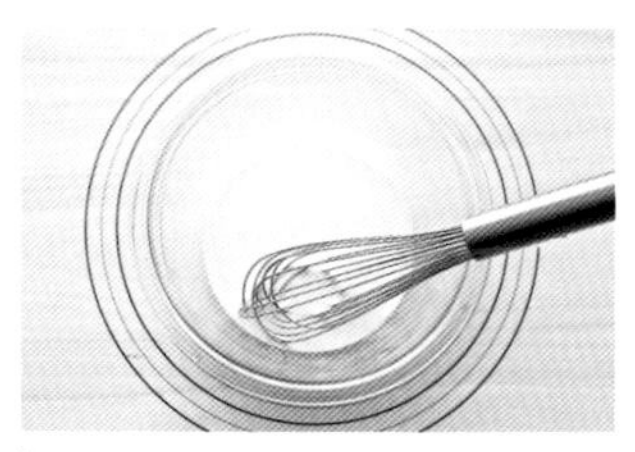

1 달걀, 생크림, 우유를 잘 섞은 뒤 중탕으로 따뜻하게 데워요.

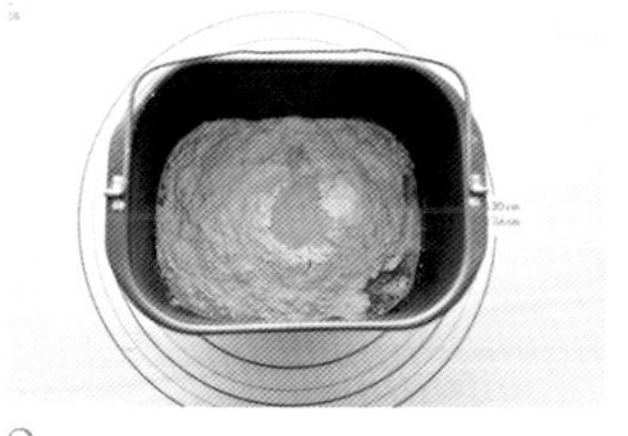

2 제빵기에 1을 넣고, 포도씨유, 강력분, 설탕, 소금, 이스트를 넣어 반죽과 1차 발효까지 끝내요.

3 그 사이, 부추를 2~3cm 길이로 썰고, 달걀은 삶아서 으깨요. 햄은 잘게 다져 넣고 마요네즈, 소금, 후춧가루로 간해 부추 소를 만들어요.

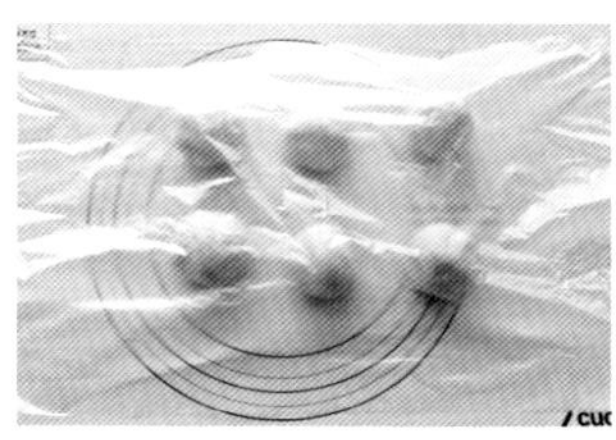

4 1차 발효가 끝난 반죽을 6등분으로 나누어 둥글린 뒤, 랩을 씌워 15분간 중간 발효를 해요.

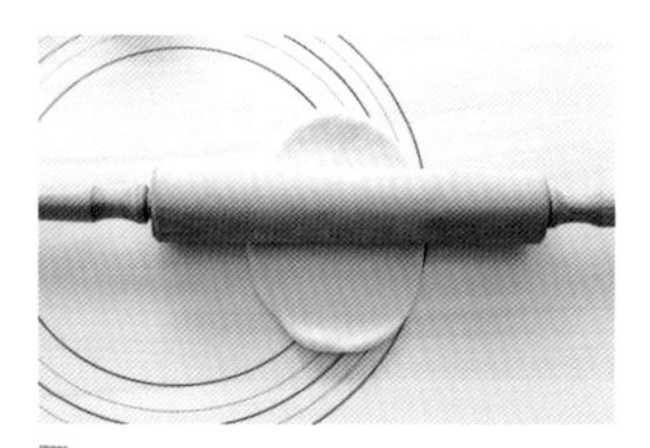

5 중간 발효가 끝난 반죽을 밀대로 밀어요.

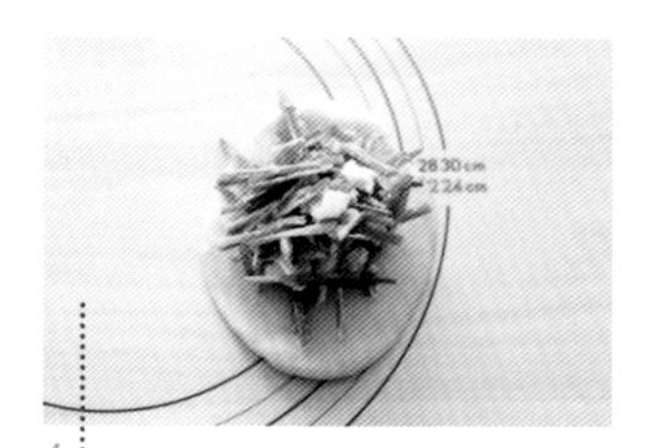

6 3에서 만든 부추 소를 가득 넣어요.

부추 소를 최대한 많이 넣어야 맛있어요!

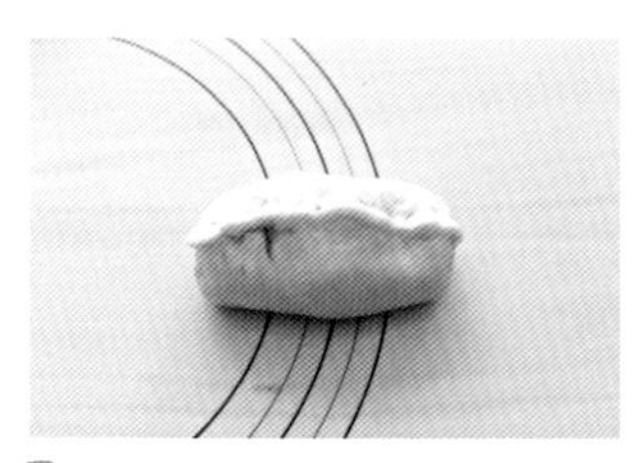

7 반죽이 맞닿는 부분을 꼬집듯 꾹꾹 눌러 여며요.

8 시트를 깐 오븐팬에 이음매가 바닥으로 가도록 반죽을 올리고, 랩을 씌워 40분간 2차 발효를 해요.

9 반죽에 칼집을 2~3개 넣고, 그 위에 달걀물을 골고루 바른 후, 200도로 예열한 오븐에서 14~15분간 구우면 완성.

반죽을 발효시킬 때 건조하지 않도록 랩이나 젖은 면보를 씌워 두는데요. 건조해지면 반죽이 부푸는 데 지장이 있기 때문이에요. 발효할 때의 적정 습도는 70~75%이지만 수치를 반드시 지켜야 하는 건 아니에요. 반죽을 만졌을 때 촉촉하면 OK.

호두 크림치즈 빵

★★☆

문득 친정엄마가 보고 싶을 땐 엄마가 좋아하는 호두 크림치즈 빵을 구워 친정으로 향해요. 뭐든 예쁜 걸 좋아하시는 엄마의 소녀 취향을 아니까, 빵도 예쁘게 모양내서 만들어봅니다.

6개

강력분 300g, 우유 200g, 설탕 10g, 소금 4g, 인스턴트 드라이이스트 4g, 빵 표면에 발라줄 우유 약간, 아몬드 슬라이스 약간

충전물 크림치즈 180g, 설탕 20g, 다진 호두 40g

제빵기, 믹싱볼, 밀대, 테프론 시트, 랩, 오븐팬, 가위, 브러시

180℃ 18~20분

3시간

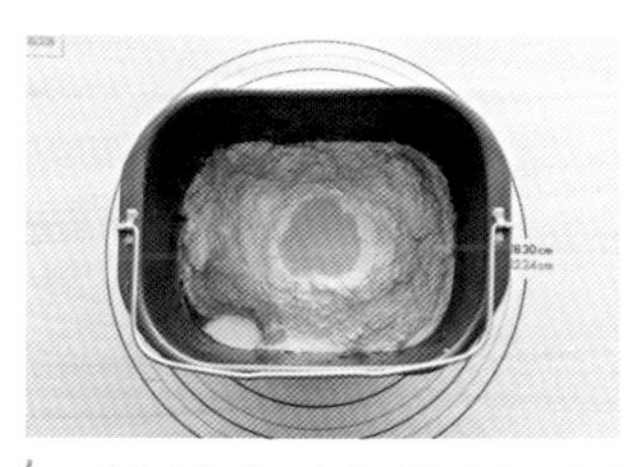

1 제빵기에 따뜻하게 데운 우유, 강력분, 설탕, 소금, 이스트를 넣고 반죽과 1차 발효까지 끝내요.

2 1차 발효한 반죽을 지그시 눌러 가스를 빼고, 4등분으로 나누어 둥글린 뒤 비닐이나 젖은 면보를 덮어 15분간 중간 발효를 해요.

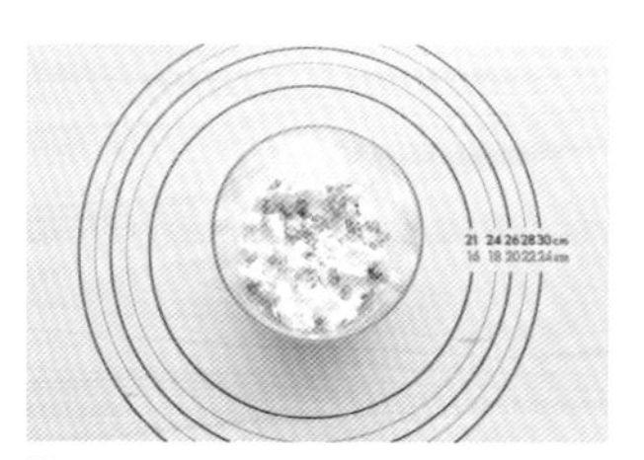

3 그 사이, 크림치즈, 설탕, 다진 호두를 넣고 충전물을 만들어요.

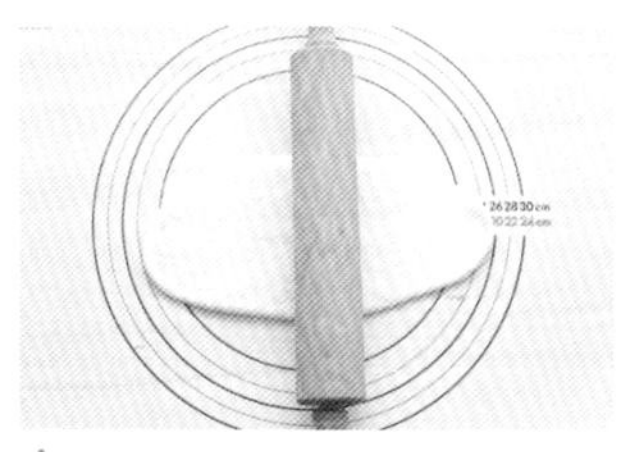

4 중간 발효가 끝난 반죽을 밀대로 길쭉하게 밀어요.

5 크림치즈 충전물을 듬뿍 발라요.

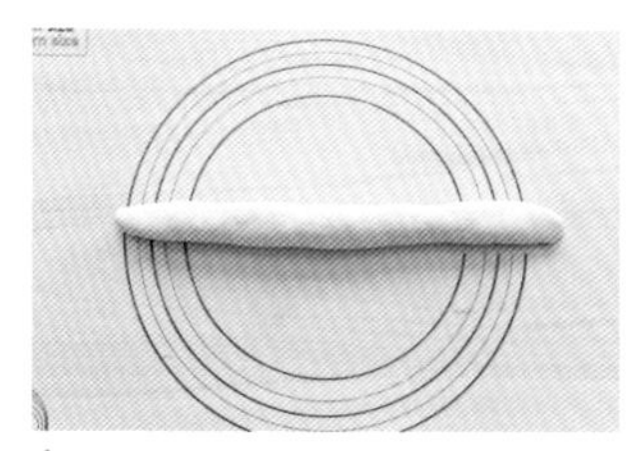

6 돌돌 말아서 반죽이 맞닿는 곳을 꼬집듯이 눌러 여며요.

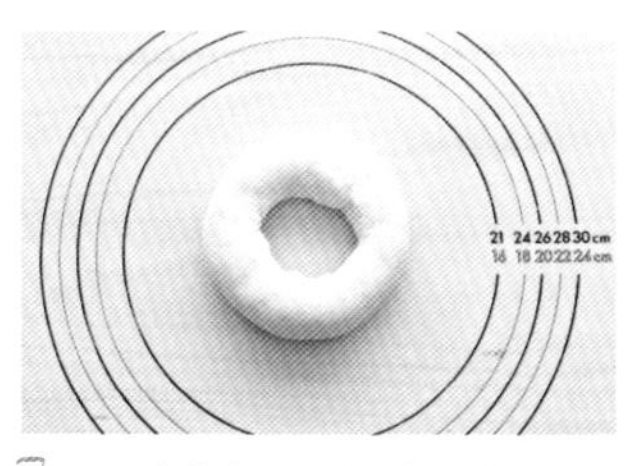

7 동그랗게 말아서 양 끝을 이어 붙여요.

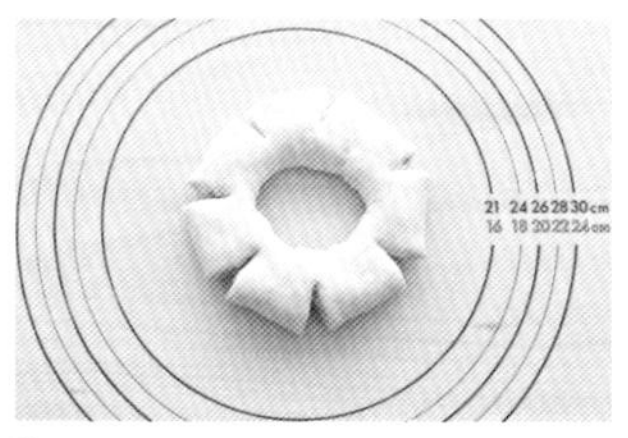

8 밀가루를 묻힌 가위로 가위집을 넣어요.

9 시트를 깐 오븐팬에 반죽을 올리고 랩을 씌워 40분간 2차 발효를 해요.

10 2차 발효가 끝나면 표면에 우유를 살짝 바르고, 그 위에 아몬드 슬라이스를 뿌린 뒤 180도로 예열한 오븐에서 18~20분간 구우면 완성.

중간 발효(벤치 타임)란 분할한 반죽을 둥글리거나 다듬은 후 휴지시키는 걸 말해요.
중간 발효를 하면 글루텐이 강화되면서 반죽에 탄력이 생겨 빵의 모양을 내기가 쉽답니다.

홈런볼

★☆☆

동글동글 귀여운 슈 안에 달콤한 가나슈를 듬뿍 넣은 홈런볼. 시중에서 파는 홈런볼은 가나슈가 적어 늘 아쉬웠어요. 이젠 직접 만들어보세요. 냉동실에 넣어 차갑게 먹으면 더 맛있어요.

지름 4cm 35개

슈 중력분 75g, 박력분 75g, 우유 125g, 물 125g, 포도씨유 75g, 달걀 5개, 설탕 10g, 소금 3g

가나슈 다크 초콜릿 60g, 생크림 60g

냄비, 주걱, 믹싱볼, 거품기, 원형깍지, 슈깍지, 짤주머니, 테프론 시트, 물 분무기, 오븐팬

200℃ 10분 --〉180℃ 15분

1시간 10분

1 냄비에 우유, 포도씨유, 물을 붓고 섞은 뒤, 소금과 설탕을 넣고 약불에 그대로 둡니다.

2 미리 체 쳐둔 가루류를 넣어요.

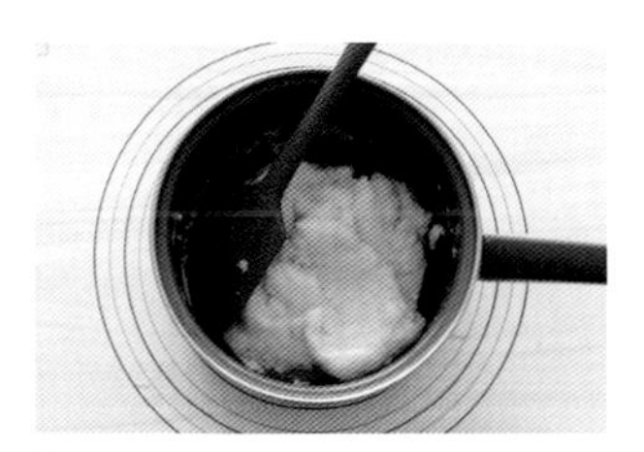

3 덩어리지지 않게 저어가며 반죽에 윤기가 날 때까지 약불로 익반죽해요.

4 반죽이 살짝 익으면 불에서 내려 저어가며 식혀요. 미리 풀어둔 달걀을 두세 번 나누어 넣으며 잘 섞어요.

5 멍울이 없도록 부드럽게 섞어요.

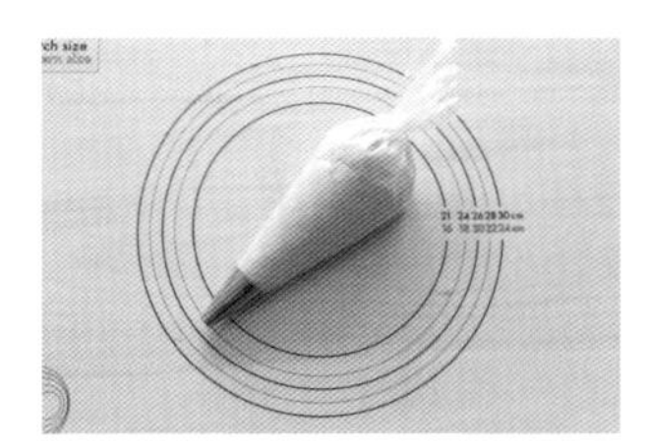

6 원형깍지를 낀 짤주머니에 반죽을 담아요.

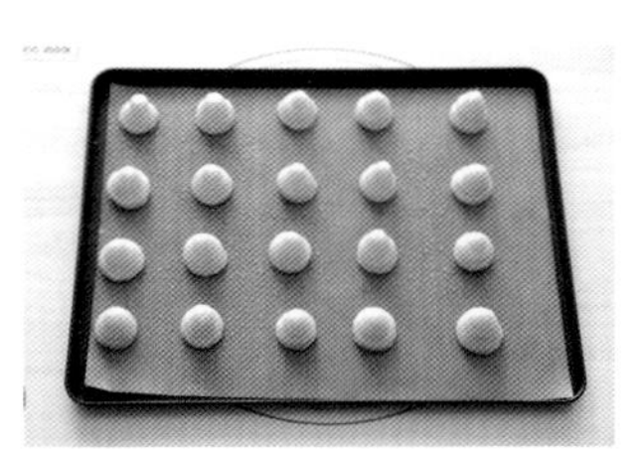

7 지름 3cm 크기로 반죽을 짜고, 물 스프레이를 충분히 한 뒤, 뾰족한 부분을 손가락으로 가볍게 눌러요. 200도로 예열한 오븐에서 10분, 180도로 내려 15분 구운 뒤 잔열로 안정화시키고 꺼내요.

8 그 사이 냄비에 생크림을 넣고 끓기 직전까지 데우다가 초콜릿을 넣고 잘 섞어요.

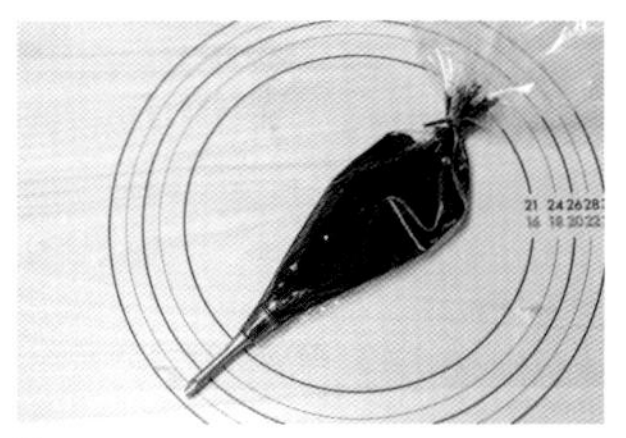

9 짤주머니에 슈깍지를 끼우고 한김 식힌 가나슈를 넣어요.

10 슈에 가나슈를 충분히 넣으면 완성.

반죽에 물을 충분히 뿌려야 슈의 겉껍질이 바삭해지고, 구워지면서 자연스럽게 터져요. 물 뿌리는 데에 겁먹지 말고 충분히 뿌려주세요.

NO!
버터

NO!
설탕

NO! 백밀가루

홈메이드 새우깡

★☆☆

'손이 가요, 손이 가!' 아직도 귓가에서 맴도는 참 오래된 새우깡 CF. 몇십 년 동안 사랑을 받아온 만큼 우리나라 대표 과자라고 해도 과언이 아닌데요. 튀기지 않고 신선한 재료로 만들어 더욱 건강하게 업그레이드된 새우깡을 만나보세요.

50개

박력 쌀가루 120g, 연유 30g, 베이킹파우더 2g, 마른 새우 30g, 포도씨유 20g, 우유 70g

프라이팬, 블렌더, 믹싱볼, 주걱, 체, 밀대, 스크래퍼, 테프론 시트, 오븐팬

190℃ 9~10분

1시간(냉장실 30분 휴지 포함)

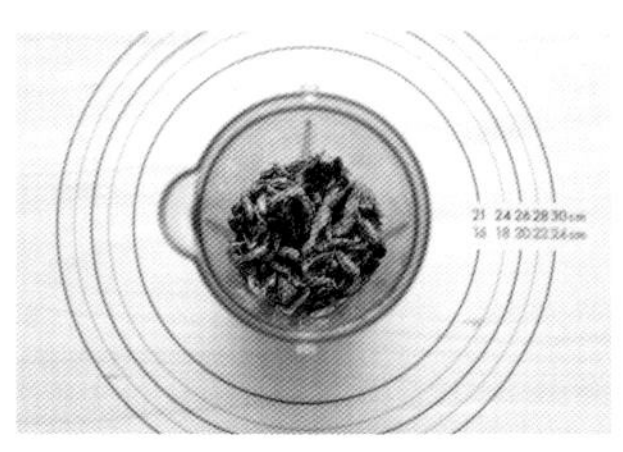

1 달군 팬에 기름을 두르지 말고 마른 새우를 볶아, 블렌더에 곱게 갈아요.

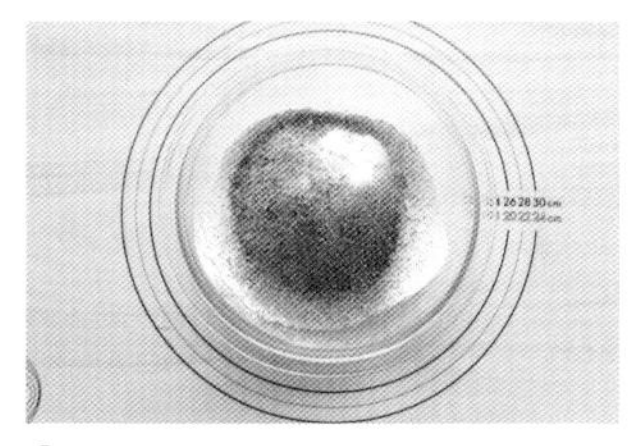

2 믹싱볼에 미리 체 쳐둔 가루류와 새우가루를 넣고 섞어요.

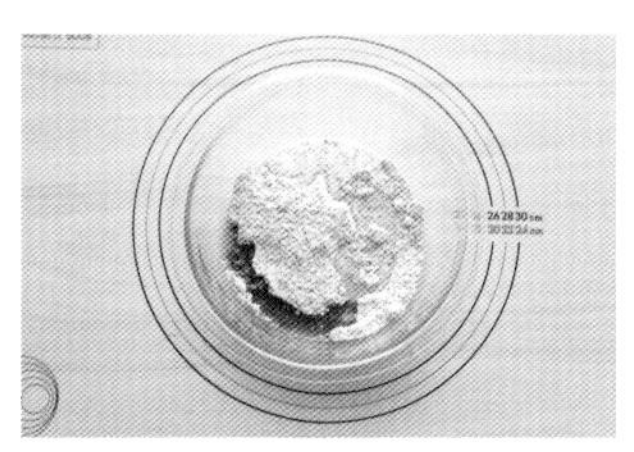

3 포도씨유, 우유, 연유를 넣고 고루 섞은 뒤 랩이나 지퍼팩에 넣어 냉장실에서 30분간 휴지시켜요.

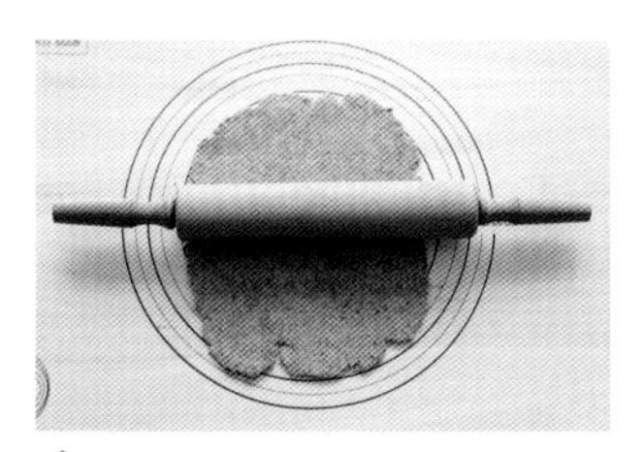

4 밀대로 반죽을 0.3~0.4cm 두께로 밀어요.

5 스크래퍼를 이용해 사선으로 무늬를 만들어요.

6 가로 1cm, 세로 5cm로 자른 뒤, 190도로 예열한 오븐에서 9~10분간 구우면 완성.

+ 바삭한 식감을 원한다면 반죽할 때 글루텐이 덜 생성되도록 가볍게 섞어요.
+ 오븐이 없다면, 달군 팬에 기름을 두르지 말고 약불로 앞뒤로 노릇하게 구워요.

NO! 버터

NO! 백밀가루

당근 케이크

★★☆

몸에 좋고 맛도 좋은 힐링 케이크! 당근을 듬뿍 넣어 당근 냄새가 날 법도 한데 향긋함만 남아있어요. 가볍고 보들보들해 식감까지 좋은 팔방미인 케이크랍니다!

당근 180g, 다진 견과류 50g, 달걀 2개, 포도씨유 45g, 바닐라 익스트랙 1작은술, 흑설탕 30g, 황설탕 30g, 소금 한꼬집, 통밀가루 130g, 아몬드가루 50g, 계핏가루 5g, 베이킹파우더 1작은술, 데코용 다진 피스타치오 적당량

프로스팅 크림치즈 200g, 슈거파우더 80g, 바닐라 익스트랙 약간

강판, 믹싱볼, 거품기, 체, 주걱, 종이포일, 칼, 원형틀, 식힘망, 원형깍지, 짤주머니

180℃ 25~30분

1시간

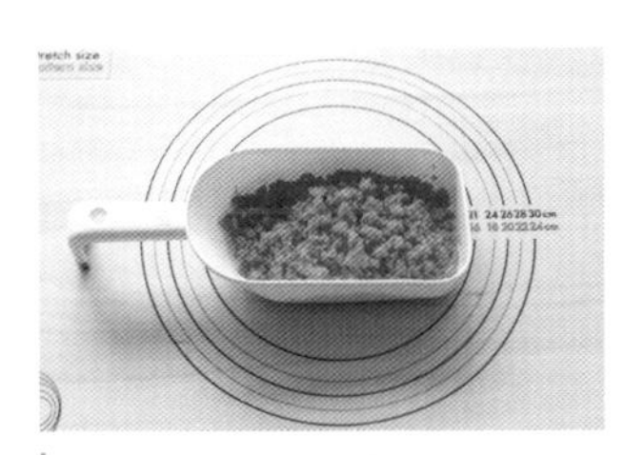

1 당근은 껍질을 벗기고 살짝 씹히는 맛이 나도록 강판에 갈아요.

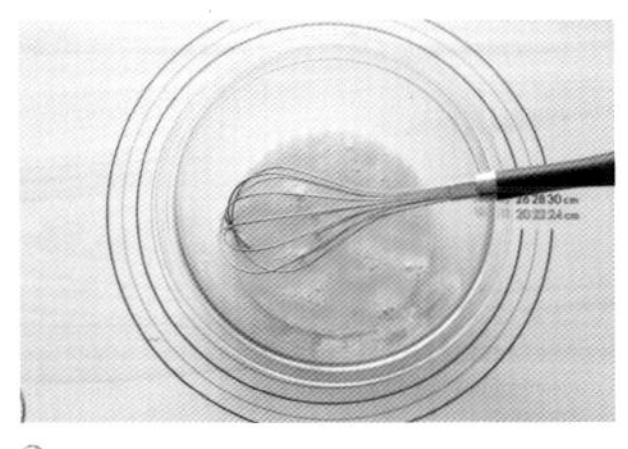

2 볼에 달걀을 넣고 멍울을 풀어요.

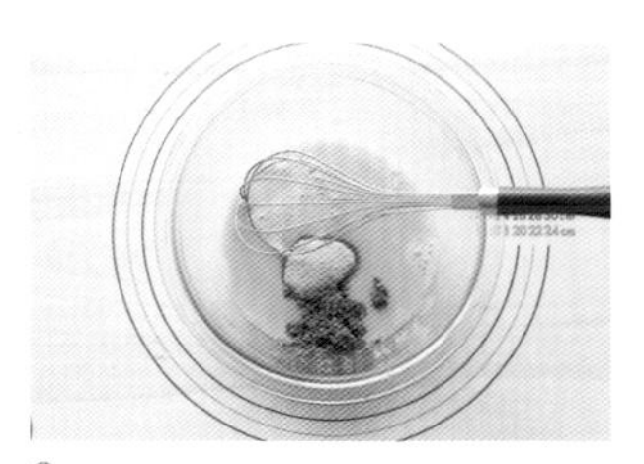

3 설탕과 소금을 넣고 고루 저어요.

4 포도씨유를 조금씩 흘리면서 달걀과 잘 섞어요.

5 미리 체 쳐둔 가루류와 갈아놓은 당근, 다진 견과류를 넣어요.

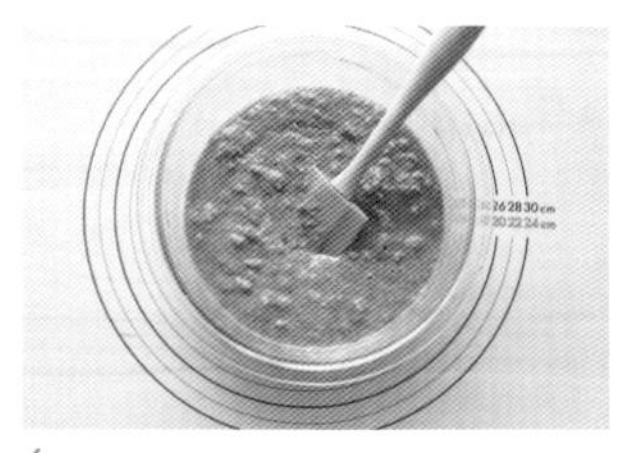

6 반죽이 매끈해지도록 잘 섞어요.

7 원형틀에 종이포일을 덧대고 반죽을 담아요. 바닥에 두세 번 탕탕 내리쳐 기포를 빼고, 180도로 예열한 오븐에서 25~30분간 구워요.

8 다 구워진 케이크를 식힘망에서 충분히 식힌 뒤, 세 장으로 슬라이스해요.

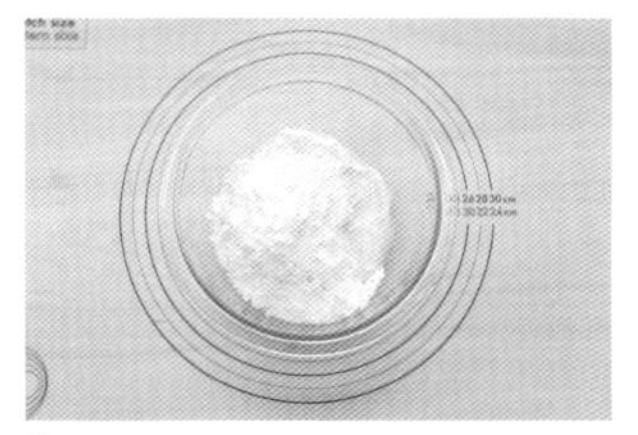

9 크림치즈, 슈거파우더, 바닐라 익스트랙을 넣고 부드럽게 풀어 프로스팅을 만들어요.

10 슬라이스한 케이크에 프로스팅을 켜켜이 바른 뒤, 맨 윗면은 원형깍지를 낀 짤주머니에 프로스팅을 담고 원을 그리며 짠 뒤, 다진 피스타치오와 당근 장식을 올리면 완성.

원형틀이 없다면 머핀틀을 이용하거나 종이컵에 구워도 좋아요. 틀 크기에 따라 굽는 시간을 조금씩 조절해야 하는데, 이쑤시개나 꼬치로 반죽을 찔러보아 묻어나오는 게 없다면 다 구워진 거예요.

홈베이킹의 또다른 재미, 선물 포장!

직접 만든 쿠키, 빵, 케이크, 파이를 더욱 특별하게 만들어주는 건 바로 나만의 선물 포장이 아닐까요?
조금 엉성하고 유치해도 나의 정성과 따뜻한 마음이 고스란히 전해질 선물 포장 팁을 소개합니다.

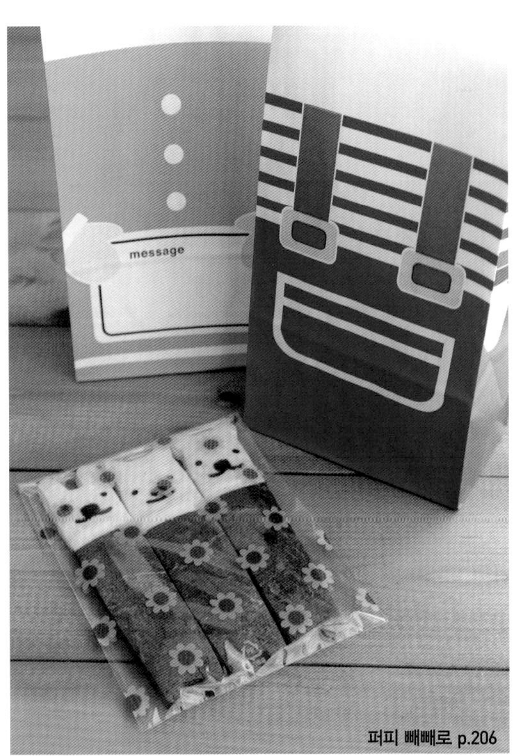

퍼피 빼빼로 p.206

황치즈 쿠키 p.252

단호박 파운드케이크 p.62

들깨 마들렌 p.68

콩 바통케이크 p.102

검은깨 샤브레 p.34

아몬드 분유 쿠키 p.148

홈런볼 p.268

녹차 딸기 마블 쿠키 p.24

검은깨 피낭시에 p.188

로맨틱 빼빼로케이크 p.208

카네이션 앙금 쿠키 p.142

유령 머랭 쿠키 p.192

홈베이킹의 또다른 재미, 선물 포장!

러블리 초콜릿 p.112

마카롱 p.122, 258

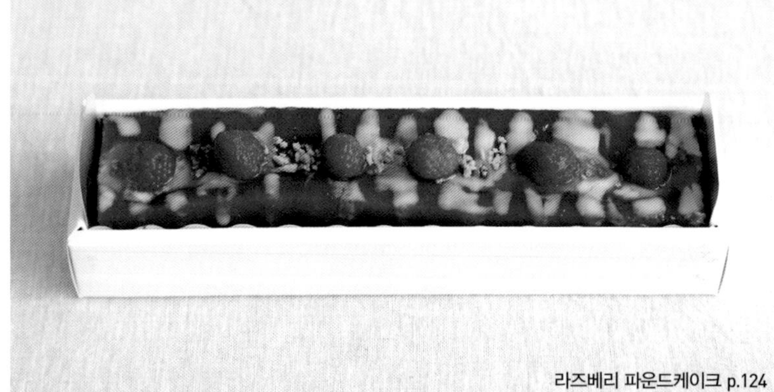

라즈베리 파운드케이크 p.124

삼색 양갱 p.184

올리브 포카치아 p.152

무화과 머핀 p.64

호두 크림치즈 빵 p.266

애플 파이 p.82

단호박 치즈케이크 p.198

컵 티라미수 p.110

딸기 만주 p.126

미니 너츠 파이 p.90

월병 p.182

플라워 컵케이크 p.136

블랙 올리브 미니 식빵 p.48

동글이의 핫 플레이스

베이킹을 자주 하다 보면 신선하고 맛있는 재료부터 각종 도구에 이르기까지 필요한 것들이 참 많아요. 예쁘고 특이한 베이킹 도구는 사도 사도 끝이 없기 마련이지요. 특히 여자라면 누구나 예쁜 접시나 그릇, 찻잔에 눈길이 갈 수밖에 없는데요. 좋아하는 접시에 갓 구운 쿠키나 케이크를 담고, 예쁜 찻잔에 향긋한 차 한잔 우려내면 근사한 카페가 부럽지 않죠. 다양한 베이킹 재료들을 저렴하게 살 수 있는 재래시장부터 수입 식재료 마트, 독특한 베이킹 도구들을 파는 쇼핑몰과 예쁜 그릇 가게까지! 제가 즐겨 찾는 핫 플레이스를 소개할게요.

방산시장

베이킹 재료와 기본 도구들은 서울시 중구에 위치한 방산시장에서 쉽게 구할 수 있어요. 처음 베이킹을 시작하는 분이라면 방산시장에 한번 가볼 것을 추천해요. 방산시장은 베이킹 재료와 도구를 비롯한 각종 포장 용품, 상자 등 소품을 파는 가게들이 즐비하니, 여러 곳을 둘러본 다음 필요한 물건을 구입하는 게 좋아요. 특히 주류에 속해 인터넷으로는 살 수 없는 리큐르 제품을 살 수 있고, 각종 도구를 직접 보고 크기를 가늠한 후 살 수 있다는 장점이 있어요. 방산시장 영업시간은 평일 오전 7시부터 오후 6시까지, 토요일은 오후 3시까지, 일요일은 휴무지만 가게마다 조금씩 달라 여유 있게 가는 게 좋아요.

서울시 중구 주교동 251-1 02-2268-6691
2·5호선 을지로 4가 104, 105, 149, 152, 163, 202, 261, 407, 500, 2014

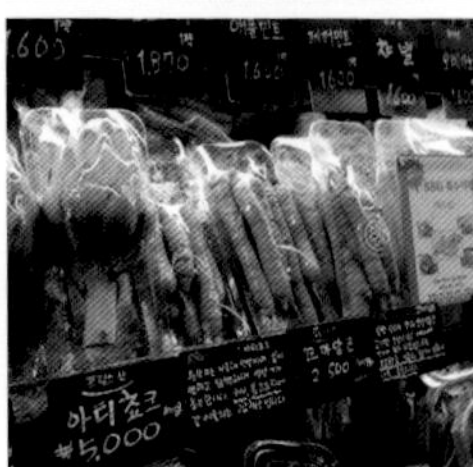

SSG 푸드 마켓

다양한 수입 식자재와 프리미엄급 국내 식재료를 살 수 있는 마켓이에요. 각종 밀가루류와 쿠키믹스, 케이크믹스 등을 비롯한 기본적인 제빵 재료와 도구를 구매할 수 있어요. 정육 코너에서는 1주부터 3주까지의 숙성육과 다양한 종류의 햄이나 살라미를 살 수 있고, 전 세계 수많은 브랜드 치즈를 만날 수 있어요. 각종 향신료와 소스도 다양해서 빵이나 쿠키를 만들 때 여러모로 활용할 수 있어 좋답니다.

서울시 강남구 청담동 4-1 피엔폴루스 지하 1층
AM 10:30~ PM 10:00 1588-1234

빌리브가전

국내외 다양한 브랜드의 가전제품을 저렴하게 구매할 수 있는 혼수 전문 대리점이에요. 홈베이킹의 필수 아이템인 오븐은 물론, 홈베이커들의 로망인 키친에이드 스탠드 믹서와 블렌더도 저렴하게 살 수 있어요. 또한, 빵이나 케이크와 함께 곁들이면 좋은 커피를 손쉽게 뽑을 수 있는 니보나, 지멘스, 유라, 드롱기 등의 커피머신도 금액별, 종류별로 다양하게 갖춰져 있어요. 방문 전 전화예약은 필수.

서울시 중구 신당3동 373-71

☎ 02-2253-5678

르크루제

프랑스 무쇠 주물 냄비하면 떠오르는 르크루제. 예쁜 컬러와 아름다운 디자인은 물론 열전도율과 열보유율이 뛰어나 음식의 풍미를 좋게 해줘요. 뚜껑에 무게가 있어 음식이 흘러넘치는 것을 방지하는 한편 열과 증기가 빠져나가지 않게 해줘, 재료 본연의 맛과 영양을 지켜준답니다. 일반 요리는 물론, 베이킹에 필요한 소스나 잼처럼 약한 불에서 뭉근히 끓이는 요리에도 으뜸! 주물 냄비뿐 아니라 다양한 모양과 컬러의 접시, 볼, 머그, 라메킨 등의 스톤웨어 그릇들은 전자레인지와 오븐에서도 사용할 수 있다는 큰 장점이 있어요.

http://www.e-lecreuset.co.kr

동글이의 핫 플레이스

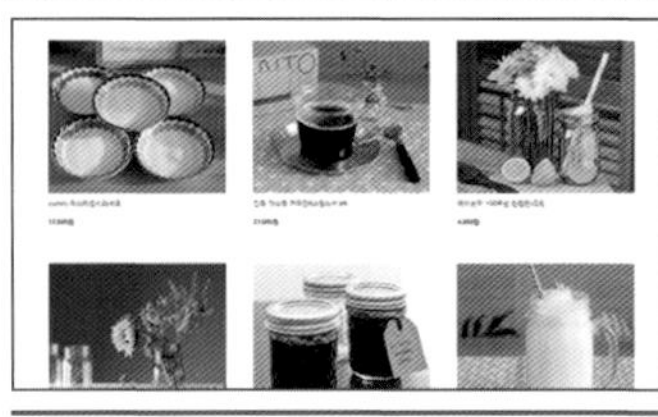

따뜻한 식탁 http://www.warm-table.co.kr

매일 사용해도 질리지 않는 베이직 그릇과 북유럽 제품들, 아기자기한 매력의 일본 주방 용품들을 구매할 수 있는 쇼핑몰이에요. 주방 용품뿐 아니라 가드닝 제품, 인테리어 소품, 베이킹 포장에 유용한 포장 제품도 구매할 수 있어요. 특히 실용적이면서도 귀엽고 깜찍한 도시락, 피크닉 용품들은 꼭 눈여겨보세요.

삐삐림 http://www.pippirim.com

핸드메이드 쿠키커터와 각종 베이킹 도구 및 포장 용품을 파는 온라인 쇼핑몰이에요. 다른 곳에서는 볼 수 없는 독특하고 재밌는 모양의 쿠키커터와 스텐실이 가득하답니다. 특히, 어버이날이나 스승의 날, 크리스마스, 발렌타인데이, 할로윈데이 등 특별한 날을 위한 아이템이 많아요. 원하는 모양이나 디자인으로도 주문 제작이 가능해 나만의 쿠키커터를 만들어볼 수 있어요.

쿠키베베 http://www.cookiebebe.com

홈베이킹에 필요한 각종 식재료부터 크고 작은 베이킹 도구와 포장 용품을 구입할 수 있는 온라인 쇼핑몰이에요. 첨가물이 없는 안심 유기농 코너와 믿을 수 있는 우리쌀과 우리밀 코너, 자주 쓰는 세품을 위한 대용량 코너 등의 카테고리가 있어 베이킹 재료들을 구하기가 수월하답니다. 특히, 할인코드나 무료배송 코드를 이용하면 보다 저렴하게 쇼핑할 수 있어요.

이진진 http://www.ejinjin.com

방산시장에 오프라인 매장도 함께 운영하는 베이킹 전문 쇼핑몰이에요. 시장에 직접 갈 수 없다면 인터넷 쇼핑몰을 이용하는 것도 좋은 방법. 다양한 제과제빵 재료는 물론, 초콜릿과 아이스크림, 빙수 만드는 재료 등 여러 가지 도구를 구매할 수 있어요. 특히, 예쁜 모양의 노르딕팬과 다양한 실리콘틀은 이곳만의 장점.

더수다 http://www.thesuda.co.kr

수입 쿠키커터와 수입 초콜릿몰드 전문 쇼핑몰이에요. 특히 초콜릿과 관련된 제품들이 다양하게 갖춰져 있는데요. 무려 400여 가지의 초콜릿몰드와 예쁘고 특이한 초콜릿전사지가 많답니다. 대부분 수입 제품이므로, 금세 품절된다는 단점이 있지만, 재입고나 신상품 입고가 원활한 편이에요.

봉식이라이프 http://www.bongsik2.com

홈베이킹에 필요한 다양한 도구들과 주방 용품을 파는 쇼핑몰로, 대부분 일본에서 수입해 온 제품들로 구성되어 있어요. 일본의 베이킹 도구 브랜드인 케이크랜드 제품을 쉽게 구매할 수 있어 즐겨 찾는 곳이랍니다. 특히, 스테인레스 소재의 높이가 높은 타르트틀과 얇고 긴 무스케이크틀, 반달 모양의 도요틀, 자이언트 마들렌틀 등 특이한 베이킹틀이 많아요.

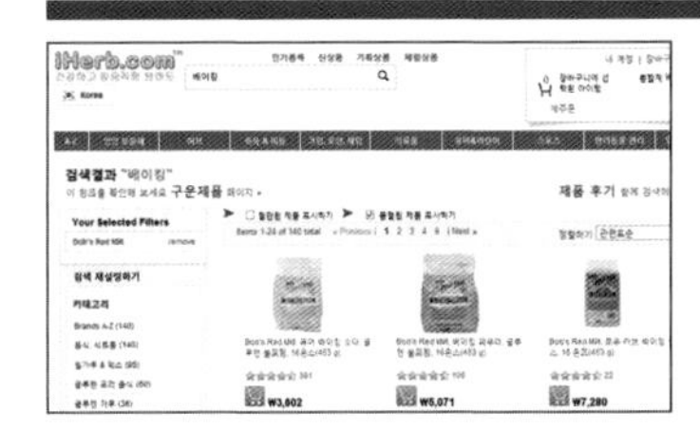

아이허브 iherb http://kr.iherb.com

비타민과 각종 차, 커피, 양념류를 비롯한 베이킹에 필요한 가루류와 바닐라 빈, 바닐라 페이스트 등을 구매할 수 있는 미국 쇼핑몰이에요. 한글 지원은 물론 국내 배송도 가능해서, 국내에서 쉽게 구할 수 없는 식재료를 살 수 있답니다. 무료 배송 이벤트를 이용하면 배송비를 줄일 수 있어 더욱 저렴하게 이용할 수 있어요.

쿠오카 cuoca http://www.cuoca.com

우리나라보다 디저트와 홈베이킹 문화가 대중화된 일본의 유명 베이킹 숍이에요. 오프라인 매장과 함께 온라인에서도 구매할 수 있는데요. 기본 재료는 물론, 쿠키나 케이크를 장식할 때 필요한 화려하고 예쁜 아라잔이나 스프링클, 다양한 향료와 오일을 찾아볼 수 있어요. 또 튼튼하고 정교한 베이킹틀도 이곳만의 장점! 일본 여행길에 빼놓지 않고 들리는 숍 중 하나랍니다. 온라인 쇼핑몰의 경우, 국내까지 바로 배송은 안 되고, 구매대행사나 배송대행사를 통해 구입할 수 있어요.

라쿠텐 rakuten http://www.rakuten.co.jp

의류, 가방, 신발에서부터 그릇이나 주방 용품에 이르기까지 다양한 제품을 판매하는 일본의 인터넷 쇼핑몰이에요. 저는 주로 일본 주방 용품 브랜드인 스튜디오 엠이나 FOG 린넨 제품, 북유럽 주방 용품을 구매할 때 이용하는데요. 국내보다 저렴하게 살 수 있지만 교환이나 환불이 어려워요.

윌리엄소노마 williams sonoma http://www.williams-sonoma.com

미국의 주방 & 리빙 용품 전문 브랜드인 윌리엄소노마는 미국 전역에 약 230개의 매장이 있고, 온라인 쇼핑몰도 운영하고 있어요. 르크루제, 스타우브, 올클래드, 키친에이드, 모비엘 등의 브랜드 제품부터 윌리엄소노마 자체 브랜드까지 다양하게 구비되어 있답니다. 국내에 수입되지 않는 제품을 구입할 수 있다는 장점이 있지만, 교환이나 환불이 쉽지 않다는 단점도 있어요. 한국으로 직접 배송이 가능하고, 배송대행사를 이용해도 돼요.

수라테이블 sur la table http://www.surlatable.com

윌리엄소노마와 마찬가지로 미국의 주방 & 리빙 용품 전문 업체예요. 다양한 조리기구 및 그릇, 베이킹 도구 등을 구입할 수 있어요. 종종 60~70% 할인 행사를 하기도 하므로, 할인 행사를 잘 활용하면 좋은 제품을 아주 저렴한 가격에 구입할 수 있어요. 외국 쇼핑몰의 경우, 제품의 무게와 부피에 따라 배송비가 책정되므로, 제품 자체의 가격이 저렴해도 배송비가 많이 나올 수 있다는 점을 유의해야 해요. 국내로 직접 배송은 불가능하고, 배송대행사나 구매대행사를 통해 구매할 수 있어요.

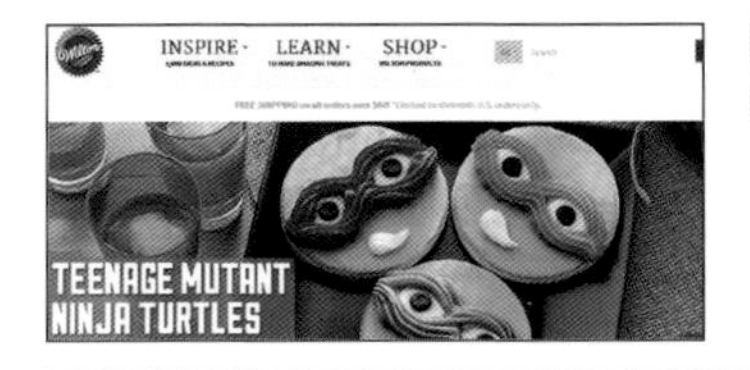

그 외 해외 사이트

아마존 http://www.amazon.com **쿠키커터스** http://www.cookiecutters.com
크레이트앤배럴 http://www.crateandbarrel.com **케이크랜드** http://www.tigercrown.co.jp
윌튼 http://www.wilton.com **모라** http://www.mora.fr

땡스! 베이킹

지은이 박윤영

초판 1쇄 발행 2014년 12월 10일
초판 2쇄 발행 2016년 12월 10일

발행인 장인형
임프린트 대표 노영현
펴낸 곳 다독다독
종이 대현지류
출력 · 인쇄 꽃피는청춘

출판등록 제313-2010-141호
주소 서울특별시 마포구 월드컵북로 4길 77, 353
전화 02-6409-9585
팩스 0505-508-0248

ISBN 978-89-98171-15-5 13590

다독다독은 틔움출판의 실용·아동 임프린트 입니다.